Helmut Hornung, Jahrgang 1959, ist nach dem Studium der Anglistik und Germanistik Redakteur bei der Süddeutschen Zeitung. Schon immer galt der Astronomie sein besonderes Interesse. Er schreibt Fachartikel zu astronomischen Themen für Zeitungen und Zeitschriften und hält seit mehr als sechzehn Jahren Vorträge über Astronomie an Schulen und Volkshochschulen. Seit 1984 ist Helmut Hornung Mitglied der angesehenen Astronomischen Gesellschaft.

Helmut Hornung

Safari ins Reich der Sterne

Eine Einführung in die Himmelskunde

Verlag Friedrich Oetinger · Hamburg

Für meine Eltern

© Verlag Friedrich Oetinger, Hamburg 1992
Alle Rechte vorbehalten
Einband: Julia Höpfner-Meyer
Titelfotos: ESO
Illustrationen: Uwe Klindworth
Satz: Dörlemann Satz, Lemförde
Lithos: Die Litho, Hamburg
Gesamtherstellung: Mohndruck Graphische Betriebe GmbH, Gütersloh
Printed in Germany 1994

ISBN 3-7891-3701-4

Inhaltsverzeichnis

Vorwort

Die Sterne sind so ungeheuer weit weg und uns doch jede Nacht so nahe. Aber sie bleiben kleine strahlende Punkte am Himmel. Warum weiß man, daß ein paar davon Planeten sind wie unsere Erde, die meisten aber riesige Gasbälle wie unsere Sonne? Wie bewegen sich diese Planeten und Sterne? Wie werden sie geboren? Bis heute weiß man noch nicht, ob es auch Planeten bei den Milliarden Geschwistern unserer Sonne gibt! Aber es gibt ganz exotische Wesen unter ihnen, zum Beispiel die Pulsare: Das sind blinkende Leuchtfeuer für Radio- oder Röntgenstrahlung, die auch als Kannibalen existieren und »Sklavensterne« aussaugen. Dieses Buch erklärt euch alles dazu und noch viel mehr. Es kommt dabei ganz und gar nicht trocken daher. Die Astronomie wird so lebendig erzählt, daß man einen Krimi überhaupt nicht vermißt. Ich hoffe, ihr habt auch soviel Spaß daran wie ich. Wenn ihr euch satt gelesen habt und nun mal richtige astronomische Versuche machen wollt – mit Planeten, Sternen, Pulsaren, schwarzen Löchern spielen wollt –, kommt ins Deutsche Museum, in die neue Ausstellung »Astronomie«! Sie ist übrigens in dieselben Kapitel aufgeteilt wie dieses Buch!

Euer

Dr. Jürgen Teichmann
Direktor für Naturwissenschaften
am Deutschen Museum, München

1. Der Weg in die Unendlichkeit

Auf dem Planeten Formicolo

Dort, wo eben Ennos untergegangen ist, schimmert der Horizont in matten Farben. Von einem blassen Orange bis zu einem opalenen Blau reicht die Palette. Die Dämmerung zieht herauf und taucht die Startrampe in fahles Licht. Wie ein riesiger Dinosaurier wirkt das Gerüst aus mächtigen Stahlstreben. Aus dem pyramidenförmigen Gebäude am Fuß des Kolosses dringt ein heller Schein. Im Inneren der Pyramide laufen kleine Gestalten hin und her, wie Ameisen auf ihrem Haufen. Ja, die merkwürdigen Wesen sehen tatsächlich aus wie Ameisen: Ein großer Kopf mit Fühlern und einem Paar starrer Augen ruht auf einem schlanken Rumpf, der nach unten kräftiger wird. Zwei behaarte Beine tragen den schwarz glänzenden Körper. Anders als Ameisen bewegen sich diese Wesen jedoch aufrecht. Bei jedem Schritt vibrieren die dünnen Fühler.

»Achtung, Achtung. Wir bitten alle Passagiere des Fluges Intergalaxis 211, sich zum Ausgang Z zu begeben«, tönt es eben aus einem der Lautsprecher an der Decke.

Gut zwei Dutzend der Insektenwesen folgen der Aufforderung und gehen zu einem Tor an der Stirnseite der Halle. Kurz darauf schwingen die beiden Flügel des Portals zur Seite. Die Ameisenwesen gehen zu einer Art Fließband, auf dem gepolsterte Sessel montiert sind.

Als auch das letzte Insektenwesen angekommen ist, hält das Fließband an. Kaum haben alle Platz genommen, setzt es sich wieder in Bewegung. Beinahe geräuschlos gleiten die Passagiere des Fluges Intergalaxis 211 dahin. Doch die Fahrt dauert nicht lange und endet in einem gläsernen Aufzug von der Größe eines Zimmers. Hinter dem letzten Sessel schließen sich die Türen. Draußen ist es mittlerweile dunkel geworden. Am klaren Himmel funkeln die ersten Sterne.

»Da oben ist Sunev«, sagt eines der Ameisenwesen und deutet dabei auf einen besonders hellen Lichtpunkt.

Der Lift fährt mit einem solchen Ruck an, daß die Insassen in die Sitze gepreßt werden. Immer schneller bewegt er sich aufwärts. Die einzelnen Streben der Startrampe, in deren Innerem der Aufzug nach oben schießt, lassen sich jetzt nicht mehr voneinander unterscheiden. Doch dann nimmt die Geschwindigkeit wieder ab. Der Lift hält an. Eine Tür öffnet sich. Das Fließband gleitet in eine schwach beleuchtete Röhre mit großen Bullaugen.

»Wir begrüßen Sie an Bord des Raum-

schiffs *Intergalaxos* und freuen uns, daß
Sie mit uns eine Reise durch den Kosmos
unternehmen wollen«, sagt eine höfliche
Stimme aus dem Lautsprecher. »Unser
Ausflug führt zu einem Planeten, auf dem
intelligente Wesen leben. Im Laufe ihrer
Entwicklungsgeschichte haben sie sogar
ein gewisses kulturelles Niveau erreicht –
trotz ihrer kleinen Köpfe mit den winzigen Augen und den beiden muschelför-
migen Hörorganen. Die Bewohner dieser
fernen Welt sehen seltsam aus: Zwei
dicke Fühler hängen vom oberen Teil
ihres Körpers herab. An den Enden sind
sie jeweils mit Greifwerkzeugen ausgestattet. Die Lebewesen gehen aufrecht.
Allerdings scheint ihnen das nicht sehr
angenehm zu sein. Denn viele zwängen
sich in rollende Kisten, die sie selbst steuern, oder sie fahren in langen Blech-
schlangen von einem Bau zum anderen.
Mit geflügelten Maschinen fliegen sie um
ihren Planeten. Viel gäbe es noch zu
erzählen von dieser Zivilisation in den
Tiefen des Weltalls. Wie wir leben sie in
Völkern und führen auch gegeneinander
Krieg, obwohl sie oftmals gar nicht wissen, warum.
Wir werden nicht auf dem Planeten
landen, sondern ihn nur umrunden. Dank
unserer starken Fernrohre können Sie
aber aus sicherer Entfernung die Bewohner beobachten. Sie bezeichnen sich übrigens selbst als Menschen. Der
Himmelskörper, auf dem sie wohnen,
heißt in ihrer Sprache Erde. Er befindet
sich in einem Sternsystem, unvorstellbar
weit von unserem eigenen entfernt.«

Jetzt verstummte die Stimme aus dem
Lautsprecher, der alle aufmerksam ge-
lauscht hatten. Nach einigen Augenblik-
ken meldete sie sich erneut:
»Das Raumschiff *Intergalaxos* wird in
wenigen Minuten starten. Dank eines
Hyper-Neutronentriebwerks dauert der
Flug zur Erde nur wenige Egat. Die Reise
mit einem Vielfachen der Lichtgeschwindigkeit bringt einige Unannehmlichkeiten
mit sich. Um diese so gering wie möglich
zu halten, versetzen wir Sie nun in einen
künstlichen Tiefschlaf. So kommen Sie
ausgeruht am Ziel an.«

Die Reise beginnt

An der Spitze eines gleißenden Feuer-
strahls stieg das Raumschiff in den nächtlichen Himmel, der sich über dem
Planeten Formicolo wölbte. Nach wenigen
Minuten durchstieß *Intergalaxos* die Atmosphäre und tauchte lautlos in den
Weltraum. Wären die Passagiere noch
wach gewesen, hätte sich ihnen ein faszi-
nierendes Bild geboten: Tausende von
Sternen funkelten am dunklen Himmel.
Unter dem Raumschiff drehte sich eine
mächtige Kugel: Formicolo. Plötzlich
hellte sich der Rand des Planeten auf. Ein
Lichtblitz erschien. Rasch wuchs er zu
einem Halbmond an, der sich weiter aus-
dehnte und immer rundere Gestalt an-
nahm. Schließlich stand Ennos als
strahlende Scheibe am Himmel. Noch
immer trieb das Raumschiff im All und
steuerte gezielt auf ein zigarrenförmiges

Gebilde zu. Ein Ruck, und der Andock-Mechanismus war eingerastet. Wie ein Tautropfen an einem Grashalm hing die *Intergalaxos* am Hyper-Neutronentriebwerk.

Die Computer in der Kommandozentrale liefen auf Hochtouren. Das Triebwerk zündete auf den Bruchteil einer Sekunde genau. Der Weltraumkreuzer verließ die Umlaufbahn und jagte mit unvorstellbarer Geschwindigkeit davon. Formicolo schrumpfte immer mehr, ebenso der Feuerball von Ennos. Der Globus des Planeten verschwand als erster in der Dunkelheit. Ennos dagegen leuchtete noch für einige Zeit als besonders helles Lichtpünktchen, bis es endlich von den unzähligen anderen nicht mehr zu unterscheiden war.

Hätten die Ameisenwesen an Bord nicht geschlafen, sondern nach draußen blicken können, so hätten sie neben den Sternen auch mehr oder weniger blasse Fleckchen unterschiedlicher Größe gesehen. Viele, vor allem die helleren, waren gleichmäßig über das gesamte All verteilt. Manche bildeten auch kleinere Gruppen, die wie Nebelhaufen wirkten. Auf einen solchen Haufen nahm die *Intergalaxos* Kurs. Die Reise in die Unendlichkeit konnte beginnen. . .

Das Geheimnis von Lascaux

Im Jahr 1940 wurde in der südfranzösischen Gemeinde Montignac eine 140 Meter tiefe Höhle entdeckt. Die steinernen Wände sind mit zahlreichen Gemälden »tapeziert«. Diese zeigen große Büffelherden, galoppierende Elche oder verwundete Rehböcke. Zum Teil erscheinen die Darstellungen abstrakt verfremdet und erinnern an moderne Malerei aus dem 20. Jahrhundert. Doch als Experten die Gemälde von Lascaux näher untersuchten, kamen sie aus dem Staunen nicht mehr heraus: Die farbigen Graffiti stammten zweifelsfrei aus dem 15. Jahrtausend vor Christus! Die Wissenschaftler waren fassungslos. Hielten sie doch die damaligen Europäer, die sogenannten *Cro-Magnon-Menschen*, für eher primitive Menschen. Die phantastischen Zeichnungen wollten so gar nicht in dieses Bild passen. Die Cro-Magnons mußten wesentlich intelligenter und geschickter gewesen sein, als man es ihnen zugetraut hatte. Aber was haben Jagdszenen aus dem 15. Jahrtausend vor unserer Zeit mit dem Weltall zu tun? Eine ganze Menge. Da gibt es in Lascaux eine Darstellung, die einen Wisent zeigt und vor ihm einen Mann, den das Tier offensichtlich gerade umstößt, außerdem einen Vogel, der auf einer Stange sitzt. Ein Forscher nahm das Bild genau unter die Lupe und entdeckte darauf ganz dünne Linien und feine Kreise. Was bedeuteten diese seltsamen Zeichen? Sahen sie nicht aus wie Figuren auf einer modernen Sternkarte? Sollte der Künstler etwa den nächtlichen Himmel beobachtet haben und von einigen Sternen so beeindruckt gewesen sein, daß er sie im Bild festhalten wollte? Tatsächlich ergaben weitere Untersuchungen, daß der

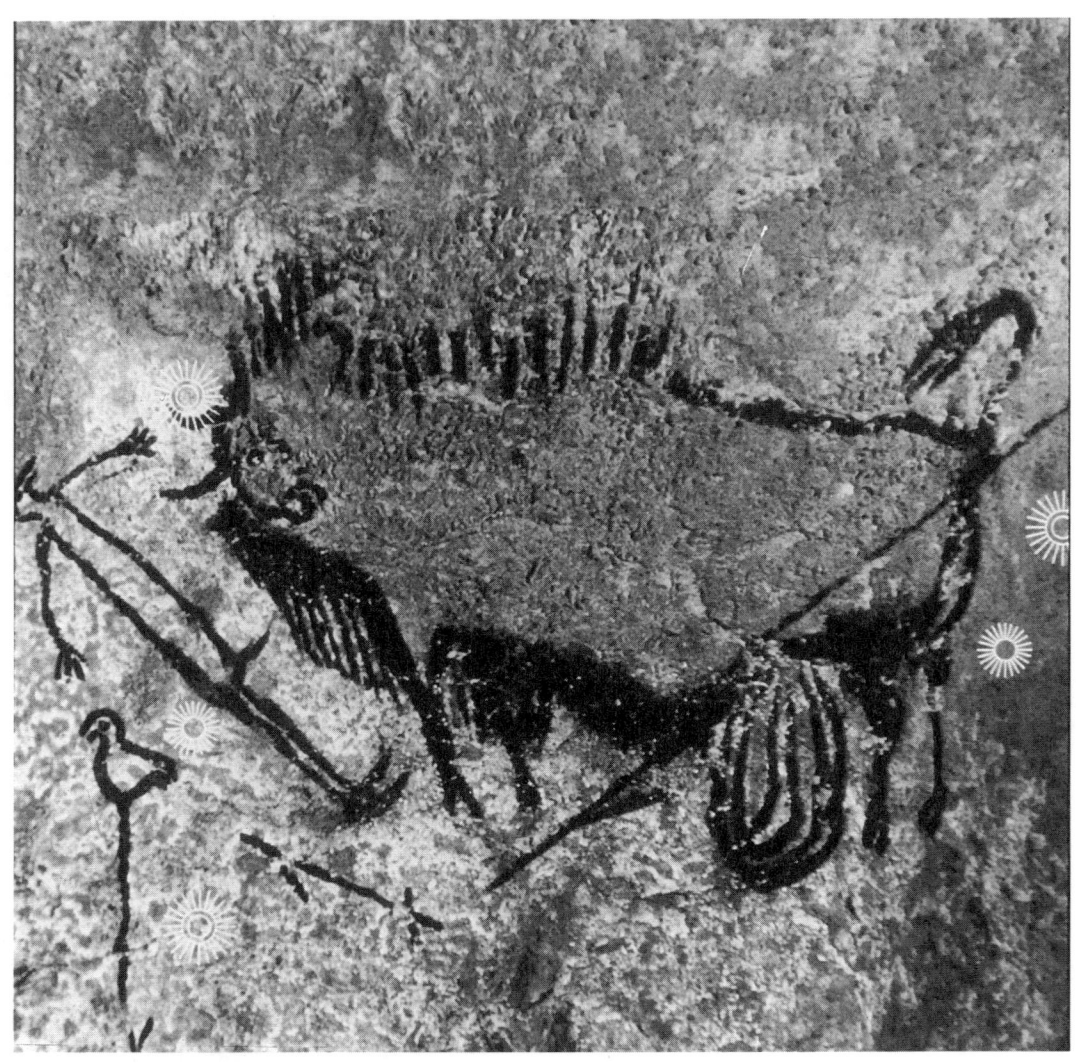

Schon vor 17000 Jahren beobachteten Menschen den gestirnten Himmel. Das beweist dieses Felsgemälde in der Höhle von Lascaux. Wissenschaftler fanden darauf die Darstellung von fünf Sternen, hier markiert durch Strahlenkreise.

unbekannte Maler unter anderem drei helle Sterne abbildete, die heute Atair, Deneb und Wega heißen und das »Sommerdreieck« formen. Die Cro-Magnons betätigten sich als Sternforscher!

Täglich sahen sie eine helle Scheibe am fernen Horizont aufgehen und über das Himmelsgewölbe ziehen. Sie spendete Licht und Wärme, und wenn sie auf der entgegengesetzten Seite des Erdkreises versank, wurde es dunkel und kalt. Daran hatte man sich schnell gewöhnt. Aber wie groß mag der Schrecken der Urmenschen gewesen sein, als sich diese Scheibe mit einem Mal verfinsterte und die Landschaft in ein gespenstisches Licht tauchte? Aber auch eine Nacht-Scheibe gab es, die genauso groß war. Sie leuchtete aber viel schwächer und wärmte nicht. Außerdem veränderte sie ihre Gestalt ständig: Bald war sie rund, bald sichelförmig, und gelegentlich war sie ganz verschwunden. Auch sie schien bisweilen zu verlöschen. Dabei verfärbte sie sich dunkelrot. Das geschah stets, wenn die Scheibe vollständig zu sehen war.

Der Himmel schien voller Rätsel. So ließen sich bestimmte Sterne zu markanten Figuren zusammenfassen. Sie veränderten ihre Form nicht. Manche zeigten sich das ganze Jahr über. Andere dagegen verschwanden für einige Zeit, tauchten aber in regelmäßigen Abständen wieder auf. Da gab es aber auch Lichtpunkte, die für eine solche Einteilung gänzlich unbrauchbar waren, denn sie wanderten am Himmel umher, standen mal in dieser, mal in jener Sternenfigur.

Was nützte es, wenn die rechte Ecke eines Quadrats nach einiger Zeit davonlief und ein Dreieck zurückließ. Bei diesen Wanderern mußte es sich um etwas ganz Besonderes handeln, fielen sie doch allein durch ihr helles, ruhiges Licht auf. Alle übrigen Sterne flimmerten dagegen mehr oder weniger stark. Gelegentlich löste sich einer vom Firmament und flog wie ein glühender Stein durch die Luft. Dabei hinterließ er eine leuchtende Spur und verschwand ebenso plötzlich, wie er gekommen war. Nebelsterne mit langen Schweifen tauchten auf und bewegten sich langsam über das nächtliche Firmament.

All diese Erscheinungen nahmen die Menschen damals wahr. Ohne Fernglas oder Teleskop, nur mit dem bloßem Auge, verfolgten sie aufmerksam, was sich hoch über ihren Köpfen abspielte. So erwachte vor Tausenden von Jahren das Interesse an der Astronomie.

Das Wort stammt aus dem Griechischen und setzt sich aus *astron* (Stern) und *nomos* (Gesetz) zusammen. Ein *Astronom* ist also ein Wissenschaftler, der die Gesetze der Sterne ergründet.

Doch unsere Vorfahren aus der Steinzeit konnten den Bauplan des Weltraums nicht verstehen. Sie wußten nur sehr wenig über die Objekte, die sie beobachteten. Aber wie geht es uns heute? Die beiden Scheiben von *Sonne* und *Mond*, die Figuren der *Sternbilder*, die wie glühende Steine aufblitzenden *Meteoriten* oder die geschweiften *Kometen* kennt jeder. Aber wißt ihr auf Anhieb, warum die Sonne im

Osten auf- und im Westen untergeht? Auf welche Weise die Mondphasen zustande kommen oder Finsternisse entstehen? Könnt ihr erklären, wie die Sterne zusammengesetzt sind und wodurch sie sich von den Planeten unterscheiden? Dabei richtet sich unser Alltag nach den Regeln des Kosmos: Wir schlafen nachts und arbeiten am Tag. Die Quarzuhr am Handgelenk zeigt diesen 24stündigen Wechsel von Tag und Nacht auf die Sekunde genau an. Wir freuen uns, wenn die Sonne an warmen Sommerabenden lange scheint, während sie im Winter schon sehr früh untergeht. Wenn es bei uns kalt ist, fliegen viele Touristen auf die Südhalbkugel der Erde und liegen dort in der Sonne. Aber kaum einer macht sich Gedanken darüber, warum die Jahreszeiten nicht überall auf der Erde und zu jeder Zeit dieselben sind. Etwas zu akzeptieren, weil es »so und nicht anders ist«, macht keinen großen Spaß.

Die Erde ist nicht leer, sondern bevölkert mit Lebewesen. Selbst Wüsten oder Ozeane »leben«, obwohl man sie für »tot« halten könnte. Nun gibt es auf unserem Planeten tatsächlich Gegenden, in denen nicht einmal primitive Pflanzen wachsen, geschweige denn Tiere wohnen. Nord- und Südpol gehören zu solchen unwirtlichen Orten. Aber sind sie deshalb leer? Im normalen Sprachgebrauch könnte man das sagen. Aber bei näherem Hinsehen stimmt dies ganz und gar nicht. So überziehen mächtige Eismassen *Arktis* (Nordpol) und *Antarktis* (Südpol). Unbelebt bedeutet also nicht gleichzeitig leer.

Ja, in der Natur gibt es keinen Platz, der wirklich leer ist. Überall treffen wir auf Materie, selbst wenn diese wie Eis oder Steine nicht lebt.

Forscher haben herausgefunden, daß unser Planet nur ein Staubkörnchen im Universum ist, ein winziger Teil der Natur. Daher liegt es nahe anzunehmen, daß auch die gesamte Natur, wir nennen sie *Kosmos, Universum, Weltraum* oder *Weltall*, nicht leer ist, sondern Materie enthält. Sonne, Mond und Planeten, Sterne und Nebel gehören zu der Materie, mit denen der Weltraum ausgestattet ist. Bevor wir ihn näher erkunden, müssen wir uns erst einmal klarmachen, welche Dimensionen uns im Kosmos erwarten.

Kosmische Dimensionen

Wer in der Stadt nahe bei einer Schule wohnt, hat Glück. Weil er es nicht sehr weit hat, kann er morgens länger schlafen. Nach dem Unterricht sitzt er früher beim Mittagessen als sein Mitschüler, der im fünf Kilometer entfernten Dorf lebt und den Bus nehmen muß. Entfernungen spielen eine wichtige Rolle in unserem Leben. Solange die Strecken nicht allzu groß sind, können wir sie uns ganz gut vorstellen. Jeder hat seinen Schulweg »im Kopf« oder weiß, wie weit es in die nächste Großstadt ist. Viele Berufstätige, die täglich 40 oder 50 Kilometer bis zu ihrer Arbeitsstelle fahren, kennen den Weg ebenfalls schon auswendig.

Aber wie sieht es mit längeren Strecken aus? Wer schon einmal nach Italien in Urlaub gefahren ist, wird sich vielleicht an die Reisedauer erinnern. Aber sich die Route richtig vorstellen, das gelingt ihm wohl nicht. Zu groß ist der Maßstab. Es gibt dennoch eine Möglichkeit, um einen Eindruck von Distanzen zu bekommen: die Landkarte. Der Trick bei der Sache besteht darin, die Verhältnisse in der Natur einfach viel kleiner darzustellen. Da sind es eben von unserer Stadt bis zum nächsten Dorf nicht mehr fünf Kilometer, sondern nur noch fünf Zentimeter, also 100.000mal weniger. (Ein Kilometer hat 1000 Meter, ein Meter 100 Zentimeter; ihr müßt nur 1000 und 100 miteinander multiplizieren, um zu diesem Ergebnis zu gelangen.) Weil ein Kilometer als Strecke von einem Zentimeter abgebildet wird, besitzt die Karte einen *Maßstab* von 1:100.000. Beträgt die Entfernung zwischen unserem Wohnort und der Großstadt in Wirklichkeit 50 Kilometer, so erscheint der Weg auf einer solchen Karte als 50 Zentimeter lange Strecke.

Dieser Maßstab bringt einen allerdings leicht in Schwierigkeiten, will man noch größere Entfernungen darstellen. Denn wenn ein Zentimeter auf dem Papier einem Kilometer entspricht, dann hätte eine Karte von Deutschland die beachtliche Länge von rund 900 Zentimetern, also neun Metern. Daher werden Länder noch stärker geschrumpft, und erst recht ganze Kontinente oder gar die Erde selbst. Bei manchem von euch steht bestimmt eine Weltkugel auf dem Schreibtisch oder im Regal. Während unser Planet tatsächlich einen Durchmesser von knapp 12.800 Kilometern hat, mißt ein solcher *Globus* beispielsweise nur etwa 26 Zentimeter. Der Erdball ist demnach 50.000.000mal verkleinert.

Eine Schrumpfung hilft uns also dabei, sich bestimmte Größenverhältnisse besser vorzustellen. Besonders leicht fällt das beim Vergleich von Durchmessern oder Entfernungen. Die Astronomen wissen längst, daß der Mond von der Erde im Mittel 384.400 Kilometer entfernt ist und seine Kugel etwa 3500 Kilometer mißt. Daher wäre ein Mondglobus im oben genannten Maßstab sieben Zentimeter groß und mehr als siebeneinhalb Meter vom Erdball entfernt. Zugegeben, diese Distanz erscheint nicht gerade als sehr aufregend. Aber ihr dürft nicht vergessen, daß der Mond zur allernächsten Nachbarschaft unseres Heimatplaneten gehört, sich also »vor der Haustür« der Erde aufhält. Und immerhin haben wir seinen Abstand 50.000.000mal verringert.

Dieses Beispiel zeigt, daß die Größenordnungen im Weltraum die menschliche Phantasie weit übersteigen. Oder kannst du dir eine Strecke von 384.400 Kilometern vorstellen? Sicher nicht. Das können nicht einmal die Astronauten, die vor mehr als 20 Jahren zum Mond geflogen sind. Je weiter wir in die Tiefen des Universums vordringen, um so dramatischer wird es. Am besten, wir schmuggeln uns als blinde Passagiere an Bord des Raumschiffs *Intergalaxos*...

Irrlichter am Horizont

Seit unserem letzten Besuch hat das
Raumschiff eine schöne Strecke im All
zurückgelegt. Kein Wunder, denn es rast
mit geradezu unglaublicher Geschwindigkeit dahin. Der Planet Formicolo liegt
mittlerweile weit zurück. Stockfinster ist
es draußen. Beim Blick aus dem Fenster
könnte man meinen, daß der Weltraum
leer ist. Ein unheimliches Gefühl, so, als
ob wir um Mitternacht durch ein verlas-
senes Haus schleichen. Aber halt, was ist
das! Schimmern da in der Ferne nicht ein
paar Nebelfetzen? Richtig, die hätten wir
beinahe übersehen. Aber sie waren uns ja
schon aufgefallen, als die *Intergalaxos* gestartet war.

Jetzt, da sich unsere Augen allmählich
wieder an die Dunkelheit gewöhnen, erscheinen immer mehr dieser schwach
glimmenden »Kerzen«. Nun bemerken
wir auch, daß an bestimmten Stellen besonders viele zusammenstehen. Eben tauchen am linken Rand des Fensters etwa
zwei Dutzend solcher Lichter auf. Auf
eines hält das Raumschiff Kurs. Das ver-
stehe wer will! Schließlich sollte die Reise
der Bewohner von Formicolo doch zu unserer Erde führen. Was hat die mit einem
solchen Fleckchen zu tun? Was verbirgt
sich überhaupt hinter diesen merkwürdigen Lichtern?

Die Astronomen früherer Jahrhunderte
haben sich ähnliche Fragen gestellt. Aber
erst seit einigen Jahrzehnten kennen sie
die Antwort. Die Nebelfleckchen sind die
größten Ausstattungsstücke des Weltraums. Fachleute nennen sie *Galaxien*. Sie
bestehen aus gigantischen Gas- und
Staubwolken und enthalten Milliarden
und Abermilliarden Sonnen. Daher paßt
die Bezeichnung Sternsysteme wohl am
besten, denn Sonnen sind nichts anderes
als Sterne.

Galaxien treten in sehr unterschiedlicher
Gestalt auf: So erscheinen einige als Kugeln, andere sind oval oder sehen aus wie
Fußbälle, aus denen die Luft entwichen
ist. Außerdem gibt es ganz unregelmäßige Systeme; in der Sprache der Astronomen heißen sie deswegen »irregulär«.
Zu den schönsten gehören allerdings die
sogenannten *Spiralgalaxien*: Aus einem
hellen Kern ragen zwei oder mehr spiral-
förmige Arme heraus. Weil die Arme –
sie bestehen aus Gas, Staub und Sternen –
hell leuchten, gleichen diese kosmischen
Objekte Feuerrädern, wie man sie an Sil-
vester abbrennt, um das neue Jahr zu begrüßen.

Ganz egal, wo die Sternforscher mit ihren
riesigen Teleskopen im Weltraum hin-
schauen, überall blicken sie auf Galaxien.
Wie viele es gibt, vermag niemand zu
sagen. Man kann ihre Zahl nur abschät-
zen; sie ist im wahren Sinn »astronomisch« hoch: Mehrere hundert Milliarden
Kugeln und Ovale, Spindeln und unförmige Gebilde bevölkern das Universum.
Eine Milliarde, das sind tausend Millionen
– unvorstellbar viel. Willst du diese Zahl
in Ziffern aufschreiben, brauchst du mindestens fünf Sekunden. Denn hundert
Milliarden entspricht einer Eins mit elf
Nullen: 100.000.000.000. Versuche es ein-

fach mal und notiere die Zahlenschlange! Damit haben wir das Rätsel der kosmischen Lichter gelöst, die wir von *Intergalaxos* aus beobachten: Es handelt sich um Galaxien. Die Astronomen wissen, daß nur ganz wenige von ihnen Einzelgänger sind, das heißt, völlig allein im Universum treiben. Die meisten bevorzugen es, in Gruppen dahinzusegeln, so, als würden sie eine Wettfahrt austragen. An einer solchen Regatta nehmen oft Tausende von Sternsystemen teil. Diese *Galaxienhaufen* sind die Bausteine des Universums. Das gesamte Weltall ist mit ihnen ausstaffiert. Kein Wunder also, daß sie uns beim Blick aus dem Raumschiff besonders aufgefallen sind.

Eben sehen wir durch das rechte Bullauge eine besonders schöne Sammlung von Galaxien aller möglichen Formen, Größen und Helligkeiten. Das größte System gleicht einer gewaltigen Spindel mit zwei deutlich ausgeprägten Armen. Dieses kosmische Gebilde aus der Nähe zu betrachten, das wäre schon eine tolle Sache. Doch da hat die *Intergalaxos* schon abgedreht. Das Feuerrad schrumpft zu einem winzigen Etwas und wird schließlich von der Schwärze des Weltalls verschluckt. Unsere Ohren haben sich inzwischen an das monotone Summen im Passagierraum gewöhnt, nehmen es gar nicht mehr wahr. Stille. Dunkelheit. Beim Versagen des Triebwerks wären wir auf ewig dazu verdammt dahinzutreiben, ohne Hoffnung, jemals wieder gefunden zu werden oder gar auf der Erde zu landen. Ein erschreckendes Gefühl. . .

Unsere Heimat im All

Wie auf einer Kinoleinwand tauchen im Fenster an der rechten Seite zwei gewaltige Lichtspindeln auf. Beide sind etwa gleich groß und von jeweils zwei kleineren, unregelmäßig geformten Wölkchen umgeben. Je aufmerksamer wir das Bild betrachten, um so mehr Sternsysteme zeigen sich. Erinnern wir uns: Nicht lange nach dem Start nahm die *Intergalaxos* Kurs auf einen fernen Nebelhaufen. Aufgrund der unvorstellbar hohen Geschwindigkeit haben wir ihn jetzt fast erreicht. Wir wissen, daß die bizarren Gebilde vor uns Galaxien sind. Und weil die Reise zur Erde geht, muß sich unser Planet inmitten einer dieser Spiralen befinden. Aber in welcher?

Zwar ist noch kein Mensch an Bord eines Raumschiffs schneller als das Licht durch das Universum geflogen; aber die Astronomen kennen den Standort der Erde im Weltall recht gut und haben eine Karte ihrer kosmischen Umgebung entworfen. Danach zählt die *lokale Gruppe* mindestens 25 Mitglieder (wahrscheinlich noch viel mehr) und bildet damit einen eher kleinen Galaxienhaufen. Auch die einzelnen, überwiegend irregulären Sternsysteme, können nicht gerade als Giganten bezeichnet werden. Darum erscheinen sie einem Reisenden aus größerer Entfernung als blasse, unscheinbare Lichtfleckchen – mit zwei Ausnahmen: dem *Andromedanebel* und unserem eigenen System, der *Galaxis* (das Wort leitet sich vom griechischen *galactos* ab, was Milch bedeutet). Diese Objekte lassen sich in einer klaren, mondlosen Nacht fernab der Lichter einer Stadt mit dem bloßem Auge beobachten.

Während der Sommermonate hat bestimmt jeder schon einmal ein diffuses Band am nächtlichen Himmel gesehen, das sich vom nordöstlichen bis zum südwestlichen Horizont erstreckt, die *Milchstraße*. Sie gehört zur Galaxis und ist ein Teil jenes Staub-, Stern- und Gasarmes, in dem sich die Erde befindet. Den Andromedanebel finden nur geübte Beobachter auf Anhieb; er steht ein wenig über dem zweithellsten Stern des Sternbilds *Andromeda* (daher sein Name) und erscheint als kleines, verwaschenes Fleckchen. Später werden wir uns noch ausführlich mit dieser Galaxie beschäftigen und auch erfahren, wie sie zu finden und am besten zu beobachten ist. Aber kehren wir zunächst an Bord der *Intergalaxos* zurück.

In sicherer Entfernung hat das Raumschiff längst den Andromedanebel passiert. Die Reisegeschwindigkeit ist merklich kleiner geworden. Vorsichtig gehen wir an den schlafenden Ameisenwesen vorbei, fahren mit dem Lift in die zweite Etage und laufen einen Gang entlang. Das gleichmäßige Summen wird lauter. Wir nähern uns einer Schiebetür. Sie schwingt automatisch zur Seite, und wir betreten das Cockpit.

Die Wände des Raumes sind mit Bildschirmen bedeckt. In der Mitte der Kommandozentrale steht ein großer Kasten: das Elektronenhirn, der stumme Pilot, der

die *Intergalaxos* fliegt. Doch wir haben kaum Zeit, uns näher umzusehen, denn das, was hinter dem großen Fenster zum All auftaucht, fesselt unsere Blicke:

In ihrer ganzen Pracht breitet sich vor uns die Galaxis aus, wie eine überdimensionale strahlende Schallplatte. In ihrer Mitte ist die Materie besonders stark konzentriert und hat die Form eines Wulstes. Er leuchtet in einem dunklen Gelb und hebt sich deutlich von der eher bläulich gefärbten Scheibe ab, die das Zentrum umgibt. Nicht allzu weit von diesem Kern entfernt kreisen runde, rötliche Gebilde, die *Kugelsternhaufen*; Zehntausende alter Sterne stehen darin dicht beisammen. In größerer Distanz begleiten zwei unregelmäßige Galaxien unsere kosmische Heimatinsel: die beiden *Magellanschen Wolken*.

Immer näher kommt die Scheibe, immer deutlicher werden die Spiralarme. Sie wirken keineswegs glatt, sondern erscheinen körnig. Tatsächlich lösen sie sich allmählich in unzählige unterschiedlich helle Lichtpünktchen auf. An einigen Stellen durchbrechen rote oder blaue Wolken die Sternenbänder. An anderen Stellen verschlucken schwarze Nebelfetzen die Strahlen der hinter ihnen liegenden Objekte und erwecken dadurch den Eindruck von Löchern im Himmel.

Kurs Richtung Erde

Etwa auf halbem Weg zwischen dem gelben Kern und dem Rand der blauen

Scheibe dringen wir in einen der Spiralarme ein. In dem Wald aus Sonnen, Gas und Staub stoßen wir sicher mit einem Stern zusammen. Schon rasen wir ganz dicht an gleißend hellen Lichtkugeln vorbei, die sich mit Nebelschwaden abwechseln. Immer dichter wird der galaktische Wald. Wie bei einem Gewitter türmt sich eine mächtige Wolkenwand vor uns auf. Ohne den Kurs zu ändern, steuert die *Intergalaxos* direkt auf sie zu. Wir schließen die Augen. Gleich muß es zum Zusammenprall kommen!

Endlos erscheinende Sekunden vergehen. Noch immer kneifen wir die Augen fest zusammen. Aber es bleibt ruhig. Vorsichtig öffnen wir die Lider, blinzeln durch das dicke Glas an der Stirnseite des Cockpits – und glauben zu träumen: Die bedrohliche Wolke hat sich in Luft aufgelöst, vom Gewimmel der Kugeln ebenfalls keine Spur mehr. Dennoch ist die kosmische Landschaft nicht in vollständige Dunkelheit gehüllt. Vielmehr ähnelt sie einer klaren Nacht auf der Erde. Der galaktische Wald hat sich gelichtet. Wie beleuchtete Nadelspitzen stehen einzelne Sterne am Himmel, gruppieren sich zu Bildern.

Aber selbst ein erfahrener Himmelsbeobachter könnte mit diesen Konstellationen nichts anfangen und würde vergeblich nach dem *Großen Wagen*, der *Andromeda* oder dem *Orion* suchen. Ein Zeichen dafür, daß wir noch fern von der Erde im Weltall treiben, denn nur von dort aus erscheinen die Sternbilder in der uns vertrauten Form.

Wäre ein Astronom an Bord der *Intergalaxos*, er hätte uns sicher die Angst vor einem Zusammenstoß genommen. Denn obwohl die Spiralarme sehr viele Sterne enthalten, sind die Entfernungen zwischen ihnen nach irdischen Maßstäben so gewaltig, daß ein Raumschiff ohne Mühe hindurchmanövrieren könnte.

Aufgeregt sind wir trotzdem. Aber die Reise muß ja bald zu Ende gehen, denn das größte Stück des Weges liegt hinter uns. Inzwischen haben wir uns im Cockpit genauer umgesehen und dabei einen Monitor entdeckt, auf dem die Umgebung dargestellt ist wie auf dem Bildschirm einer Videokamera. Ein Fadenkreuz zeigt offenbar die exakte Flugrichtung an. Noch scheint es an einer beliebigen Stelle zu ruhen. Man könnte meinen, die Reise führe ins Unbestimmte, würde sich nicht plötzlich ein kaum wahrnehmbares Lichtpünktchen vom schwarzen Hintergrund ablösen und sehr langsam zum Mittelpunkt des Fadenkreuzes wandern. Nach einigen Minuten steht es genau im Visier. Kein Zweifel: Bei dem schwachen Pünktchen handelt es sich um einen ganz gewöhnlichen, eher kleinen und unscheinbaren Stern, und dieser Stern ist die Sonne, *unsere* Sonne. Die Erklärung dafür ist einfach. Die Sonne erstrahlt am irdischen Himmel besonders hell, weil sie uns relativ nahe steht. Von der *Intergalaxos* aus sehen wir sie jedoch aus sehr großer Entfernung. Daher leuchtet sie wesentlich schwächer. Dasselbe kennen wir von einem Autoscheinwerfer: Blicken wir aus nur weni-

gen Zentimetern in das Licht, so werden
wir förmlich geblendet; in einigen Kilometern Abstand dagegen ist der starke
Strahler zu einem kümmerlichen Lichtpunkt geschrumpft. Da wir der Sonne
entgegenrasen, sollten wir jetzt den um-
gekehrten Effekt beobachten. Tatsächlich
nimmt die Helligkeit des Pünktchens im
Fadenkreuz allmählich zu.

Jäh werden wir aus unseren Gedanken
gerissen, als aus dem Nichts eine überdimensionale kohlschwarze Kartoffel auftaucht und Sekunden später wieder
verschwindet. Aber bei dieser einen seltsamen Begegnung bleibt es nicht. Immer
mehr »kosmische Kartoffeln« werden
sichtbar, Dutzende, Hunderte, Tausende.
Jeder Astronom würde uns beneiden,
denn nicht einmal eine unbemannte
Raumsonde hat aus diesem Bereich an
den Grenzen des Sonnensystems bisher
Fotos zur Erde übermittelt. Folglich weiß
kein Wissenschaftler, wie es in der *Oortschen Kometenwolke* wirklich aussieht.
Denn die kohlschwarzen Himmelskörper
sind nichts anderes als die tiefgefrorenen
Kerne von *Kometen*, die hier draußen ihre
Bahnen um die Sonne ziehen und selbst
mit großen Teleskopen nicht zu beobachten sind.

Fasziniert und ängstlich zugleich wenden
wir uns vom Monitor ab und treten ans
Fenster, um das Spektakel besser verfol-
gen zu können. Allzulange dauert die
Vorstellung nicht, schon verschwinden die
Kometenkerne aus dem Blickwinkel.
Neue Akteure betreten die Bühne, die
Planeten: der kleine *Pluto*, die glatten Ku-

geln von *Neptun* und *Uranus*, der wundervoll beringte *Saturn* und *Jupiter*, ein gigantischer Gasball mit dunkelbraunen
Bändern und dem auffälligen roten Fleck.
Noch einmal zucken wir zusammen.
Wieder blockieren Tausende von kleinen
Brocken unsere Bahn; aber ohne Probleme durchqueren wir den Schwarm der
Kleinplaneten *(Planetoiden)* und steuern
auf eine goldgelbe Kugel mit einer weißen Kappe zu, den *Mars*. So wundervoll
die Aussicht auch sein mag, etwas anderes erregt unsere Aufmerksamkeit: Ein
blauschimmerndes Scheibchen, nein, eine
Kugel, die sich in der Ferne vom tiefen
Schwarz des Himmels abhebt: die Erde!
So müssen sich einst die Seefahrer
gefühlt haben, als sie nach Monaten oder
gar Jahren in den Heimathafen zurück-
kehrten.

Wir verlassen das Raumschiff. Der Computer hat das Triebwerk ausgeschaltet und
die *Intergalaxos* rund 50.000 Kilometer
von der Erde entfernt im Weltraum
geparkt. Diese Strecke legen wir in Gedanken zurück. Dabei haben wir es so ei-
lig, daß wir die Lichtpünktchen der
Planeten *Venus* und *Merkur* übersehen
und glatt vergessen, einen Blick auf
Sonne, Mond und die jetzt wieder vertrauten Sternbilder zu werfen. Mögen die
Ameisen unsere Erde ruhig durch das
Bordfernrohr betrachten, wir haben jetzt
viel lieber festen Boden unter den Füßen.
Nun wollen wir die Stationen der Reise
stichpunktartig in ein Tagebuch notieren
und sie durch weitere Informationen
ergänzen.

Stichpunkte aus dem Tagebuch

1.Station: *Superhaufen.* Vor Jahren dachten die Astronomen, die Superhaufen seien die größten Strukturen im Universum. Aber offensichtlich durchziehen sie den Kosmos wie ein gigantisches Netz. Superhaufen setzen sich aus zahlreichen kleineren Ansammlungen von Galaxien zusammen. Ihre mittleren Durchmesser betragen 300 bis 400 Millionen Lichtjahre.

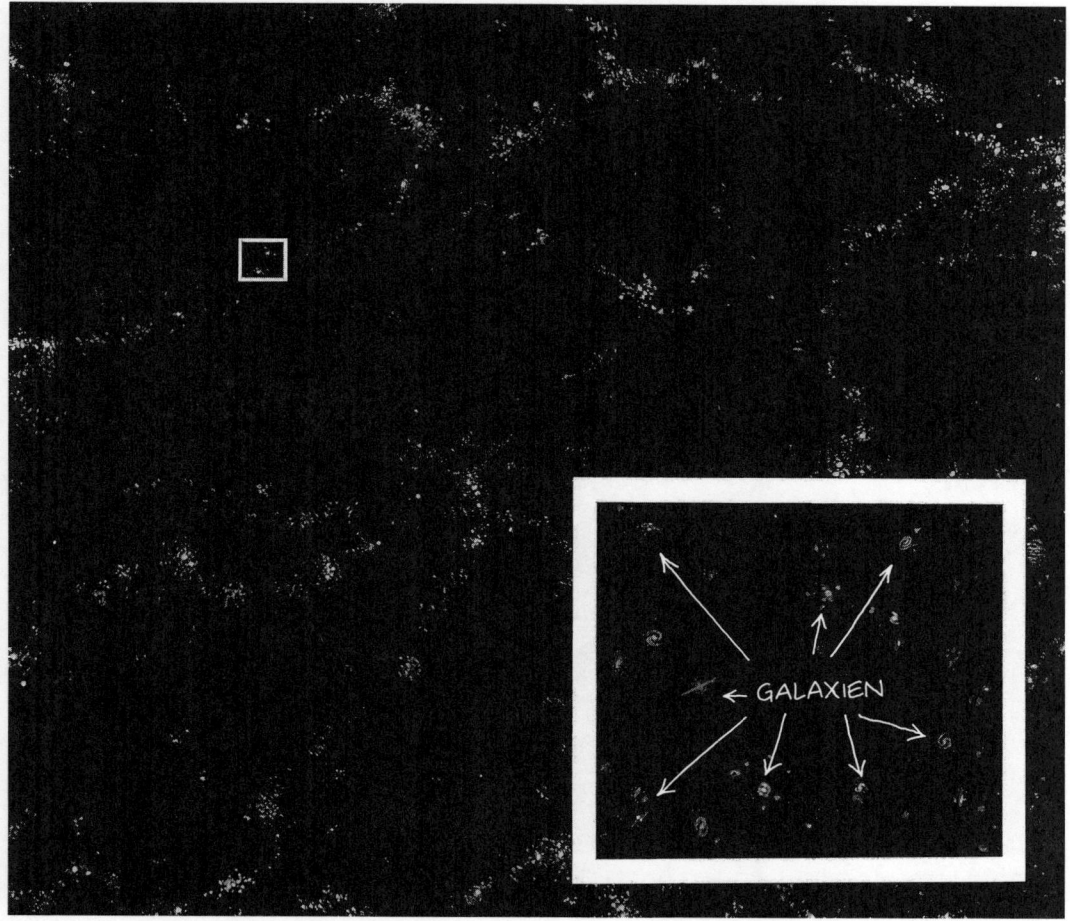

Wie ein gigantisches Netz durchziehen Superhaufen das Weltall.

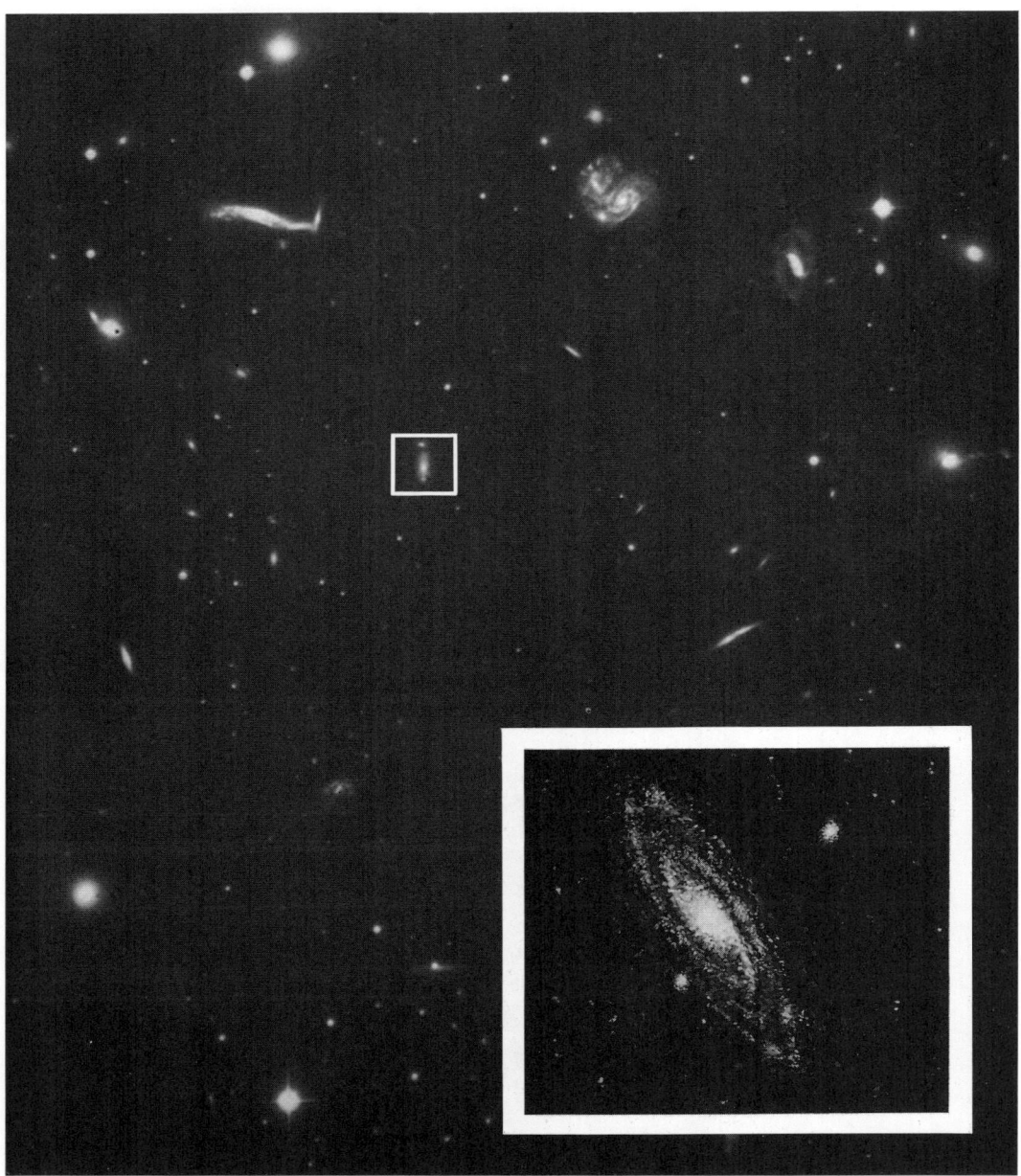

Galaxienhaufen enthalten bis zu einige hundert Sternsysteme.

2.Station: *Galaxienhaufen.* Sie enthalten ein paar Dutzend bis zu einigen hundert Sternsysteme. Während Superhaufen die »Zimmer« des Weltraums bilden, sind Galaxienhaufen die 30 bis 40 Millionen Lichtjahre großen »Möbelstücke«.

3.Station: *Lokale Gruppe.* Ein eher kleiner Galaxienhaufen, dem unser Milchstraßensystem, die *Galaxis*, angehört. In der lokalen Gruppe haben die Forscher bisher rund zwei Dutzend anderer Galaxien entdeckt. Bekanntestes Beispiel ist der *Andromedanebel* in etwa zwei Millionen Lichtjahren Distanz.

Nachbar im All: Die Andromedagalaxie ist rund 2,3 Millionen Lichtjahre von unserem eigenen Sternsystem entfernt und ähnlich geformt wie dieses.

4.Station: *Galaxien.* Sie treten in unterschiedlicher Form auf, als Ellipsen, Spiralen oder unregelmäßige Objekte. Unser Sternsystem ist eine typische *Spiralgalaxie* und setzt sich aus 100 bis 200 Milliarden Sternen sowie ausgedehnten Gas- und Staubwolken zusammen. Durchmesser: 100.000 Lichtjahre. Dicke: 5000 (Scheibe) bis 15.000 (Kern) Lichtjahre.

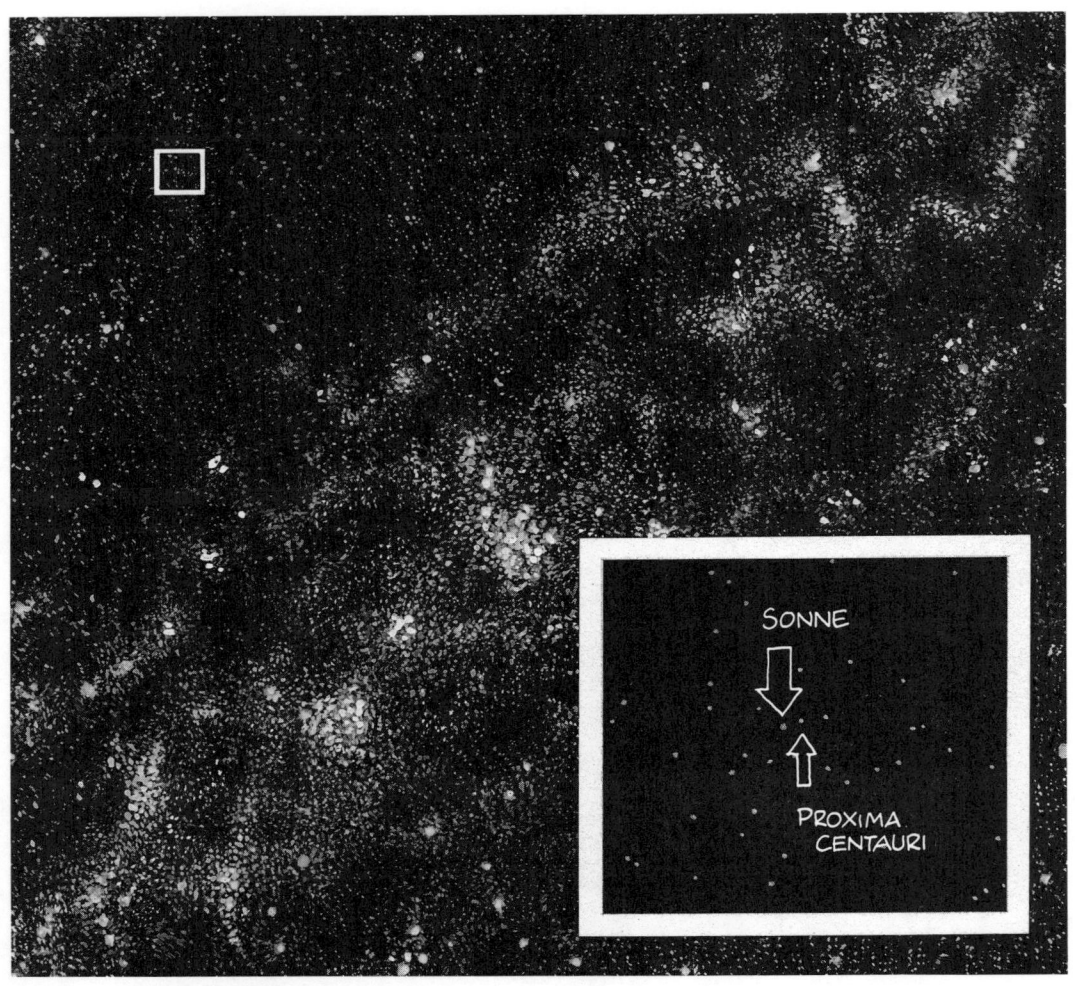

Weißt du, wieviel Sternlein stehen? Scheinbar unzählige Lichtpünktchen bevölkern das fahle Band der Milchstraße.

5.Station: *Sterne.* Sie sammeln sich vor allem in der *Milchstraße.* Sie beziehen die Energie aus gigantischen Atommeilern in ihrem Inneren. Der am besten untersuchte Stern ist unsere *Sonne.* Sie erscheint nur wegen ihrer Nähe so hell.

Ebenso wie alle Lichtpunkte, die wir am Himmel beobachten, ist die Sonne Teil der Galaxis. Der nächstgelegene Fixstern heißt *Proxima Centauri* und ist 4,3 Lichtjahre entfernt.

6.Station: *Sonnensystem.* Es besteht aus den Planeten *Merkur, Venus, Erde, Mars, Jupiter, Saturn, Uranus, Neptun* und *Pluto.* Zusammen mit den *Planetoiden* (sie halten sich zwischen Mars und Jupiter auf) und den *Kometenkernen* (jenseits der Pluto-

bahn) bewegen sie sich um die Sonne. Die meisten Planeten werden ihrerseits von einem oder mehreren *Monden* umrundet. Abstand Erde – Sonne: 8,5 Lichtminuten.

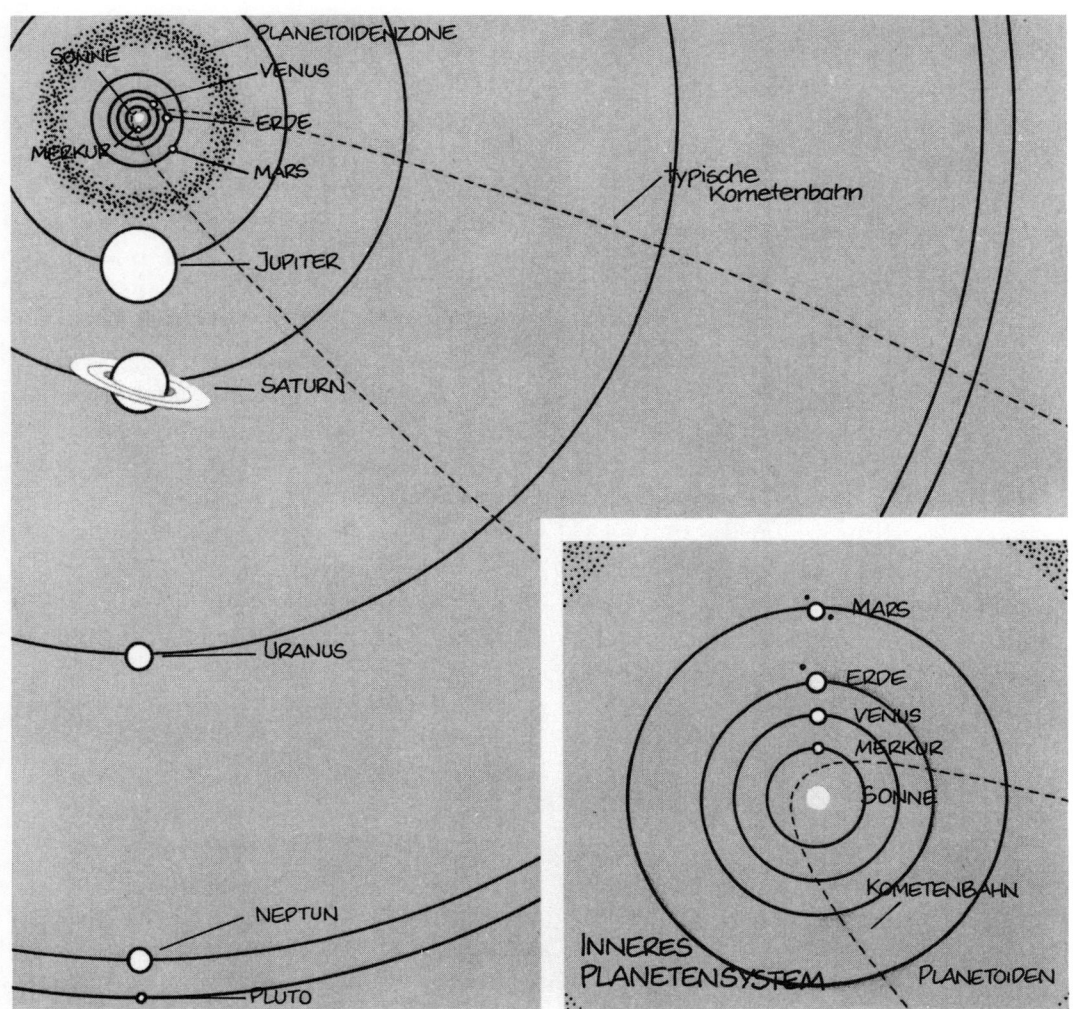

Neben ca. 100 Milliarden Sternen treibt unsere Sonne mit neun großen Planeten in der Galaxis.

ERDE

FAHRRAD:
1 Jahr 9 Monate

AUTO: 53 Tage

DÜSENJET: 16 Tage

Dies also ist der Bauplan des Universums, ein sehr einfacher allerdings. Denn von den einzelnen Objekten wissen die Astronomen heute so viel, daß sie über jedes ein Buch mit mehreren tausend Seiten schreiben könnten. Wir wollen die Geheimnisse des Weltalls bei weitem nicht so ausführlich ergründen. Aber selbst auf einem kurzen Streifzug durch den Kosmos gibt es mehr zu entdecken, als mancher auf den ersten Blick vermutet. Wir wollen uns zuerst einmal eine Vorstellung von der Route und den Entfernungen machen. Entfernungen? Dazu gehören die Begriffe *Lichtjahre* und *Lichtminuten*, die wir bereits im Tagebuch gefunden haben. Auch wenn wir damit zunächst nichts anfangen können, sind diese Begriffe für das Verständnis der gigantischen Abstände im Universum notwendig. Das Lichtjahr ist das Maß aller Dinge.

Ein Ritt auf dem Licht

Trainierte Radfahrer legen in einer Stunde ohne weiteres 25 Kilometer zurück. Man sagt dann, sie sind durchschnittlich 25 Stundenkilometer

(abgekürzt 25 km/h) schnell gefahren. Mit dieser Geschwindigkeit schaffen sie eine Strecke von 100 Kilometern Länge in vier Stunden. Mit dem Auto geht das viel rascher. Bei freien Straßen dauert die Fahrt eine Stunde. Theoretisch bräuchten wir daher Entfernungen nicht in Kilometern anzugeben, sondern in jener Zeit, die ein Verkehrsmittel für die entsprechende Strecke benötigt. Solche Angaben setzen jedoch eine mehr oder weniger gleichmäßige Reisegeschwindigkeit voraus. Sie erscheinen eigentlich nur bei sehr großen Distanzen sinnvoll.

Wo wäre die Umrechnung vom Längen- ins Zeitmaß besser geeignet als im Weltall? Aber welches Transportmittel benutzen wir dafür? Ein Fahrrad vielleicht? Drücken wir den Abstand zwischen Erde und Mond (384.400 Kilometer) einmal in Fahrradstunden aus. Ein Radfahrer legt in jeder Stunde 25 Kilometer zurück, in 100 Stunden also 2500 Kilometer, in 1000 Stunden 25.000 Kilometer und so weiter. Erst nach 15.376 Stunden käme er am Mond an: nach einem Jahr und neun Monaten. Das schafft niemand!

Geben wir einem Autorennfahrer die Chance: Mit 300 km/h rast er los – und erreicht den Mond doch erst nach 53 Ta-

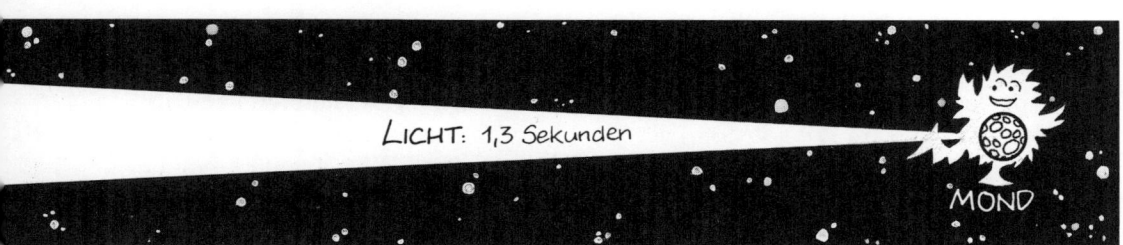

LICHT: 1,3 Sekunden

MOND

gen. Selbst ein Düsenjet (1000 km/h) würde für die Strecke 16 Tage benötigen. Der Mond ist demnach rund 384 Flugstunden von der Erde entfernt. Das mag ja noch angehen. Aber bei der Sonne wird es schon kritischer. Wissenschaftler haben berechnet, daß unser Planet in nicht weniger als 150 Millionen Kilometern Abstand um die Sonne kreist. Das entspricht 150.000 Flugstunden, 6250 Flugtagen und mehr als 17 Flugjahren! So geht es nicht. Wir müssen auf ein anderes »Fahrzeug« umsteigen. Eines, das viel rascher unterwegs ist. Nehmen wir doch gleich das schnellste überhaupt, das Licht. Licht verhält sich recht merkwürdig: Die Physiker haben herausgefunden, daß es sich entweder als Welle oder als Teilchen (Photon) fortbewegen kann. Ein solches Lichtteilchen soll uns als Transportmittel dienen.

Zunächst richten wir eine starke Halogenlampe auf den Mond und schalten sie ein. Im selben Moment rasen die Photonen mit der Geschwindigkeit von 300.000 Kilometer in der Sekunde (300.000 km/s) los! Nach knapp 1,3 Sekunden kommen sie am Mond an. Starten wir daher erneut, dieses Mal zur 150 Millionen Kilometer entfernten Sonne. Jetzt haben wir

Licht hält den Geschwindigkeitsrekord. Mit 300000 Kilometern in der Sekunde rasen seine Teilchen durch die Welt.

etwas mehr Zeit, denn immerhin acht Minuten und 20 Sekunden dauert die Reise mit dem Licht. Und schließlich wollen wir den Aufbruch in die Tiefen des Universums wagen.

Nach fünf Stunden rasen die Photonen am Pluto vorbei und dringen am Rande des Sonnensystems in die Oortsche Kometenwolke ein. Nach einem Jahr haben sie die beachtliche Strecke von 9,46 Billionen Kilometern zurückgelegt. Eine wichtige Größe, denn dieses sogenannte *Lichtjahr* gilt als grundlegende Entfernungseinheit der Astronomie.

Zum nächsten Fixstern ist das Licht 4,3 Jahre unterwegs, zum Andromedanebel zwei Millionen Jahre, was einer Strecke von 19 Trillionen Kilometern (eine 19 mit 18 Nullen) entspricht! Wer soll sich das vorstellen! Selbst wenn die Menschen noch so lange darüber nachdenken, kosmische Dimensionen bleiben fast unbegreiflich. Glücklicherweise gibt es eine Hilfe: die Verkleinerung der Entfernungen auf einer Karte.

Das Weltall im Modell

Noch vor der Reise mit der *Intergalaxos* hatten wir das System Erde – Mond verkleinert, von 384.400 Kilometer auf siebeneinhalb Meter. Im selben Maßstab hätte unsere Galaxis eine Ausdehnung von 19 Milliarden Kilometer, der Andromedanebel wäre 380 Milliarden Kilometer entfernt. Es bleibt wohl nichts anderes übrig, als das Weltall noch viel stärker zu schrumpfen.

Ausgangspunkt ist das *Deutsche Museum* in München – und das Sonnensystem. Wir pressen das Sonnensystem zu einem Staubkörnchen von einem Zehntel Millimeter Größe zusammen und deponieren es irgendwo in den Räumen der Astronomie-Ausstellung. Sonne, Erde und die übrigen Planeten sind in diesem Maßstab gar nicht mehr zu sehen, nicht einmal mit einer Lupe. Ein Lichtjahr ist nun 80 Zentimeter lang, Proxima Centauri knapp dreieinhalb Meter entfernt; die gesamte Galaxis mißt 80 Kilometer im Durchmesser. Die Sonne befindet sich allerdings nicht im Zentrum unseres Sternsystems. Aus diesem Grund liegt der Nabel der Milchstraße im mehr als 22 Kilometer entfernten Starnberg. Und wo, bitte, geht's zum Andromedanebel? Entscheiden wir uns für den Südosten, begeben wir uns zum Münchner Hauptbahnhof und fahren mit dem Zug bis ins türkische Istanbul. Erst dort hätten wir die Spiralarme der Nachbargalaxie erreicht. Wegen dieser gewaltigen Entfernungen ist es extrem unwahrscheinlich, daß wir jemals Besuch von Wesen aus dem Andromedanebel erhalten. Oder gar von Bewohnern eines Planeten wie Formicolo, der zum Sternsystem eines fernen Galaxienhaufens gehört. Daher bleibt eine Reise durch den Kosmos für uns immer ein Traum, der niemals in Erfüllung gehen wird. Zur Enttäuschung besteht dennoch kein Grund: Was die Astronomen selbst über die dunkelsten Winkel im Weltraum wissen und wie sie zu diesen Kenntnissen gelangt sind, mag uns entschädigen. Allein schon das minutenlange Betrachten des gestirnten Himmels kann zu einem unvergeßlichen Erlebnis werden – selbst wenn wir mit beiden Beinen fest auf dem Boden bleiben.

Astro-Tip 1

Es gibt viele Wege, um sich mit den Geheimnissen des Weltalls vertraut zu machen. Vielleicht hat euch der erste in eine Buchhandlung geführt. Vielleicht seid ihr dann auf dieses Buch gestoßen. Oder aber ihr habt es zum Geburtstag oder zu Weihnachten geschenkt bekommen. Es wäre natürlich toll, wenn euch die Astronomie nach der Lektüre so fasziniert, daß ihr mehr über die Wissenschaft von den Sternen erfahren wollt. Für diesen Fall findet ihr im Anhang ein kleines Verzeichnis mit *empfehlenswerten Büchern*. Es ist zwar keineswegs vollständig, aber trotzdem dürfte für jeden Geschmack etwas dabeisein.

Die zweite Möglichkeit, eine Reise ins

Universum anzutreten, ist ein *Besuch im Museum*. Mag sein, daß ihr selbst vor kurzem durch die neue Astronomie-Abteilung des *Deutschen Museums* in München gegangen seid. Es hat sich bestimmt gelohnt. Denn schließlich kann man dort die Himmelskunde nicht nur erleben, sondern in vielen Demonstrationen auch be-»greifen«. Möglich, daß ihr eine solche Exkursion erst vorhabt. Damit ihr euch in den Räumen zurechtfindet, bilden wir am Ende des Buches einen Lageplan mit einer Beschreibung der wichtigsten neun Stationen ab.

Ihr müßt natürlich nicht unbedingt nach München fahren, um dem gestirnten Himmel ein Stückchen näherzurücken. Oft genügt dafür schon ein Abstecher in die nächstgelegene größere Stadt. Denn in vielen Orten Deutschlands gibt es *Planetarien*. Das sind riesige Kuppeln, auf deren Innenseite ein Projektor Sonne und Mond, Sterne und Planeten abbildet. Aber damit nicht genug. Das künstliche Firmament bewegt sich im Zeitraffer. Innerhalb weniger Minuten gehen Sterne auf und

unter, führen die Planeten ihre kunstvollen Schleifenbewegungen vor, verfinstern sich Sonne und Mond, huschen Meteore über das Gewölbe. Dabei sitzen die Zuschauer bequem in ihren Sesseln, brauchen nicht zu frieren oder sich über Wolken zu ärgern. Im Planetarium ist der Himmel immer klar.

Ein vierter Weg zur Astronomie führt über eine *Volkssternwarte*. Solche Laien-Observatorien arbeiten häufig mit *Volkshochschulen* zusammen und sind meist durch die Initiative von mehreren engagierten Amateuren entstanden. Sie verfügen teilweise über Fernrohre beachtlicher Größe und modernster Technik. Die Mitarbeiter einer Volkssternwarte sind wahre Idealisten und verstehen es, die Begeisterung für ihr Hobby auf die Besucher zu übertragen. Darüber hinaus gibt es an vielen derartigen Einrichtungen Jugendgruppen, die sich regelmäßig treffen, um unter der Anleitung von »alten Hasen« gemeinsam zu beobachten oder Teleskope zu basteln. Meldet euch doch einfach mal bei einer Volkssternwarte!

2. Unzählige Sterne über uns

Wohnsitz von Göttern und Helden

Vor 6000 Jahren siedelten die *Sumerer* in der fruchtbaren Ebene zwischen den beiden Strömen Euphrat und Tigris. Keiner weiß, woher das Volk gekommen ist, das in Mesopotamien (was soviel bedeutet wie »Zwischenstromland«; heute umfaßt es im wesentlichen das Staatsgebiet des Irak) die Grundlagen für die Hochkulturen Vorderasiens schaffen sollte.

Die Sumerer erfanden die sogenannte Keilschrift, sie bauten Schulen und Akademien. Aber auch in Landwirtschaft und Handwerk erwiesen sie sich als wahre Meister. So legten sie Entwässerungssysteme an und errichteten gewaltige Bauwerke, Türme und Wehranlagen. In den steinernen Palästen und prächtigen Tempeln walteten Beamte und Priester ihrer Ämter. Fürsten, die sich als Stellvertreter der Stadtgottheiten verstanden, regierten über die Städte Ur, Lagasch, Kisch und Nippur. Das Volk verehrte aber auch den Sonnengott Utu oder den Mondgott Nanna und seine Gemahlin Ningal. Untrügliches Zeichen dafür, daß sich die Gebildeten intensiv mit den unerklärlichen Erscheinungen am Firmament beschäftigten.

Aber selbst wenn die Sumerer auf einen Berg kletterten, kamen sie dem Himmel und seinen Rätseln keine Spur näher. Er blieb für die Menschen verschlossen. War er nicht von höheren Wesen bewohnt, von Göttern? Als die wahren Herrscher über das Volk mußten sie den Fürsten auf Erden ihre Entscheidungen mitteilen! Doch Sonne, Mond und die funkelnden Lichtpünktchen blieben stumm, sie redeten nicht zu den Menschen. Aber sie bewegten sich. Jeder verfolgte die Wanderungen von Sonne und Mond.

Gewissenhafte Priester studierten darüber hinaus die teilweise verschlungenen Himmelspfade von fünf besonderen »Sternen«, den damals bekannten Planeten Merkur, Venus, Mars, Jupiter und Saturn. Und noch etwas hatten die Gelehrten herausgefunden: Obwohl sich der Sternhimmel im Laufe des Jahres verändert und die meisten Bilder gemächlich von Osten nach Westen ziehen, ist die Gestalt der Figuren stets dieselbe.

Daher lag es nahe, diese Figuren in Himmelskarten einzuzeichnen, wo sie als markante Ortsmarken die himmlische Landschaft charakterisierten wie Berge, Wüsten und Flüsse die irdische. Jetzt konnten die Priester den genauen Aufenthalt eines Wandelsterns beschreiben, und so kamen die Sternbilder zu ihren

Namen. Aber es waren nicht gewöhnliche Bezeichnungen, schließlich gehörte das Firmament zum Reich der Götter. Daher versetzten die ersten Astronomen alle möglichen Fabelwesen an den Himmel. Die Namen der Sternbilder und ihre Bedeutungen wurden von Generation zu Generation weitergegeben, bis zu den *Babyloniern*. Dieses Mischvolk aus Sumerern und Akkadern erlebte unter seinem Herrscher Hammurabi (1728 bis 1686 v. Chr.) einen ersten Höhepunkt. Mit der Eroberung durch den Perserkönig Kyros II. (539 v. Chr.) endete die Blütezeit Babyloniens. Die Priester Babylons waren besonders geschickte und ausdauernde Beobachter. Doch kehren wir zu den Sternbildern zurück.

Eine bedeutende Rolle bei der Überlieferung bis in unsere Zeit spielten die griechischen Astronomen: Einerseits haben sie die Bezeichnungen für bestimmte Konstellationen von den Babyloniern übernommen und sie lediglich in ihre Sprache übersetzt, zum anderen aber auch zahlreiche Götter und Helden der eigenen Sagenwelt an den Himmel projiziert. Als Andromeda, Orion oder Herkules begegnen sie uns noch heute.

Spaziergänge am Firmament

Zwei himmlische Wegweiser: Stellen wir uns eine klare Nacht auf dem Land vor. Im Norden funkeln die sieben Sterne des *Großen Wagens*. Diese Figur gehört nicht nur zu den bekanntesten Konstellationen, sondern sie ist auch eine der wichtigsten. Denn der Große Wagen dient als Führer und gibt die Himmelsrichtungen an. Wir müssen nur die (gedachte) Linie, welche die hinteren beiden Kastensterne miteinander verbindet, fünfmal nach unten verlängern.

Dort steht ein nicht sehr auffälliges Lichtpünktchen, der *Polarstern*. Er weist stets nach Norden. Seine Höhe über dem Horizont entspricht der geographischen Breite des Beobachtungsortes und beträgt beispielsweise in München rund 48 Grad. Osten befindet sich rechts, Westen links, und nach Süden blicken wir mit dem Polarstern »im Rücken«.

Sehen wir die Konstellation noch einmal genau an. Bilden wir es uns nur ein, oder stehen dort, am Knick der Deichsel, tatsächlich zwei Sterne dicht beisammen? So ist es in der Tat. Wir haben das »Reiterlein« entdeckt. Es heißt Alcor und bildet mit seinem helleren Partner Mizar das Paradebeispiel für einen Doppelstern. Was es damit auf sich hat, werden wir im nächsten Kapitel erfahren.

Der Große Wagen ist Teil eines weit ausgedehnteren Bildes, des *Großen Bären*, dessen übrige Sterne jedoch relativ schwach leuchten. Eigentlich ist es eine Bärin, denn nach der griechischen Sage handelt es sich um Kallisto, Prinzessin von Arkadien und eine der zahlreichen Geliebten des Göttervaters Zeus. Seine Gemahlin Hera sah dieses Verhältnis natürlich äußerst ungern. Um seine

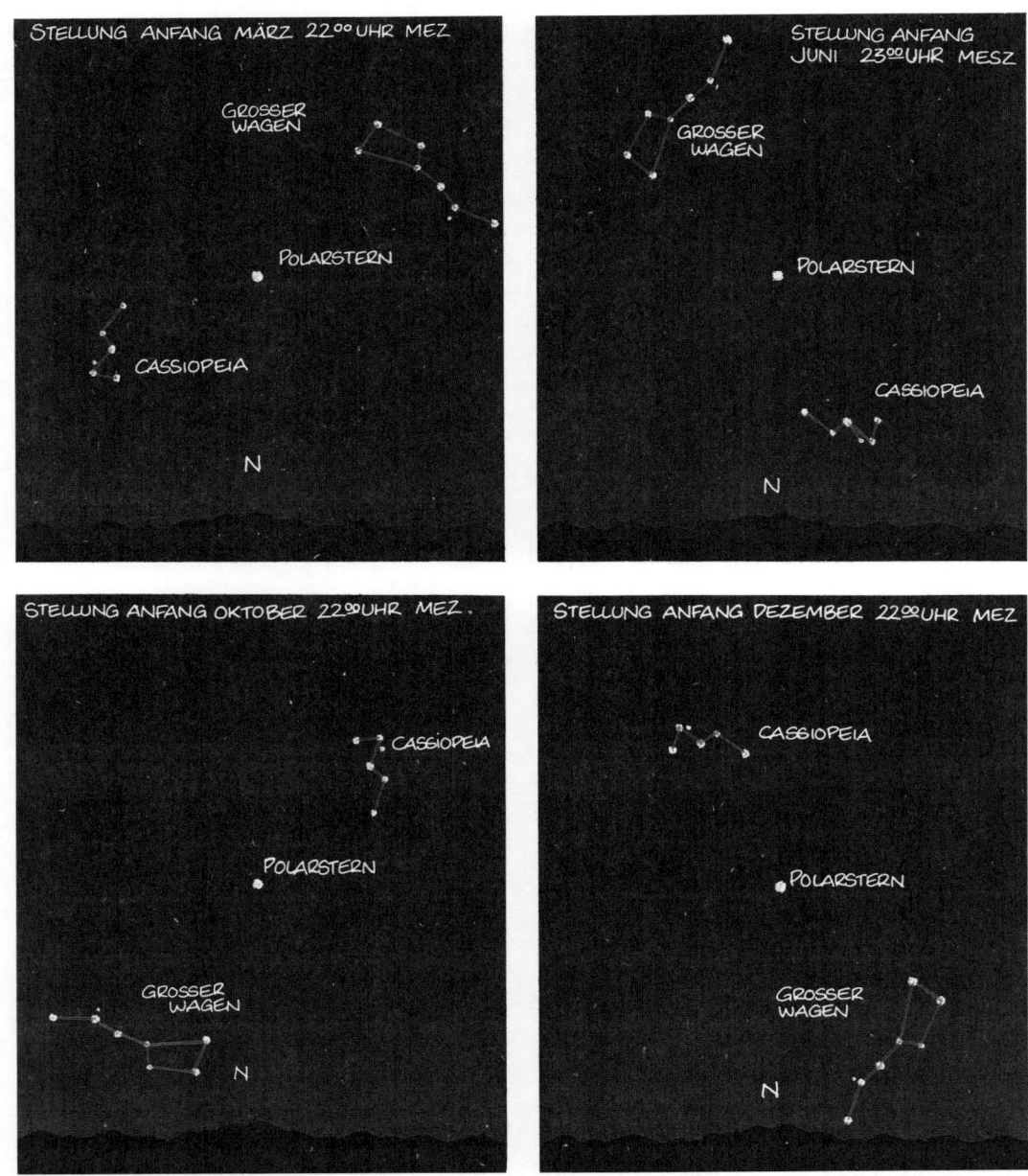

Himmlischer Wegweiser: Die fünffache Verlängerung der beiden hinteren Kastensterne des Großen Wagens zeigt stets zum Polarstern und gibt damit die Nordrichtung an.

Freundin vor der Eifersucht Heras in Sicherheit zu bringen, versetzte Zeus Kallisto als Bärin an den Himmel; dort steht sie noch heute, zusammen mit ihrem Sohn Arkas, dem *Kleinen Bären*. Auch diese Konstellation enthält sieben Sterne, die einen Wagen bilden, den sogenannten *Kleinen Wagen*. An der Spitze der Deichsel steht der Polarstern.

Benutzen wir ihn als Ausgangspunkt für einen Abstecher zur *Cassiopeia*. Wenn wir die Linie zwischen dem ersten Deichselstern des Großen Wagens und dem Polarstern nach unten verlängern, dann stoßen wir auf eine »W«-förmige Gruppe von fünf Sternen. Die Cassiopeia steht dem Großen Wagen stets gegenüber.

Die Araber sahen in dem »Himmels-W« eine Hand, ein liegendes Kamel oder zwei Hunde. Ebenso identifizierten sie die Konstellation mit einer Frau, die auf einem Stuhl sitzt. Bei den Griechen ist es keine gewöhnliche Frau, sondern Cassiopeia, Königin von Äthiopien, Gemahlin des Cepheus und Mutter der Andromeda. Cassiopeia war sehr stolz auf ihre hübsche Tochter und hielt sie in ihrer Eitelkeit sogar für schöner als die Nereiden, die Meeresnymphen. Das ließen sich diese aber nicht gefallen; heftig beklagten sie sich bei ihrem Herrn, dem Gott Poseidon. Der schickte sogleich Cetus los, ein schreckliches Meerungeheuer. Cetus schwamm zu den Gestaden Äthiopiens und drohte, das Land durch heftige Bewegungen seines Schwanzes zu überschwemmen. Alles schien verloren, doch das Orakel zu Delphi wußte Rat:

»Cepheus muß seine Tochter dem Cetus opfern, dann wird Äthiopien gerettet werden.« Auf Drängen seines Volkes kettete der König die geliebte Andromeda an einen Felsen. Sogleich nahte Cetus und durchpflügte mit weit aufgerissenem Maul die Wellen. Doch im letzten Moment stürzte der junge Held Perseus heran, tötete das Ungeheuer und rettete Andromeda.

Zur Erinnerung an dieses sagenhafte Geschehen haben die Griechen nicht nur Cassiopeia, sondern auch Andromeda, Cepheus, Cetus und Perseus ans Firmament versetzt.

Die beiden Sternbilder Großer Wagen und Cassiopeia gehen in unseren Breiten niemals unter, stehen also das ganze Jahr über am Himmel. Und weil sie sich immer in der Nähe des Polarsterns aufhalten, heißen sie *zirkumpolar* (»um den Pol herum«). Cepheus, Drache und Giraffe sind ebenfalls solche Zirkumpolar-Sternbilder.

Frühling: Ein laues Lüftchen hat die feinen Cirruswölkchen weggeblasen. Der gestirnte Himmel kann seine ganze Pracht entfalten. Hoch über dem Horizont erkennen wir den Großen Wagen. Er ist allerdings »umgestürzt«, denn die Deichsel zeigt nach unten. Das vertraute »W« der Cassiopeia haben wir ebenfalls rasch gefunden.

Wenden wir unseren Blick jetzt dem Südhimmel zu, den die mächtige Figur des *Löwen* mit seinem Hauptstern Regulus beherrscht. Deutlich unterscheiden wir

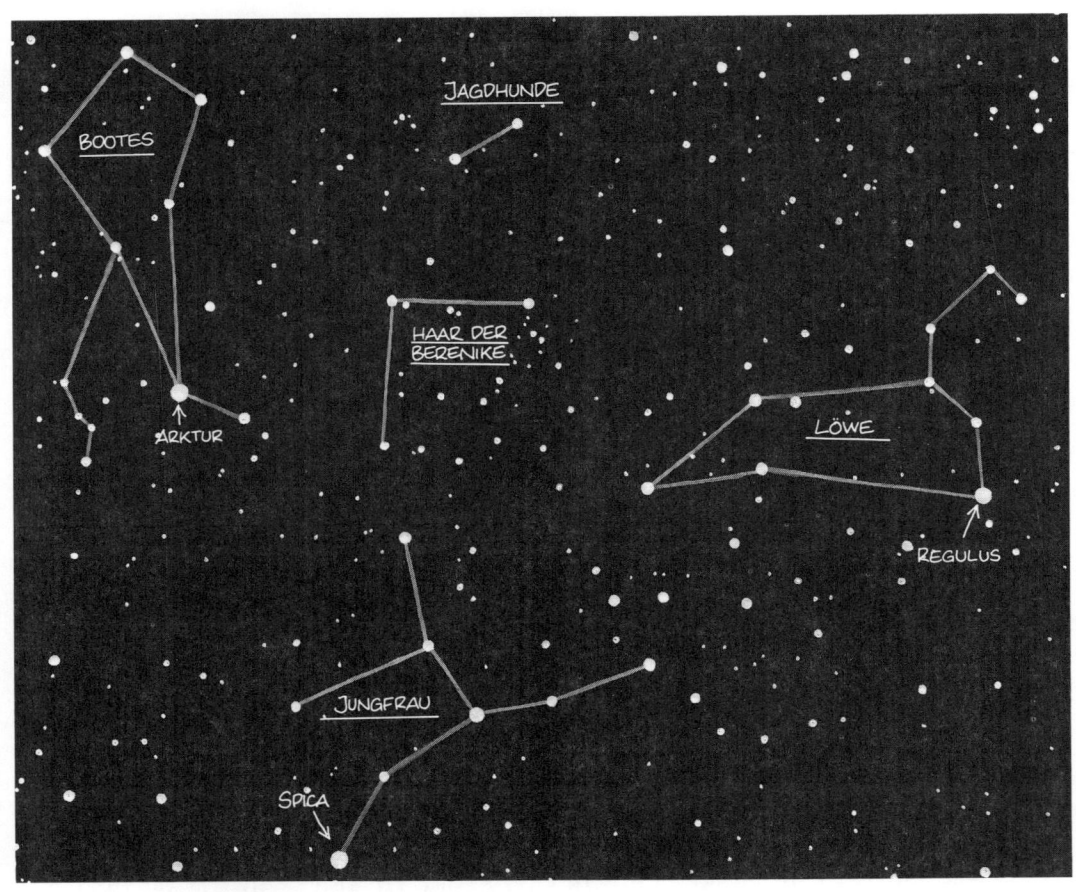

Löwe, Bootes und Jungfrau prägen den abendlichen Frühlingshimmel.

den trapezförmigen Körper, auf dem rechts oben der Sternenkopf ruht. Die meisten alten Völker verglichen das Bild mit einem Raubtier; bei den Babyloniern hieß es Aru, bei den Persern Ser, bei den Griechen Nemea.

Nemea war aber kein gewöhnlicher Löwe, sondern der Sohn einer prominenten Mutter, der Mondgöttin Selene. Aus die-sem Grund hatte er im wörtlichen Sinn ein dickes Fell, das ihn unverwundbar machte. Dies sollte ihn aber nicht vor der gewaltigen Kraft des Herkules schützen. Ihm hatte das Orakel nämlich Unsterb-lichkeit verheißen, falls er 12 Heldentaten überstehen würde. Als erstes mußte er Nemea zur Strecke bringen. Herkules er-würgte das Tier mit bloßen Händen.

Links vom Löwen funkelt ein sehr heller, gelblicher Stern. Er wird Arktur genannt und gehört zum Bild des *Bootes*, was soviel heißt wie Rinderhirt oder Ochsentreiber. Allerdings bedarf es schon einiger Phantasie, um in der Figur den Umriß eines Mannes zu erkennen. Den Menschen früherer Epochen fiel dies anscheinend nicht schwer.

Nach Meinung der Griechen hatte Bootes eine wichtige Aufgabe: Er mußte die sieben himmlischen Dreschochsen auf Trab halten, zu denen die Sterne des Großen Wagens umfunktioniert wurden. Tatsächlich erfüllt Bootes seine Pflicht überaus gewissenhaft; im Laufe eines Tages drehen sich die »Ochsen« wie die Zeiger einer Uhr um den Polarstern. Zwischen den beiden Sternbildern besteht übrigens eine deutliche Verbindung: Die Wagendeichsel zeigt gleichsam als Richtungspfeil auf Arktur.

Schräg unterhalb von Bootes und Löwe leuchten wenige Sterne. Nur einer springt sofort ins Auge, Spica, Hauptstern der *Jungfrau*. Da die übrigen Sterne schwach sind, müssen wir einen Beobachtungsplatz ohne Streulicht beziehen und auf eine klare Nacht mit guter Durchsicht warten, um die Konturen dieser Konstellation auszumachen.

Bei nahezu allen alten Kulturen galt das Sternbild als Symbol der Fruchtbarkeit. So verglichen es die Babylonier mit einer Kornähre, später mit Istar, Königin der Sterne. Die Griechen schließlich sahen darin die Jungfrau Persephone und hatten auch gleich eine Geschichte parat: Persephone war die Tochter der Fruchtbarkeitsgöttin Demeter. Als das Mädchen auf einer Wiese Blumen pflückte, wurde es von Hades, dem Gott der Unterwelt, entführt. Er machte Persephone zu seiner Frau und verschwand mit ihr. Das paßte Demeter ganz und gar nicht. Sie drohte sogar damit, die Felder unfruchtbar werden zu lassen. Da schaltet sich Zeus in den Zwist ein: Während einem Drittel des Jahres, so bestimmt es der gestrenge Göttervater, sollte Persephone bei ihrem Gemahl in der Unterwelt leben, die restliche Zeit darf sie auf der Erde verbringen.

Sommer: Mittlerweile ist es August geworden, und wir müssen lange warten, bis endlich die Dunkelheit anbricht. Aber wir werden belohnt. Die Milchstraße zeigt all ihre Schönheit und zieht sich als diffuses Sternenband über das Firmament. Im Nordwesten sehen wir den Großen Wagen, östlich des Polarsterns ist Cassiopeia in Stellung gegangen. Nachdem wir diese beiden Wegweiser aufgespürt haben, wollen wir uns nach Süden orientieren. Hoch über unseren Köpfen, inmitten der Milchstraße, entdecken wir ein riesiges Kreuz. Oder ist es ein Vogel mit ausgebreiteten Schwingen? Wohl eher, denn das Sternbild heißt seit dem Altertum *Schwan*, sein Hauptstern Deneb. Für die Griechen handelte es sich bei diesem Schwan um den Göttervater, der die schöne Nemesis verfolgt. Zeus hatte es sich nun einmal in den Kopf gesetzt, dieser Tochter der Nachtgöttin Nyx den Hof zu machen. Daher war er höchstpersönlich in ihr Reich hinabgestiegen und forderte jetzt das junge Mädchen. Doch Nyx weigerte sich, ihre Tochter einem wie Zeus zu geben. So geraten beide in Streit und schreien sich schließlich so laut an, daß Nemesis auf den Disput aufmerksam wird. Schnell begreift sie, worum es geht. Und weil auch sie mit dem Göttervater nichts zu tun haben will, wirft sie geschwind den Mantel der Nacht über ihre Schultern, verwandelt sich zur Tarnung in eine Wildgans und fliegt davon. Doch Zeus bemerkt ihre Flucht, nimmt die Gestalt eines Schwans an und verfolgt Nemesis, die er, wie könnte es anders sein, auch einholt.

Nicht weit vom Schwan entfernt blinkt ein weißer Stern namens Wega. Er steht rechts oberhalb einer kleinen Raute, der *Leier*. Während die Araber das Sternbild wahlweise mit einem Maultier, einer Gans oder einem Steinadler identifizierten, haben es die Griechen für das vom flinken Götterboten Hermes erfundene Musikinstrument gehalten. Als Schutzpatron der Diebe will er sich eines Tages selbst als solcher betätigen und Rinder von der Wiese Apollos, seines Halbbruders, stehlen. Zuvor tötet Hermes eine Schildkröte, nimmt sie aus und spannt sieben Saiten über den Panzer – fertig ist die Leier. Er wird sie noch gut brauchen können. Denn als Apollo den Diebstahl bemerkt, ist er auf Hermes ziemlich böse. Zur Versöhnung schenkt ihm dieser seine Erfindung. Apollo ist hellauf begeistert. Später überläßt er das Instrument seinem Sohn Orpheus. Nach dessen Tod wird die Leier

zur ewigen Erinnerung an den Himmel versetzt.

Ein drittes und letztes Sommersternbild wollen wir noch betrachten: Unterhalb von Schwan und Leier zieht der *Adler* seine Kreise. Die Figur ist nicht so ausgeprägt, aber den hellen Hauptstern Atair können wir praktisch nicht übersehen. Beinahe selbstverständlich, daß das Bild bereits den Babyloniern aufgefallen war. Sie glaubten allerdings, darin einen Geier zu erkennen. Die Perser machten ihn zum Falken und die Ägypter und die Griechen schließlich zum König der Lüfte. Aber es handelte sich bei ihm nicht um irgendeinen Adler, sondern um jenen Adler, der einen Knaben raubte. Auch bei dieser Geschichte hat Zeus seine Finger im Spiel. Er war es nämlich, der den Vogel beauftragte, Antinoos zu entführen. Der Adler befolgte den Befehl seines Herren und Meisters und brachte den Jüngling zum Olymp. Dort, in der Wohnung der Götter, ist Antinoos seitdem als Mundschenk tätig.

Bevor es Herbst wird, werfen wir noch einen kurzen Blick auf die drei Bilder, die wir eben kennengelernt haben. Ihre Hauptsterne Deneb, Wega und Atair bilden die Spitzen des sogenannten *Sommerdreiecks*.

Herbst: Der »goldene Oktober« hat den ganzen Tag über seinem Namen alle Ehre gemacht. Nicht ein Wölkchen zeigte sich am tiefblauen Himmel. Nun freuen wir uns auf eine ebenso klare Nacht. Unmittelbar nach Einbruch der Dunkelheit

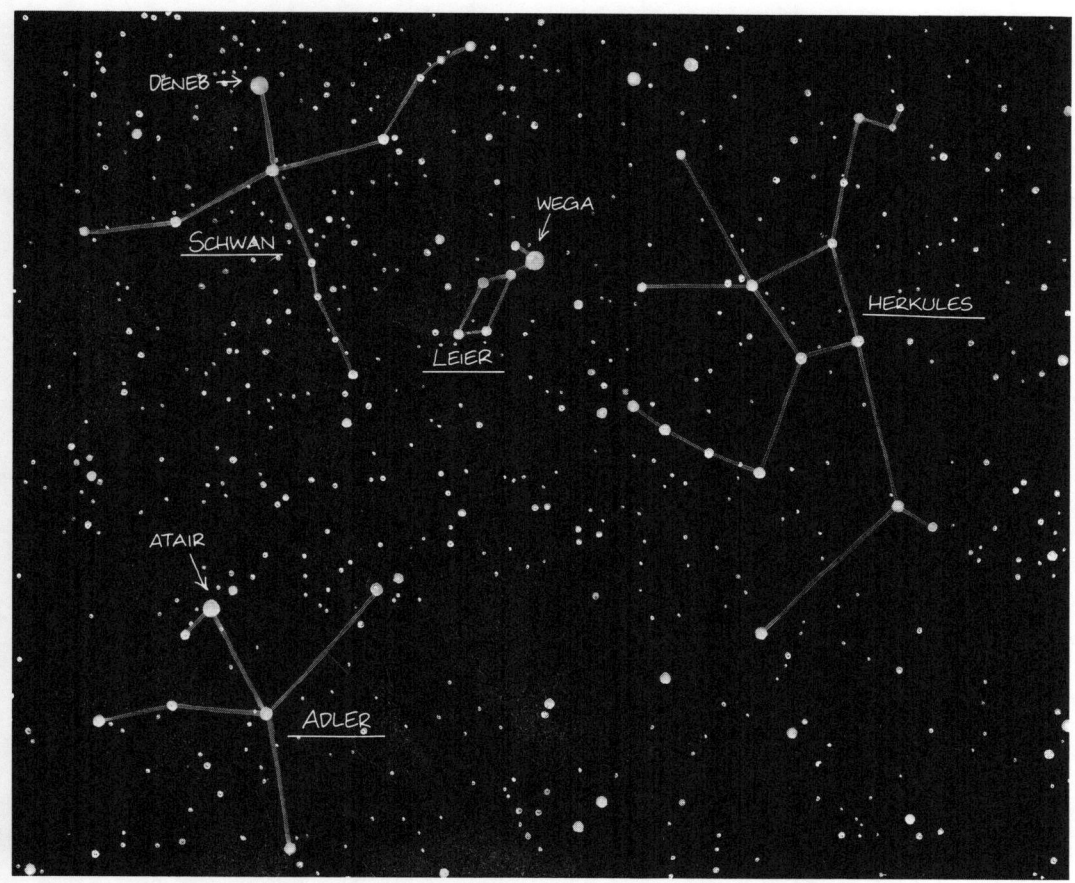

Den sommerlichen Abendhimmel dominieren Schwan, Adler und Leier.

beginnen wir unsere Exkursion. Man weiß im Herbst ja nie, ob einem der Nebel nicht doch noch einen Strich durch die Rechnung macht. Der Große Wagen zieht in dieser Jahreszeit gemächlich über den Nordhorizont, kommt ihm zwar bedenklich nahe, berührt ihn jedoch nie. Obenauf ist dagegen die Cassiopeia, sie steht nämlich fast im *Zenit*. So heißt der höchste Punkt am Himmelszelt. Ihn visieren wir unwillkürlich an, wenn wir uns auf den Boden legen und senkrecht nach oben blicken. Südlich von Cassiopeia, aber immer noch in beachtlicher Höhe, funkelt ein ausgedehntes Sternenviereck mit einer geschwungenen Deichsel. Haben wir hier einen dritten, einen »größten« Wagen entdeckt?

In der Tat weist diese Konstellation eine gewisse Ähnlichkeit zum himmlischen Nordpolführer auf. Eigentlich sind es sogar zwei Sternbilder, die unübersehbar den Herbst dominieren, der *Pegasus* (Wagenkasten) und die *Andromeda* (Deichsel). Allerdings gehört Sirrah, der östliche Eckstern des Kastens, schon zur Andromeda, ja, er gilt sogar als ihr Hauptstern. Andererseits dehnt sich der Pegasus weit nach Westen aus, weist in dieser Richtung aber nur schwächere Sterne auf.

Von der in letzter Sekunde glücklich geretteten Andromeda, der Tochter von Cassiopeia und Cepheus, war schon die Rede. Es sei hier nur noch erwähnt, daß sich ein Stückchen oberhalb des mittleren Sternes der rund zwei Millionen Lichtjahre entfernte Andromedanebel versteckt. Aber in einer klaren Nacht wie dieser können wir ihn mit bloßem Auge als verwaschenes Fleckchen erkennen.

Mit Pegasus haben die Griechen ein äußerst merkwürdiges Wesen an den Himmel gesetzt: ein geflügeltes Pferd. Es soll dem Blut des schrecklichen Monsters Medusa entsprungen sein. Unmittelbar nach seiner »Geburt« begab es sich zum Olymp und trat in die Dienste des Göttervaters. Wenn Pegasus nicht den Wagen von Zeus zog, erlebte das geflügelte Pferd alle möglichen Abenteuer. Zu den bekanntesten gehört wohl die Geschichte mit Bellerophon.

Dieser Sohn des Königs Glaukos von Korinth entschloß sich dazu, der fürchterlichen Chimaira den Garaus zu machen.

Denn dieser Mischling aus Ziege, Löwe und Drache trieb seit langem in Lykien sein Unwesen. Zuerst half die Göttin Pallas Athene dem wagemutigen Königssohn, den wilden Pegasus zu bändigen. Schließlich ließ sich das fliegende Pferd von dem Menschen besteigen und raste mit ihm durch die Lüfte davon. Bald tauchte Lykien unter den beiden auf, und da erblickten sie auch schon Chimaira. Das tollkühne Gespann stürzte sich auf das Untier. Ein wilder Kampf entbrannte, der Chimaira das Leben kostete. Nach dieser Tat fühlte sich Bellerophon stark und wollte selbst ein Gott werden.

Aber die echten Götter spielten dem übermütigen Helden einen Streich. Sie schickten eine Wespe los, die Pegasus ins Hinterteil stach. Das Wunderpferd bäumte sich vor Schmerzen auf, und Bellerophon landete unsanft im Dreck. Hochmut kommt eben vor dem Fall.

Bevor wir unsere Wanderung über den Herbsthimmel beenden, wollen wir noch einen kurzen Blick auf den *Perseus* werfen. Er steht östlich der Andromeda und südlich der Cassiopeia – und dort gehört er auch hin. Schließlich hat er Andromeda ja vor Cetus gerettet.

Diese Aktion war jedoch nicht die einzige Heldentat des Jünglings. Adel verpflichtet, und Perseus stammte aus höchsten Kreisen. Zeus war sein Vater, Danae, die Urmutter der Hellenen, seine Mutter. Auf Geheiß des Königs Polydektes zog Perseus gegen die Gorgonen zu Felde, drei Schwestern mit nicht gerade appetitlichem Äußeren: Schlangenhaare züngel-

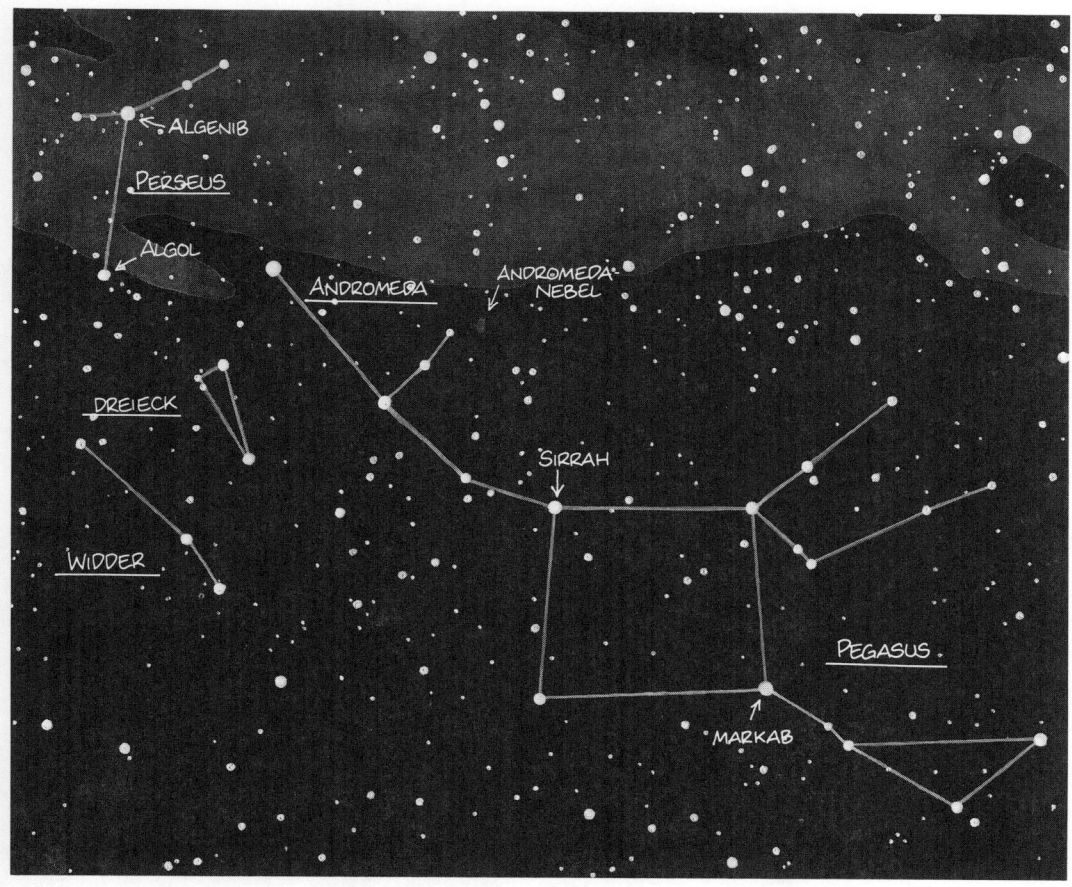

Im Herbst fesseln Andromeda, Pegasus und Perseus die Blicke des Sternfreundes. Die Andromedagalaxie verrät sich in klaren, mondlosen Nächten als blasses Nebelfleckchen.

ten auf ihren Köpfen, die weit aufgerissenen Augen funkelten blutrot. Ihr Anblick war für einen Sterblichen nicht nur grauenerregend, sondern auch tödlich. Denn die Gorgonen versteinerten jeden Menschen, der ihnen ins Gesicht sah. Perseus gelang es natürlich, die drei schrecklichen Schwestern zu besiegen, und einer von ihnen schlug er sogar das Haupt ab. Den Kopf der Medusa im Gepäck, machte sich Perseus mit geflügelten Schuhen wieder auf den Heimweg. Da erreichte ihn der Hilferuf aus Äthiopien: Andromeda, am Felsen gekettet, flehte um ihr Leben...

Die Konstellation zeigt erfahrenen Beobachtern etwas Besonderes: Das neben dem Hauptstern Algenib hellste Licht heißt Algol und verändert seine Leuchtkraft mit einer Periode von knapp drei Tagen. »So etwas geht nicht mit rechten Dingen zu«, meinten die Griechen damals; aber wozu hatten sie ihre schönen Sagen. Danach konnte Algol nichts anderes sein als das teuflisch böse Auge der Medusa.

Winter: Wer in einer eiskalten, klaren Januarnacht im Gebirge nicht auf den Geschmack kommt, den Himmel zu beobachten, dem ist nicht mehr zu helfen. Jetzt herrscht Hochkonjunktur für alle Amateurastronomen und solche, die es einmal werden wollen. Scheinbar Millionen von weiß, gelb, rot oder blau blitzenden Pünktchen verzieren das »Sternenkleid« des winterlichen Firmaments. Selbst wenn wir mit dem bloßem Auge nur ungefähr 2500 Sterne beobachten können, ändert dies nichts am überwältigenden Eindruck. Wie ein Edelstein blitzt im Südosten *Sirius*, der hellste Fixstern, den der Himmel zu bieten hat. Danach suchen wir zunächst nach dem Großen Wagen, dessen Deichsel nach unten weist, direkt auf den Horizont. Wie es sich gehört, steht die Cassiopeia westlich des Polarsterns dem Großen Wagen gegenüber. Da sie gleichsam auf dem Rücken liegt, hat sich das »W« nun in ein »M« verwandelt. Obwohl viele prominente Helden und mythologische Wesen im Winter die Himmelsbühne betreten, wollen wir nur drei Bilder näher ansehen. Da ist zunächst

einmal der *Orion*, neben dem Großen Wagen wohl die bekannteste Konstellation; die drei Gürtelsterne, der orange leuchtende Hauptstern Beteigeuze (oben links) und der blau schimmernde Rigel (unten rechts) geben dem Himmelsjäger der griechischen Sage ein unverwechselbares Aussehen. Selbst ungeübte Beobachter können ihn gar nicht übersehen. Mit ein wenig Phantasie gelingt es sogar, in dem Bild eine menschliche Gestalt zu erkennen.

Orion hatte drei Väter: Zeus, Poseidon und den Kriegsgott Ares. Geboren wurde er von der Erdgöttin Gaia. Auf seinen Streifzügen durch die Wälder der griechischen Inselwelt erlegte er mit seiner gewaltigen Keule wilde Tiere. Orion war so erfolgreich, daß Artemis, die Göttin der Jagd, auf ihn aufmerksam wurde. Beide verliebten sich ineinander. Doch die Romanze dauerte nicht lange. Hades nämlich, der Gott der Unterwelt, schickte einen Skorpion los, der Orion in den rechten Fuß stach. Der kraftvolle Jäger starb am Gift dieses Tieres. Ein Wiederbelebungsversuch durch Asklepios, den Gott der Heilkunst, scheiterte an Zeus. Dieser sah Orion lieber tot als lebendig und tötete auch Asklepios mit einem Blitz. Immerhin entschloß sich der Göttervater dazu, alle Beteiligten an den Himmel zu verbannen, wo sie als die Sternbilder Skorpion und Schlangenträger (Asklepios) »weiterleben«.

Rechts oberhalb des Orion weckt der rötlich blinkende Aldebaran unsere Aufmerksamkeit. Er steht an der Spitze eines

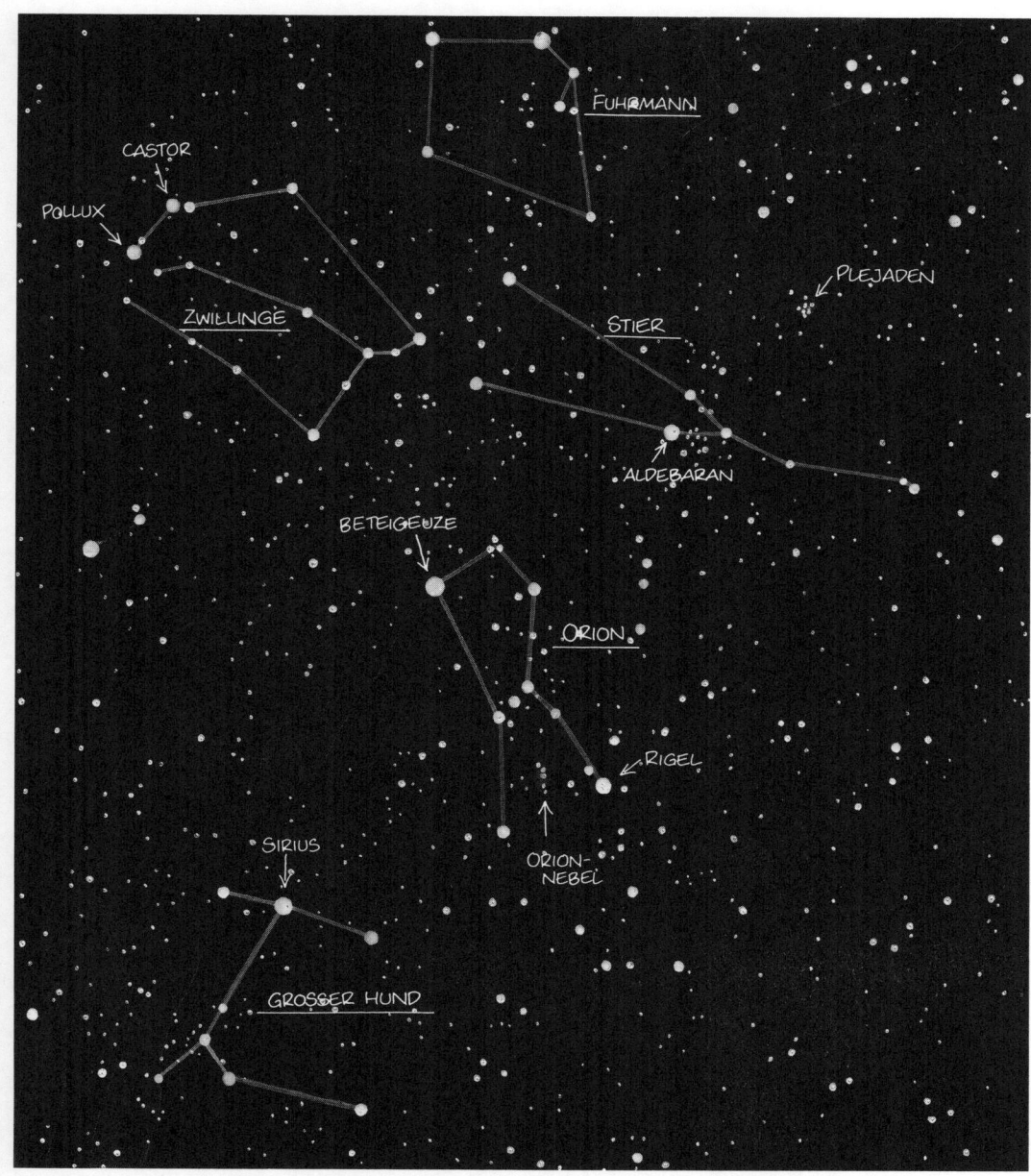

Zu den bekanntesten Konstellationen gehört der Orion mit dem Gasnebel im »Schwert-gehänge«. Zusammen mit Stier und Zwillingen bestimmt Orion den Winterhimmel.

langgestreckten Sternendreiecks. Was könnten die frühen Kulturen darin erblickt haben? Bestimmt nicht nur eine geometrische Figur! Irgendein Fabelwesen wird es wohl sein. Wie sehr wir uns auch anstrengen, auf einen *Stier* wären wir sicher nicht gekommen. Dennoch identifizierten schon die Babylonier das Bild mit diesem Tier; dabei stellte Aldebaran das blutunterlaufene Auge dar, die beiden anderen Sterne des Dreiecks markierten die Hörner.

Besonders sagenhaft klingt wieder einmal die Deutung der Griechen: Zeus, der mit seinen Regierungsgeschäften offensichtlich nicht voll ausgelastet war, machte sich einst an die hübsche Europa heran. Um das Mädchen nicht zu erschrecken, schlüpfte er in die Gestalt eines prächtigen weißen Stiers und lauerte ihr auf, als sie mit ihren Freundinnen Blumen pflückte.

Nichtsahnend näherte sich Europa dem zahmen Tier und bestieg es sogar. Darauf hatte Zeus nur gewartet. Mit der süßen Last auf dem Rücken galoppierte er davon, stürzte sich ins Meer und schwamm mit der vor Angst zitternden Europa zur Insel Kreta.

Dort verwandelte sich der Stier in einen Jüngling. Er verführte das arme Mädchen und stieg sogleich, nun wieder in Tiergestalt, zum Himmel auf. Europa blieb zurück und brachte neun Monate später einen Jungen zur Welt. Als König Minos sollte er in die Mythologie eingehen, und auch seine Tochter Ariadne spielt dort eine Rolle.

Verlängern wir das obere der beiden Stierhörner in östlicher Richtung, treffen wir auf zwei hellgelbe Sterne, Castor und Pollux in den *Zwillingen*. Was eigentlich nicht möglich ist, daß nämlich Zwillinge Halbbrüder sind, für die Griechen war das kein Problem: Danach hatte Pollux den Zeus zum Vater, Castor einen gewissen Tyndareos. Aber wenigstens war ihre Mutter dieselbe, nämlich Leda. Castor und Pollux verband eine innige Bruderliebe. Als Castor im Kampf fiel – als Sohn eines Menschen war er ja sterblich –, bat Pollux seinen Vater, eine Ausnahme zu machen und seinen Halbbruder nicht in die Unterwelt zu schicken, sondern in den Olymp aufzunehmen. Aber Zeus ließ so etwas nicht zu. Er schlug Pollux jedoch vor, abwechselnd je einen Tag in der Welt der Götter zu leben und einen Tag im Hades bei Castor zu verbringen. Das ließ sich der getreue Pollux vom Göttervater nicht zweimal sagen.

Werfen wir noch einen Blick auf die *Plejaden*. Dort, oberhalb des Stiers, erkennen wir bei flüchtigem Hinsehen ein verwaschenes Dreieck. Eine genauere Beobachtung löst es in acht Einzelsterne auf, die auf engem Raum versammelt sind. Weshalb die Figur »Siebengestirn« heißt, steht in den Sternen!

Morgen wollen wir die Plejaden in aller Ruhe mit dem Fernglas betrachten. Ebenso haben wir uns vorgenommen, den Orion nochmals ins Visier zu nehmen, denn eben entdecken wir unterhalb seines Gürtels ein undefinierbares Häufchen schwacher Sterne.

Planquadrate

Die Astronomen haben den Himmel in 88 Sternbilder eingeteilt. Rund 50 davon lassen sich in unseren Breiten während eines Jahres ganz oder teilweise beobachten, die übrigen nur von der Südhalbkugel der Erde aus. Obwohl das Firmament mit Koordinaten exakt vermessen ist, dienen die Konstellationen den Fachleuten traditionell als zusätzliche Planquadrate. Dabei verwenden sie die lateinischen Sternbildnamen und sprechen von Ursa major (Großer Bär), Leo (Löwe) oder Lyra (Leier).

Im Jahr 1603 veröffentlichte Johannes Bayer (1572 bis 1625) einen dicken Himmelsatlas. In dieser *Uranometria* ordnete er die Sterne gemäß ihrer Helligkeit und benannte sie nach dem griechischen Alphabet: Wer innerhalb eines Bildes am kräftigsten strahlt, erhielt die Bezeichnung α (alpha), der zweithellste Stern hieß β (beta) und so weiter. Viele Sterne tragen allerdings auch Eigennamen. Dies geht vor allem auf die Araber zurück, die besonders auffällige Himmelslichter getauft haben; Rigel zum Beispiel hieß bei ihnen »Rijl al-Jauza al-Yusra«, was soviel bedeutet wie »Orions linker Fuß«. In modernen Sternkarten findet man meist die Bayersche Bezeichnung β Orionis oder – Astronomen lieben Abkürzungen – schlicht β Ori.

Das Himmelszelt umspannt die Erde scheinbar wie eine Kugel. Die Heimat der alten Hochkulturen war Vorderasien oder Südeuropa. Deshalb sahen die Menschen nur jenen Ausschnitt des Gewölbes, der sich über ihren Hütten, Häusern und Palästen zeigte; große Teile der südlichen Halbkugel blieben ihnen gänzlich verborgen. Erst als spanische und portugiesische Abenteurer zu neuen Ufern aufbrachen und mit ihren Schiffen die Welt erkundeten, entdeckten sie gleichzeitig den Südhimmel. Falls nicht gerade Stürme tobten oder Nebel über dem Ozean lag, beobachteten Kapitäne und Offiziere den Lauf von Sonne und Mond. Derartige Messungen waren und sind ein wichtiges Hilfsmittel für die Navigation. Je weiter nach Süden die Seeleute segelten, um so fremder erschienen ihnen die Sternbilder. Noch bevor sie an der Küste einer unbekannten Insel landeten, haben sie am Firmament Neuland »betreten«.

Im Jahr 1595 verließ ein holländisches Schiff seinen Heimathafen und nahm Kurs Richtung Ostindien. An Bord befand sich Peter Dircks Kejzer (? bis 1596). Während der langen Reise vertrieb er sich die Zeit mit astronomischen Beobachtungen und gab zwölf Konstellationen des südlichen Himmels einen Namen. Ein Sternenglobus von 1600 zeigt diese neuen Bilder; Kejzer hatte sie nach Vögeln und Fischen getauft: Pfau, Goldfisch oder Paradiesvogel. Wie der Holländer auf diese wahrlich exotischen Namen kam, bleibt für immer sein Geheimnis. Weniger rätselhaft ist dagegen, woher die Bezeichnungen für die übrigen Sternbilder stammen. In der Mitte des 18. Jahrhunderts beauftragte die französische Akademie der Wissenschaften den Astronomen Nicolas de Lacaille (1713 bis 1762), den Südhimmel möglichst exakt zu kartieren. Der Forscher begab sich daraufhin ans Kap der Guten Hoffnung und durchsuchte zwei Jahre lang mit seinem kleinen Fernrohr den Sternenhimmel. Und weil Lacaille in einer logischen und vernünftigen Zeit lebte – sie wird heute als die Epoche der »Aufklärung« bezeichnet –, hatte er nichts Besseres zu tun, als auch den Sternfiguren logische und vernünftige Namen zu geben. Was sollte der ganze mythologische Krimskrams? Unter Zirkel, Pendeluhr oder Mikroskop konnte man sich wenigstens etwas Richtiges vorstellen! Wer sich mit der Geschichte der Sternbilder beschäftigt, lernt also eine Menge darüber, wie die Menschen früher dachten und fühlten.

Ewig rotiert die Himmelsmaschine

»*Panta rhei* – alles fließt.« Das wußten schon die griechischen Philosophen. Ihre Weisheit gilt aber nicht nur für das menschliche Leben. Selbst im Weltall beobachten wir Werden und Vergehen, wird Neues geboren, während Altes stirbt. Auch der Himmel verändert sich.

Jeder kennt den periodischen Wechsel von Tag und Nacht: Die Sonne geht im Osten auf, erreicht im Süden ihre höchste Stellung und sinkt abends im Westen unter den Horizont. In dieser täglichen Wanderung spiegelt sich die Drehung unseres Planeten von Westen nach Osten wider.

Die Erdachse – man kann sie natürlich nicht wirklich beobachten – »durchstößt« das Firmament in zwei Punkten, dem *Himmelsnord-* und dem *Himmelssüdpol*. An ihnen ist das Sternengewölbe gleichsam »aufgehängt«. Ähnlich der Nabe eines Rades, bewegen sich die Pole nicht. Weil der Polarstern zufällig nur ein halbes Grad von der nördlichen Nabe entfernt steht, scheint auch er zu ruhen; tatsächlich beschreibt er einmal in knapp 24 Stunden eine winzige Kreisbahn.

Die tägliche Drehung der Himmelsbühne ist nicht die einzige Bewegung. Mit Löwe, Jungfrau, Stier und Zwillingen haben wir bereits vier Sternbilder des *Tierkreises* kennengelernt. Ihnen kommt eine besondere Bedeutung zu, flankieren sie doch den jährlichen Weg der Sonne über den Himmel. In Wirklichkeit ist es wieder unser Planet, der nicht stillsteht. Mit einer Geschwindigkeit von 30 Kilometern in der Sekunde (!) läuft er nämlich um die Sonne. Gott sei Dank spüren wir diesen Flug des »Raumschiffs Erde« nicht. Dennoch können wir ihn verfolgen.

Stellen wir uns vor, die Erde sei ein Zug, der sich mit gleichförmiger Geschwindigkeit auf einer absolut geraden Strecke bewegt. Nehmen wir weiter an, daß unser Abteil gegen Erschütterungen oder Geräusche perfekt gedämpft ist. Jetzt blicken wir nach draußen und sehen einen nahen Baum am Bahngleis an uns vorbeigleiten wie auf einer Kulisse, an der jemand zieht. Weit entfernte Berge

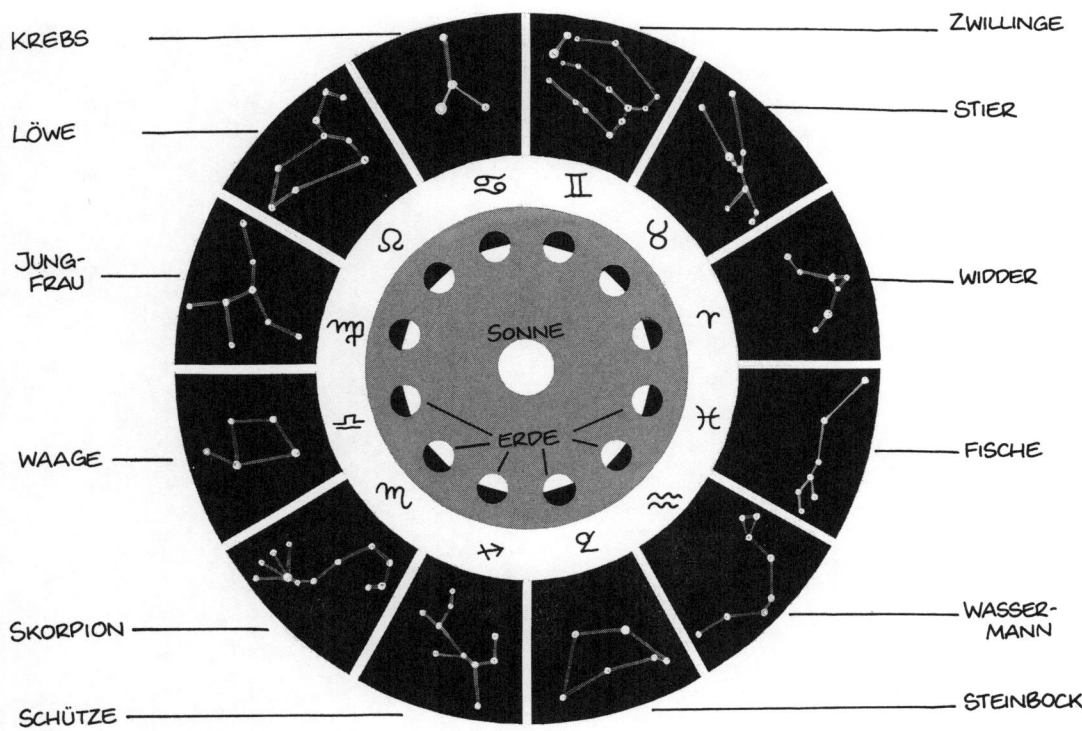

KREBS ZWILLINGE

LÖWE STIER

JUNG-
FRAU WIDDER

SONNE

ERDE

WAAGE FISCHE

SKORPION WASSER-
MANN

SCHÜTZE STEINBOCK

Einmal im Jahr läuft die Erde um die Sonne. Dies spiegelt sich in der Wanderung des Tagesgestirnes durch die zwölf Tierkreiszeichen wider. Sie flankieren den jährlichen Sonnenpfad, die Ekliptik.

bewegen sich in der kurzen Zeit, die unser Experiment dauert, dagegen überhaupt nicht. Daher glauben wir, daß der Zug steht. Gerade so verhält es sich mit der Sonne (als Kulissen-Baum) und den Sternbildern (Berge).

Allerdings werden die Sterne, die auch tagsüber leuchten, von der Sonne überstrahlt und erscheinen nur während einer totalen Sonnenfinsternis. Würden zwei Sonnenfinsternisse im Abstand von einigen Wochen stattfinden, und könnten wir sie jeweils verfolgen, so wären die unterschiedlichen Standorte der Sonne deutlich zu beobachten.

Über diese scheinbare Marschroute wußten bereits die alten Kulturvölker bestens Bescheid. Die Griechen nannten sie *Ekliptik*. Im Laufe eines Jahres zieht die Sonne durch alle zwölf Tierkreis-Sternbilder: Steinbock, Wassermann, Fische, Widder, Stier, Zwillinge, Krebs, Löwe, Jungfrau,

Waage, Skorpion und Schütze sind
gleichsam Kilometersteine dieser Reise.
Aber auch die acht Planeten und der
Mond wandern auf dem vorgegebenen
Pfad und halten sich nur in Ekliptiknähe
auf.

Täglich legt die Sonne etwas weniger als
ein Grad nach Osten zurück. Was würde
passieren, fielen die Ekliptik (das heißt die
an den Himmel projizierte Bahn der
Erde) und die Äquatorebene unseres Planeten zusammen? Dann wären Tage und
Nächte immer gleich lang – und es gäbe
keine Jahreszeiten.

Die Erde liegt schief . . .

Aber verursacht denn nicht die unterschiedliche Entfernung zwischen Erde
und Sonne die Jahreszeiten? Diese »Theorie« ist leider immer noch weit verbreitet,
doch ihre Verfechter liegen damit ganz
schön daneben. Träfe diese Annahme zu,
dann wäre es bei uns im Januar brütend
heiß. Warum? Ganz einfach! In diesem
Monat erreicht unser Planet auf seiner
leicht ovalen Bahn um den Mutterstern
mit etwa 147 Millionen Kilometern den
geringsten Abstand zur Sonne. Obwohl
uns im Juli rund 152 Millionen Kilometer
von ihr trennen, laufen wir nicht mit dem
Pelzmantel herum, sondern sitzen schwit-
zend in der Schule, warten auf Hitzefrei
und sehnen uns nach den Sommerferien.
Darüber hinaus ist der Unterschied von
fünf Millionen Kilometern minimal und
beeinflußt die Temperaturen auf der Erde

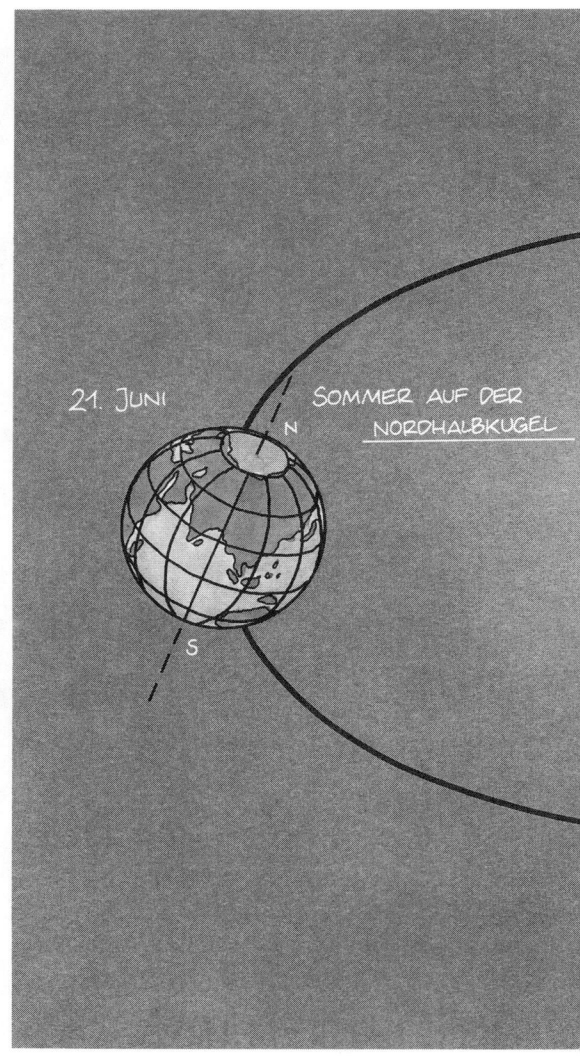

nicht. Schließlich vergessen die Anhänger
der »Entfernungs-Theorie«, daß die
Sonne im Sommer viel höher am Himmel steht als im Winter. Hier aber müssen
wir den Schlüssel für die korrekte Erklärung der Jahreszeiten suchen. Und

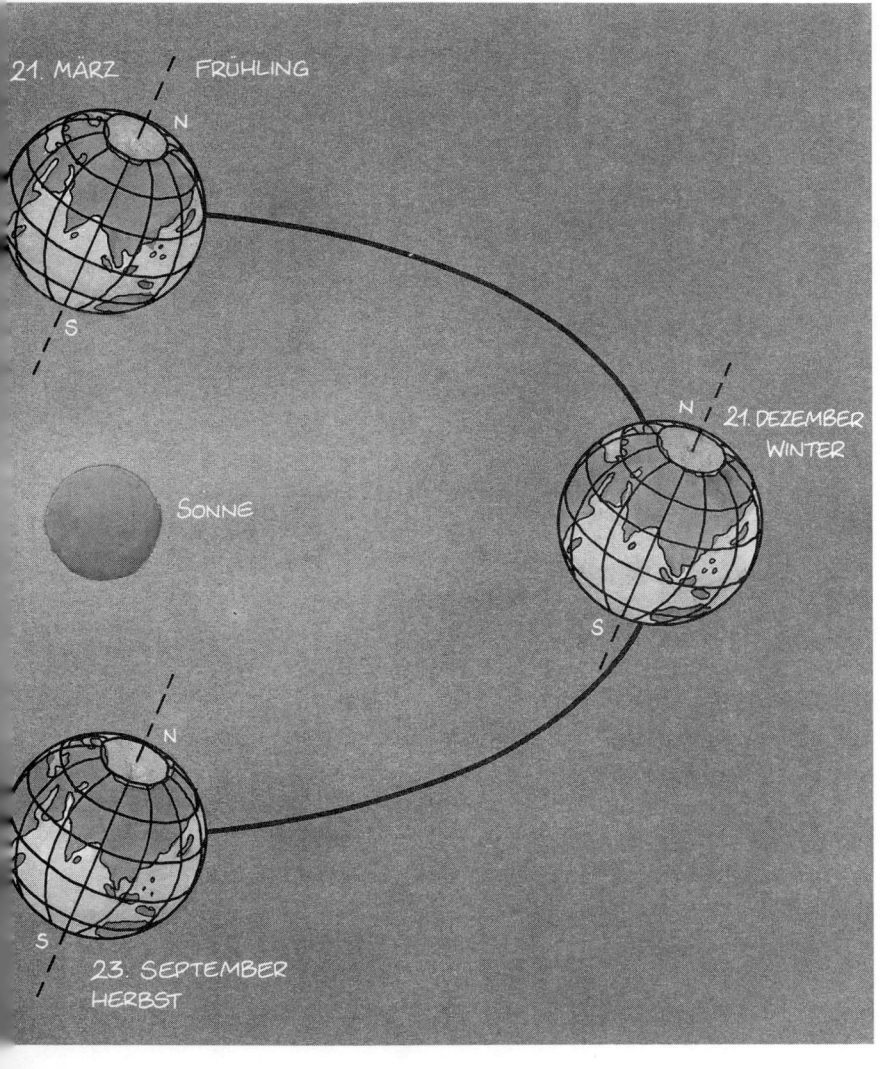

21. MÄRZ   FRÜHLING

N

S

SONNE

N   21. DEZEMBER
WINTER

S

N

S

23. SEPTEMBER
HERBST

Die Rotationsachse der Erde ist gegenüber der Bahnebene um 23,5 Grad geneigt. Für jeden Ort auf dem Globus steht die Sonne während eines Jahres unterschiedlich hoch über dem Horizont. So entstehen die Jahreszeiten.

in der Tatsache, daß der blaue Planet ziemlich schief liegt.

Das klingt beängstigend. Aber die Erde kippt nicht um. Vielmehr ist ihre Drehachse gegenüber der Umlaufebene schon seit Jahrmillionen um etwa 23,5 Grad ge-

neigt. Sehen wir uns dazu die Abbildung an. Sie stellt die Verhältnisse zwar nicht im richtigen Maßstab dar, aber das spielt keine Rolle.

Betrachten wir die Stellung der Erdachse am 21. Juni: An diesem Tag zeigt die

Nordhalbkugel auf die Sonne, die jetzt am Himmel ihre Höchststellung bezogen hat. Dadurch fallen die wärmenden Strahlen relativ steil ein und heizen den Boden rasch auf. Während auf der nördlichen Halbkugel der Sommer beginnt, wird es auf der südlichen Winter. Am 21. Dezember ist es genau umgekehrt. Nun weist die Nordhalbkugel von der Sonne weg. Sie steigt nicht sehr hoch über den Horizont, ihre Strahlen fallen in flachem Winkel ein und haben kaum Kraft. Der Winter hat uns fest im Griff, die Bewohner der Südhalbkugel freuen sich auf den Sommer. Der 21. März ist ein besonderer Tag, weil die Sonne dann exakt in der Äquatorebene wandert. In unseren Breiten erwacht die Natur, der Frühling hält seinen Einzug. Am 23. September wiederholt sich das Spiel, allerdings mit verändertem Vorzeichen. Die Abende werden kühler, die Wiesen duften nach feuchtem Gras, kurz, es wird Herbst.

. . . und kreiselt dazu

Hipparch (um 190 bis 125 v. Chr.) aus Nikäa in der heutigen Türkei war ein kluger Mann. Viele halten ihn für den größten Astronomen des Altertums. Er begnügte sich nicht damit, staunend die Sternbilder zu betrachten und dabei über Zeus und die anderen Götter zu spekulieren. Hipparch musterte den Himmel mit selbstgebauten Winkelmeßinstrumenten, notierte sich die Beobachtungen genau

und brütete bei schlechtem Wetter stundenlang über seinen Aufzeichnungen. Vielleicht saß Hipparch eines Nachts in seiner Hütte, wieder einmal in Arbeit versunken. Da stutzte er: »Irgend etwas stimmt nicht«, sagte der Himmelsforscher leise vor sich hin, »wenn ich nur wüßte, was«. Er faßte sich ans Kinn, strich sich durch die Haare und schüttelte immer wieder den Kopf. Diese Frage beschäftigte Hipparch so stark, daß er kaum Schlaf fand und ständig darüber nachgrübeln mußte. Nach vielen durchwachten Nächten kam ihm ein geradezu ungeheuerlicher Verdacht. . . Nein, daran wollte er selbst nicht glauben. Je länger er sich allerdings mit dem Gedanken beschäftigte, um so einleuchtender erschien er ihm. . . »Bei Zeus, das ist es tatsächlich«, rief er plötzlich aus, »das muß es sein!« Hipparch hatte entdeckt, daß sich unser Planet wie ein Kreisel benimmt, der ins Taumeln geraten ist.
Der griechische Gelehrte glaubte allerdings an eine ruhende Erde. Daher meinte er, daß allein das Sternengewölbe diese seltsame Bewegung ausführt. Heute wissen es die Astronomen besser, nennen das Taumeln *Präzession* und haben eine ebenso einfache wie verblüffende Erklärung dafür: Unser Planet verhält sich tatsächlich wie ein Kreisel, den jemand angetippt hat. Die Forscher verstünden ihr Handwerk schlecht, hätten sie nicht herausgefunden, welche Kräfte dabei im Spiel sind. Es sind die unsichtbaren Anziehungskräfte von Sonne und Mond. Sie zwingen die Rotationsachse der Erde

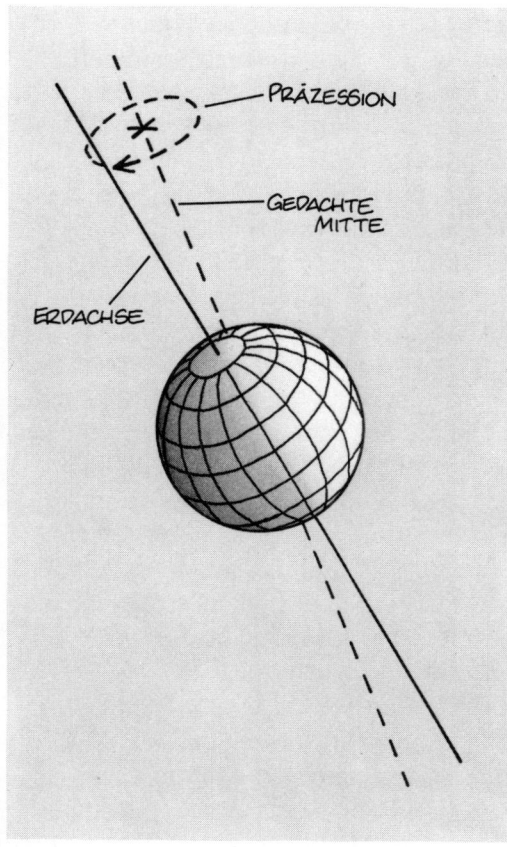

Die Erde taumelt im Raum. Allerdings dauert eine einzige Kreiselbewegung 25700 Jahre. Astronomen nennen sie Präzession.

dazu, einmal in 25.700 Jahren einen Kreis zu beschreiben. Ein Gedankenexperiment soll die praktische Auswirkung dieser Bewegung verdeutlichen.

Richten wir eine Filmkamera auf den Himmelsnordpol und schießen wir jedes Jahr ein Bild, 25.700 Jahre lang! Dann lassen wir den entwickelten Film mit 24 Bil-

dern in der Sekunde abspulen. Die Vorstellung dauert knapp 18 Minuten und zeigt, wie sich die Sterne am Himmel verschieben. Nach 6400 Jahren (oder viereinhalb Minuten) ist der nördliche Himmelspol in das Gebiet zwischen den Bildern Cepheus und Schwan gewandert. In 12.500 Jahren (achteinhalb Minuten) schlüpft Wega in die Rolle des Polarsterns. Am Ende ist wieder alles beim alten, der Kreis schließt sich, die Erdachse startet zum zweiten Durchgang.

Die Präzession bewirkt aber nicht nur eine Wanderung der Himmelspole, sondern sorgt dafür, daß auch der sogenannte *Frühlingspunkt* innerhalb von 25.700 Jahren einen Kreis am Firmament beschreibt. Der Frühlingspunkt ist eine der beiden »Schnittstellen« zwischen Ekliptik und Himmelsäquator (die andere heißt Herbstpunkt). In ihm steht die Sonne jeweils am 21. März, dem Tag des Frühlingsanfangs. Weil dann Mensch und Natur allmählich aus dem Winterschlaf erwachen, warteten bereits die Babylonier auf dieses Datum. Daher spielte der Frühlingspunkt bei den Astronomen dieses Volkes eine so große Rolle, daß sie mit ihm den Tierkreis beginnen ließen. Damals lag er im Sternbild Widder. Heute befindet er sich in den Fischen, in rund 600 Jahren wird man ihn in der Konstellation Steinbock suchen müssen. Dies hat Folgen: Während nämlich zur Zeit der Babylonier Tierkreisstern*bilder* und Tierkreis*zeichen* identisch waren, stimmen sie heute aufgrund der Präzession nicht mehr überein.

Was heißt das konkret? »Ich bin Löwe«, sagt einer, der zwischen dem 23. Juli und dem 23. August Geburtstag feiert – und lügt dabei, ohne es zu wissen. Denn er wird wohl kaum vor 3000 Jahren zur Welt gekommen sein, als die Sonne im genannten Zeitraum tatsächlich durch den Löwen zog. Heute durchläuft sie dieses Sternbild erst zwischen dem 10. August und dem 15. September. So ist beispielsweise der Juli-Löwe in Wirklichkeit ein Krebs (in dieser Figur hält sich die Sonne vom 20. Juli bis zum 9. August auf). Tierkreisbilder und -zeichen haben sich jeweils um ein Bild verschoben. Dies muß jeder bedenken, der regelmäßig sein Horoskop liest und sich womöglich auch noch danach richtet. Schließlich gehört die Zuordnung von Geburtstagen und Konstellationen zu den Grundlagen der *Astrologie*. Leben die Anhänger dieser unsinnigen Lehre schon im festen Glauben, das Schicksal der Menschen aus den Sternbildern herauslesen zu können, sollten sie wenigstens die richtigen benutzen, und nicht solche, die vor Jahrtausenden aktuell waren. Aber das darf man den Astrologen gar nicht verübeln. Sie sind eben auf dem Bildungsstand der babylonischen Priester stehengeblieben.

Ein Kaufmann lotet das Weltall aus

Viele Jahrtausende mußten vergehen, bis es den Menschen endlich gelang, das Sternenchaos zu ordnen. Dabei machten sich die Astronomen das Leben unnötig schwer, glaubten sie doch bis vor 350 Jahren, die Erde stehe unbeweglich im Mittelpunkt des Universums. Dieser Trugschluß blockierte den Weg der Erkenntnis. Lange Zeit wandelten die Forscher auf Pfaden, die sie immer mehr ins Dickicht eines falschen Weltbildes führten.

Erst Nikolaus Kopernikus (1473 bis 1543) zeigte ihnen, wo's langgeht. Kurzerhand rückte er die Sonne ins Zentrum des Planetensystems. Mit dieser wissenschaftlichen Revolution werden wir uns später noch ausführlich befassen. Zunächst interessiert uns ein Problem, das schon den griechischen Gelehrten auf den Nägeln brannte: Wie weit sind die Sterne entfernt?

»Die Beilage, welche ich Ihnen hier schicke, gewährt mir die große Freude, Ihnen einen jungen Astronomen von ganz ausgezeichneten Anlagen bekannt zu machen.« Diese Zeilen schrieb der Bremer Arzt und Amateur-Sternforscher Heinrich Wilhelm Olbers (1758 bis 1840) an den Herausgeber einer astronomischen Fachzeitschrift. Olbers hatte das Talent eines gerade 20jährigen Lehrlings erkannt, der sich in seiner Freizeit mit der Himmelskunde beschäftigte und dem prominenten Amateur seine Berechnungen einer Kometenbahn vorgelegt hatte. Der junge Mann hieß Friedrich Wilhelm Bessel (1784 bis 1846), war, außer in Mathematik, ein schlechter Schüler gewesen und wäre wahrscheinlich sogar

durchs Abitur gefallen, hätte ihn sein Vater nicht auf eigenen Wunsch vorher
vom Gymnasium genommen. Der Junge
wollte Kaufmann werden und später einmal als Vertreter eines Hamburger oder
Bremer Handelshauses ferne Länder be-
reisen. Doch aus diesem Traum wurde
nichts – zum Glück für die Astronomie.
Denn Friedrich Wilhelm Bessel war der
erste Mensch, der die Tiefen des Weltalls
auslotete.
Als der Wissenschaftler im Jahr 1838 das
Ergebnis seiner Arbeit veröffentlichte,
gehörte er längst zu den ganz Großen der
Zunft, obwohl er selbst nie an einer
Hochschule studiert hatte. Aber er galt als
Genie und war auch ohne offizielles
Examen im Alter von 26 Jahren zum
Astronomie-Professor an die Universität
Königsberg berufen worden. Bis zu seinem Tod wirkte der Himmelsforscher in
der ostpreußischen Stadt. Mit einem Fernrohr von nur 16 Zentimeter Linsendurchmesser bestimmte er dort auch die
Entfernung der Sterne.
Bessel bediente sich dabei der sogenannten *Parallaxen*-Methode. Die Parallaxe ist
der Winkel, um den sich ein naher
Gegenstand in bezug auf einen fernen
scheinbar verschiebt, wenn man ihn von
zwei unterschiedlichen Standpunkten aus
betrachtet. Dies läßt sich durch einen einfachen Versuch nachvollziehen. Bei aus-
gestrecktem Arm peilen wir über den
Daumen das Bild an der mehrere Meter
entfernten Zimmerwand an. Wir schließen das linke Auge und bringen Daumen
und eine Seite des Bilderrahmens zur

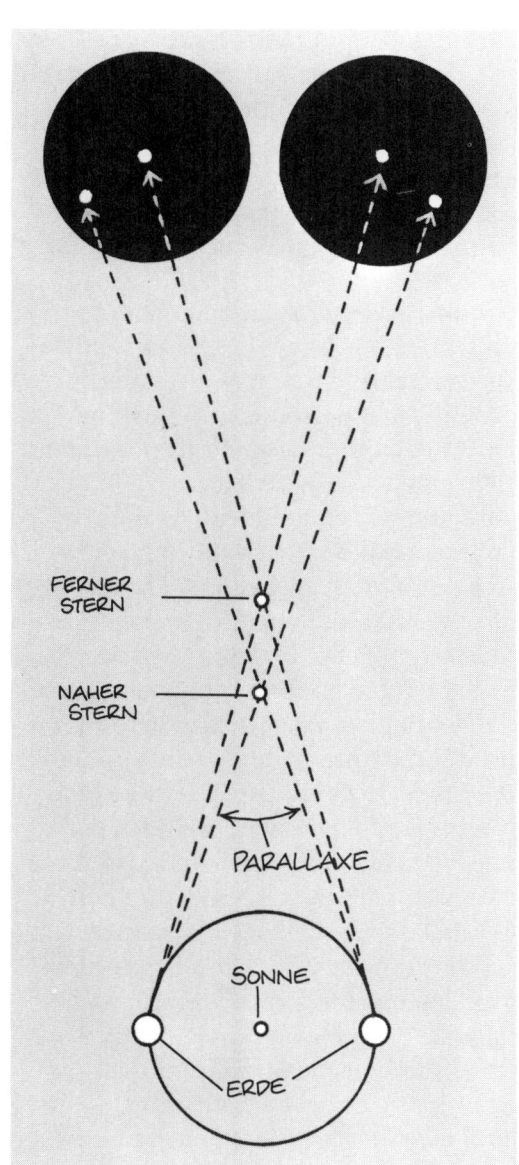

*Während eines Jahres verschiebt sich ein
naher Stern in bezug auf einen fernen.
Dieser scheinbare Sprung wird als Parallaxe
bezeichnet.*

Deckung. Nun öffnen wir das linke Auge und kneifen sofort das rechte zu – im selben Moment macht unser Daumen einen »Sprung« nach rechts. Wenn wir in schneller Folge abwechselnd mit den Augen zwinkern, springt der Daumen vor dem Bild im Takt hin und her. Das ist die Parallaxe.

Der Königsberger Astronom beobachtete mit dem Fernrohr natürlich nicht die Bewegung seines Daumens vor einem Gemälde und blinzelte auch nicht mit den Augen. Aber dieses Prinzip lag seinen Messungen zugrunde.

Auf ihrem Weg um die Sonne erreicht die Erde jeweils im Abstand von sechs Monaten zwei Punkte, deren Distanz voneinander 300 Millionen Kilometer (Durchmesser der Erdbahn) beträgt. Die beiden Punkte entsprechen dem rechten und dem linken Auge. Ein naher Stern ist der Daumen, ein ferner das Bild. In diesem Effekt zeigt sich wiederum nichts anderes als die jährliche Bewegung unseres Planeten. Bereits Nikolaus Kopernikus hatte ihn vorausgesagt, mit den vergleichsweise einfachen Geräten seiner Zeit (noch nicht einmal das Fernrohr war erfunden) mußte er den Nachweis allerdings schuldig bleiben.

Bessel suchte sich einen Fixstern im Schwan aus. Er beobachtete seinen halbjährigen »Sprung«, ermittelte den Betrag dieser Parallaxe und berechnete schließlich die Entfernung zu etwa 347.000 Erdbahndurchmessern oder elf Lichtjahren. Das Tor zu den Tiefen des Weltraums stand nunmehr weit offen, obwohl die

Astronomen bei ihren Messungen mit Schwierigkeiten zu kämpfen hatten.

Vor allem die winzigen Winkel, um welche die Fixsterne springen, machten ihnen zu schaffen. Zahlreiche Wissenschaftler waren an dieser Aufgabe gescheitert. Selbst heute, da ausgeklügelte Instrumente und modernste Technik zum Einsatz kommen, funktioniert das Verfahren nur bis zu einer Entfernung von 300 Lichtjahren. Woran lag es, daß ausgerechnet Bessel als erster Erfolg hatte?

Zum einen stand ihm ein exzellentes Fernrohr aus der Werkstatt des weltberühmten Optikers Joseph von Fraunhofer (1787 bis 1826) zur Verfügung. Zum anderen war er klug genug, sich einen Stern mit großer *Eigenbewegung* auszusuchen.

Zu Beginn des 18. Jahrhunderts hatte der englische Astronom Edmund Halley (1656 bis 1742) einen Himmelskatalog von Hipparch mit zeitgenössischen Werken verglichen und entdeckt, daß die Positionen der Sterne nicht übereinstimmten. Unterstellte man dem Griechen saubere Arbeit, gab es dafür nur eine Erklärung: Die Sterne sind keineswegs am Firmament fixiert, sondern wandern durchs All. Friedrich Wilhelm Bessel dachte folgerichtig, daß Sonnen mit großer Eigenbewegung der Erde näher stehen als solche mit kleiner Eigenbewegung. Daher wählte er das Lichtpünktchen im Schwan.

Ein Astronom sitzt in einer schnell um die eigene Achse *rotierenden Kabine* eines *sich drehenden Riesenrades*. Die Kabine *torkelt* wie ein Kreisel, und das Riesenrad *eiert* wie ein Fahrradreifen mit Achter. Trotzdem versucht der Forscher seelenruhig, ein mehrere Kilometer entferntes, *langsam fahrendes Auto* zu beobachten. Was macht er? Arbeiten! Natürlich nicht richtig. Denn auch Astronomen vergnügen sich auf einem Volksfest, ohne an die Sterne zu denken.

Aber der Vergleich trifft den beruflichen Alltag der Wissenschaftler recht gut. Erinnern wir uns: Innerhalb von 24 Stunden – genau sind es 23 Stunden, 56 Minuten und vier Sekunden – dreht sich die Erde einmal von Westen nach Osten *(rotierende Kabine)*. In einem Jahr läuft sie um die Sonne *(sich drehendes Riesenrad)*; die Bahn ist nicht rund, sondern oval *(eierndes Riesenrad)*. Wegen der Präzession beschreibt die geneigte Erdachse in 25.700 Jahren einen Kreis *(torkelnde Kabine)*. Ein ferner Stern, dessen Distanz der Astronom bestimmen will, wandert aufgrund der Eigenbewegung durch das Universum *(langsam fahrendes Auto)*.

Zu allem Überfluß bleibt auch die Sonne nicht an Ort und Stelle. Mit einer Geschwindigkeit von etwa 250 Kilometern in der Sekunde (!) rast sie einmal in 250 Millionen Jahren um das Zentrum der Galaxis und reißt das gesamte Planetensystem mit sich. *»Panta rhei* – alles fließt.«

Astro-Tip 2

Sicher haben eure Eltern einen Fotoapparat. Mit ihm wollen wir die Bewegung des himmlischen Rades einfangen. Das geht allerdings nur, wenn die Kamera Belichtungseinstellungen mit »B« oder »T« gestattet. Zunächst legen wir einen Farbdia- oder Farbnegativ-Film mittlerer Empfindlichkeit (50 oder 100 ASA) ein. Eine Spiegelreflexkamera rüsten wir mit einem Weitwinkelobjektiv (35 Millimeter Brennweite) aus. Falls ihr keines habt, macht das nichts. Unser Experiment funktioniert auch mit Normalobjektiv (50 Millimeter Brennweite), über das vor allem ältere Kompaktkameras verfügen.

So gerüstet, müssen wir nur noch auf einen sternklaren Abend warten. Dann suchen wir uns ein möglichst dunkles Fleckchen ohne störendes Streulicht und mit freiem Blick zum nördlichen Horizont. In unserem Gepäck befinden sich neben dem Fotoapparat ein Drahtauslöser und ein Stativ.

Am Beobachtungsplatz montieren wir die Kamera und schrauben den Drahtauslöser fest. Wir bringen den Polarstern ins Gesichtsfeld des Suchers, und zwar möglichst genau in die Mitte. Jetzt stellen wir die Entfernung auf »unendlich« und wählen eine Blende, die eine Stufe unter der maximalen liegt. Das heißt: Beträgt die größte Öffnung beispielsweise »2,0«, dann gehen wir auf »2,8«. Nun betätigen wir den Drahtauslöser. In Stellung »T« bleibt der Verschluß offen, in Stellung »B« müssen wir ihn mit der Schraube fixieren. Nach einer Belichtungszeit von etwa 25 bis 40 Minuten beenden wir das Himmelsporträt, indem wir entweder erneut auf den Auslöser drücken (»T«) oder die Schraube lockern (»B«). Wenn wir Lust

Mit einem feststehenden Fotoapparat läßt sich die tägliche Drehung des himmlischen Rades eindrucksvoll einfangen.

Belichtungszeiten die Batterie verkraftet, ohne gleich ihren Geist aufzugeben. Wenn ihr alles richtig gemacht habt, war die ganze Mühe nicht vergeblich. Auf dem entwickelten Film erkennt ihr den Polarstern. Er erscheint etwas verwaschen, da er nicht exakt im Himmelspol steht, sondern ein halbes Grad davon entfernt. Um ihn herum sehen wir die Strichspuren von Sternen, die sich während der Belichtungszeit als Folge der Erdrotation am Firmament weiterbewegt haben. Außerdem machen wir eine interessante Entdeckung: Je dicker die Strichspuren, um so heller sind die dazugehörigen Sterne; je länger die Strichspuren, um so größer sind deren Abstände zum Pol.

und Zeit haben, können wir die Prozedur mit anderen Belichtungszeiten noch einige Male wiederholen und den Verschluß je nach Streulicht eine, zwei oder gar drei Stunden lang offenhalten. Aber Vorsicht! Elektronische Kameras verbrauchen während dieser Zeit Strom. Und Batterien sind nicht ganz billig. Ihr könnt ja den Fotohändler fragen, welche

3. Von Farben, Fackeln und Blinkfeuern

Das Los der Astronomen

Astronomen haben es schwer. Während der Biologe eine seltene Pflanze durch das Mikroskop betrachtet oder ein Chemiker mit Substanzen experimentiert, können die Himmelskundler Sonne, Mond und Sterne nicht ins Labor holen. Die Astronomen müssen sich damit begnügen, ihre Forschungsobjekte aus der Ferne zu studieren. Daran ändert auch die moderne Raumfahrt kaum etwas.

Als ein junger Physikstudent einmal seinen Professor fragte, ob es nicht doch eine Möglichkeit gäbe, um mehr über den Kosmos zu erfahren als nur die Position und die Helligkeit der Sterne, soll dieser geantwortet haben: »Was die Sterne sind, wissen wir nicht und werden es nie wissen.« Dies trug sich in den fünfziger Jahren des 19. Jahrhunderts zu. Der Physikstudent hieß Karl Friedrich Zöllner (1834 bis 1882) und war mit der Auskunft des Herrn Professors alles andere als zufrieden. So ließ er sich nicht entmutigen, studierte weiter und wurde einer der ersten *Astrophysiker*. Diese Berufsbezeichnung hatte er selbst geprägt. Noch im 19. Jahrhundert erfuhren die Forscher tatsächlich, »was die Sterne sind« und woraus sie bestehen.

Bei unseren Wanderungen über den nächtlichen Sternenhimmel haben wir nicht nur die Bekanntschaft einiger wichtiger Konstellationen gemacht, sondern auch die Namen so mancher Hauptsterne erfahren. Und wir kennen mittlerweile Johannes Bayer, der in seinem Atlas die Himmelslichter nach ihren Helligkeiten sortiert hat.

Daß nicht alle Sterne gleich stark strahlen, fällt sogar jemandem auf, der nur einen flüchtigen Blick »nach oben« wirft und sich ansonsten für Astronomie gar nicht interessiert. So ist es kein Wunder, daß dies die Menschen schon vor Tausenden von Jahren bemerkten. Allerdings hatten sie keine Ahnung, was sie mit der Erkenntnis anfangen sollten. Selbst Hipparch, der Entdecker der Präzession, wußte es nicht. Aber sorgfältig, wie er war, brachte er auch hier Ordnung ins Chaos: Er teilte die Sterne in sechs Klassen ein. Die besonders hellen faßte der griechische Astronom zur *ersten Größe* zusammen, die mit dem bloßem Auge gerade noch sichtbaren ordnete er der *sechsten Größe* zu. Dazwischen lagen nicht ganz so helle *(zweite Größe)*, mittelhelle *(dritte Größe)*, eher schwache *(vierte Größe)* und schwache Sterne *(fünfte Größe)*. Das Ganze ist insofern irreführend, als diese Größen mit den *echten Durchmessern* der Sterne überhaupt *nichts zu tun haben.*

Dennoch blieb dieses System bis heute erhalten. Um nicht immer das Wort »Größe« ausschreiben zu müssen, benutzen die Astronomen ein kleines, hochgestelltes »m« (es steht für das lateinische Wort *magnitudo*, was Größe bedeutet) und geben die Klasse in Ziffern an. »1m« umschreibt also schlicht einen Stern erster Größe.

Die Einteilung von Hipparch sieht einfach aus, hat aber einen Haken: Sie beruht nämlich auf reiner Schätzung und ist entsprechend ungenau. Denn während beispielsweise ein Beobachter mit scharfen Augen ein Lichtpünktchen noch deutlich identifizieren kann, sieht es jemand mit weniger guten Augen kaum noch: Der eine wird Stein und Bein schwören, daß es in die fünfte Größenklasse gehört; der andere wird dagegen behaupten, der Stern sei ein typischer Vertreter der sechsten Größe. Noch schlimmer wurde es, als das Fernrohr den Forschern neue Welten erschloß und damit gleichzeitig eine Fülle von bisher nicht gesehenen Sternen offenbarte.

Die Astronomen erweiterten die Klassifikation. Dabei folgten sie der Tradition und verpaßten schwächeren Objekten einen höheren Zahlenwert. Nun gab es zwar Sterne der siebenten, achten oder gar elften Größe. Aber das Durcheinander war perfekt, denn jeder schuf sich seine eigene Einteilung. Beobachteten zwei Wissenschaftler ein und denselben Stern, konnte es vorkommen, daß der

eine »9m« notierte, sein Kollege »11m«. Es war zum Verzweifeln!

Friedrich Wilhelm Argelander (1799 bis 1875) ließ sich trotzdem nicht davon abhalten, den Himmel systematisch zu durchforschen. Argelander war bei Bessel »in die Lehre« gegangen. 1837 wurde er Direktor der noch gar nicht existierenden Universitätssternwarte Bonn. Um die acht Jahre bis zur Fertigstellung des Observatoriums nicht abwarten zu müssen, hatte sich der Astronom eine kleine private Beobachtungsstation am Ufer des Rheins eingerichtet. Dort bestimmte er die Helligkeit aller von Mitteleuropa aus mit dem bloßen Auge sichtbaren Sterne. Das Ergebnis konnte sich sehen lassen: ein Katalog mit 3188 Sternen. Argelander taufte ihn zur Erinnerung an das Werk von Johannes Bayer *Uranometria Nova.* Doch dies genügte dem ambitionierten Wissenschaftler noch lange nicht. Gemeinsam mit zwei Mitarbeitern ging er zwischen 1852 und 1862 daran, die Positionen und Helligkeiten sämtlicher in seinem Fernrohr (Linsendurchmesser: 78 Millimeter) sichtbaren Sterne zwischen dem Himmelsnordpol und zwei Grad südlich des Himmelsäquators zu messen. Das Mammut-Unternehmen machte Argelander berühmt und bescherte den Astronomen Daten von nicht weniger als 324.198 Fixsternen! Noch heute gilt diese *Bonner Durchmusterung* als Paradebeispiel für exakte und systematische Forschungsarbeit. Denn Argelander und seinen »Gehülfen« (wie er sie selbst nannte) war es immerhin gelungen, die

Helligkeiten auf rund ein Zehntel Größenklasse genau zu bestimmen – womit wir allerdings wieder beim leidigen Thema »Schätzen« wären.

Licht ins Dunkel

Literaturwissenschaftler, die sich mit der Geschichte des englischen Kriminalromans befassen, ordnen Werke aus der zweiten Hälfte des 19. Jahrhunderts dem »Zeitalter der Gaslaternen« zu. Wenn Sherlock Holmes und sein Assistent Dr. Watson im nächtlichen London Verbrecher jagen, darf der sprichwörtliche Nebel nicht fehlen. Von dichten Schwaden verhüllte Straßenlampen werfen diffuse Schatten und verleihen der Szene etwas Schauriges. Die Beleuchtung spielte nicht nur in der Literatur eine wichtige Rolle. Sie bestimmte auch das tägliche Leben in der Ära von Eisenbahn, Dampfmaschine und Telegraph.

Im Jahr 1879 entwickelt der amerikanische Erfinder Thomas Alva Edison (1847 bis 1931) die erste brauchbare Glühbirne. Ganze Industriezweige arbeiteten daran, den Menschen im 19. Jahrhundert Licht zu verschaffen. Von diesem Bemühen profitierten selbst die Astronomen, denen künstliche Beleuchtung ein Greuel ist, weil sie davon bei der Arbeit gestört werden. Ja, der Beschäftigung mit dem Licht aus »selbstgemachten« Quellen haben sie es zu verdanken, daß die Messung der Sternhelligkeiten nicht länger dem Zufall überlassen blieb, sondern eine wissen-

schaftliche Grundlage erhielt. Denn zur Ermittlung der Leuchtstärke hatten die Physiker das *Photometer* konstruiert. Weshalb, so mochte sich eines Tages Karl Friedrich Zöllner gefragt haben, soll dieses neue Instrument nur die Helligkeit von künstlichen Leuchten messen? Könnte man es nicht auch in der Astronomie verwenden? Zöllner war ein Mann der Tat, setzte sich hin, baute ein Sternphotometer und bereitete damit allen Schätzungen ein Ende. Das Prinzip dieses Gerätes beruht darauf, die Helligkeit einer künstlichen, punktförmigen Lichtquelle so zu verändern, daß sie mit jener des zu untersuchenden Sterns übereinstimmt. Dazu drehte der Astronom an einem vor der Quelle montierten Glasprisma. Erschienen Stern und Lichtpünktchen im Gesichtsfeld des Photometers gleich hell, las der Wissenschaftler nur noch ab, um wieviel er das Prisma hatte verschieben müssen; der entsprechende Wert war ein Maß für die Helligkeit. Nach einem ähnlichen Prinzip funktionierten auch andere Photometer an den großen Observatorien des 19. Jahrhunderts. Heute, im Zeitalter der Elektronik, verwenden die Forscher sogenannte *Photomultiplier*. Das sind komplizierte Instrumente, über deren Genauigkeit Herr Zöllner nur staunen könnte.

Noch bevor der Astrophysiker sein Instrument baute, hatten einige seiner Kollegen darüber nachgedacht, auf welche Weise die Helligkeitsklassen zu definieren und wie die einzelnen Sterngrößen voneinander zu unterscheiden seien. So schlug

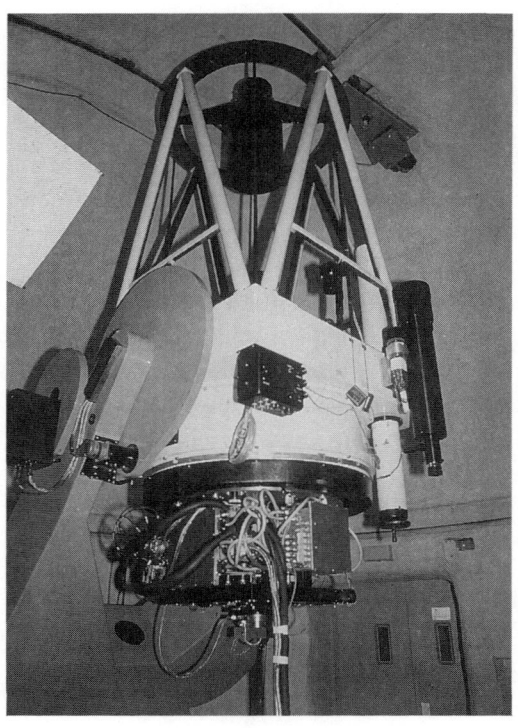

Elektronische Präzisionsinstrumente ermöglichen es den Astronomen heute, exakt die Helligkeiten der Himmelskörper zu messen. Das Bild zeigt ein Photometer der Universitätssternwarte München, montiert am Teleskop auf dem Wendelstein.

Norman Pogson (1829 bis 1891) aus Oxford vor, daß die Leuchtstärkedifferenz zwischen der ersten und der sechsten Größe exakt 100 betragen soll. Im Klartext: Ein Stern der ersten Größe ist hundertmal heller als ein Stern der sechsten Größe.

Um nun den Unterschied zwischen zwei Klassen zu ermitteln, müssen wir nur

noch jene Zahl suchen, die fünfmal mit sich selbst multipliziert 100 ergibt. Wie wär's mit 2,512! Denn 2,512 × 2,512 × 2,512 × 2,512 × 2,512 ist tatsächlich ziemlich genau 100. Nun fehlte nur noch ein Bezugspunkt, ähnlich der »Null-Grad-Marke« auf dem Thermometer.

Pogson wählte einen Himmelskörper mit besonderer Funktion, nämlich den Polarstern. Dessen Größenklasse legte er auf $2^{\mathrm{m}},12$ fest. Damit traf er eine äußerst unglückliche Wahl. Denn die Astronomen fanden später heraus, daß *Polaris* nicht konstant leuchtet. Diese Entdeckung führte zwar zu einiger Aufregung, änderte jedoch nichts an der Tatsache, daß das wackelige Hipparchsche System nach zwei Jahrtausenden endlich auf festen Füßen stand.

Nun maßen die Astronomen Sternhelligkeiten, was das Zeug hielt, und erweiterten die Skala beliebig nach unten. Je empfindlicher die Instrumente wurden, um so schwächere Lichtpünktchen spürten sie auf. Im Frühjahr 1991 entdeckten Sternforscher mit einem großen Teleskop in den chilenischen Anden Galaxien mit 29^{m}. Diese Nebelfleckchen leuchten rund 1,6milliardenmal schwächer als Sterne, die das bloße Auge gerade noch wahrnimmt!

Natürlich gilt das System auch für Objekte, die stärker strahlen als 1^{m}. So trägt zum Beispiel die Wega, der Hauptstern des Bildes Leier, die Bezeichnung 0^{m}. Ähnlich dem Thermometer, wo sich die Gradeinteilung nach unten ins Negative fortsetzt, geben die Astronomen noch helleren Objekten negative Größen und ordnen beispielsweise Sirius $-1^m\!,5$ zu; der Planet Venus erreicht während der Zeit seines größten Glanzes $-4^m\!,4$, der Vollmond $-12^m\!,6$. Und da wäre schließlich noch die Sonne: Sie bringt es auf $-26^m\!,9$. Die Lichtmenge, die wir von ihr empfangen, ist sage und schreibe 58trilliardenmal größer als jene, die Galaxien der 29. Klasse aussenden!

Die Magie der Fotografie

Um solche schwachen Lichter im All zu sehen, sitzt heute kein Wissenschaftler mehr am Fernrohr und starrt stundenlang ins Okular, wie dies einst Argelander und seine Mitarbeiter taten. Die Astronomen bedienen sich modernster Techniken, um den Horizont im Weltraum stetig weiter hinaus zu schieben. Das wollten natürlich auch die ersten Astrophysiker.

Zwar wird wohl keiner von ihnen das *Natürliche Zauberlexikon* von 1784 gelesen haben; aber dennoch sollte knapp 70 Jahre nach seinem Erscheinen eine Methode die Astronomie revolutionieren, deren Grundzüge in dem Büchlein zumindest angedeutet sind. »Man befeuchte das Gesicht mit Salpetersäure, in der feines Silber aufgelöst wurde, setze es dann der Sonnenstrahlung aus und wird für eine Weile zum schwarzen Mann«, steht darin zu lesen. (Hütet euch davor, dieses Experiment zu wiederholen, die Substanzen sind nämlich äußerst giftig!) Der »Hexenmeister« und Verfasser des

Lexikons wußte also, daß Licht bestimmte chemische Substanzen schwärzt. So verwandte Nicéphore Niepce (1765 bis 1833) für seine Versuche Zinnplatten, die er mit Bitumen bestrichen hatte. Eines schönen Sommertages im Jahr 1826 setzte er eine solche Platte in die von ihm gebaute Kamera ein. Er stellte die Konstruktion ans Fenster und belichtete acht Stunden. Als Ergebnis hielt der französische Erfinder das recht verschwommene Abbild seines von Gebäuden umrahmten Gartens in Händen – das erste Foto der Welt.

Die Magie dieses neuen Verfahrens schlug bald viele andere in Bann. Zum Beispiel Louis Daguerre (1787 bis 1851), den »zweiten Vater« der Fotografie. Mit einer von ihm entwickelten Technik ließen sich die Bilder auch »fixieren« und die Belichtungszeit auf einige Minuten verkürzen. Daguerre unternahm an der Pariser Sternwarte erste Versuche, den Himmel im Bild festzuhalten. Wesentlich erfolgreicher auf diesem Gebiet war jedoch John Draper (1811 bis 1882). 1840 gelang ihm die erste Aufnahme des Mondes. Ein Jahrzehnt später belichteten Forscher ebenfalls in Amerika durch ein Linsenteleskop mit 38 Zentimetern Öffnung die ersten Fotos eines Fixsterns. Als Motiv hatten sie sich die Wega ausgesucht.

Die Wissenschaft vom Weltall war um ein wertvolles »Instrument« reicher geworden, die *Astrofotografie*. Ihre vier wichtigsten Vorteile liegen auf der Hand: Während langer Belichtungszeiten (bis zu einigen Stunden) wird das Licht auf der

Im Sommer 1826 gelang Nicéphore Niepce das erste Foto der Welt. Wenige Jahrzehnte später setzte sich das neue Verfahren als unentbehrliches Hilfsmittel in der Sternforschung durch. Dieses Bild des Nordamerikanebels stammt von Max Wolf, dem Pionier der Astrofotografie. Der Heidelberger Astronom nahm es im Jahr 1901 auf.

Platte »gesammelt«, selbst schwache Objekte treten deutlich zutage. Der Durchmesser der Sternscheibchen ist ein Maß für die Helligkeit. Fotos sind wie Himmelskarten; die Position von Fixsternen entspricht deren tatsächlichem Standort am Firmament. Eine Aufnahme zeigt sehr viele Objekte und läßt sich konservieren; die Astronomen sind also nicht mehr so stark vom Wetter abhängig und können ein Bild selbst Tage, Monate oder gar Jahre später nach allen Regeln der Meßkunst betrachten.

Dazu gehörten aber nicht nur ausgeklügelte Geräte für die Auswertung, auch die Empfänger selbst, Fernrohre und Kameras, wurden weiterentwickelt. Anfang der dreißiger Jahre unseres Jahrhunderts erfand der Optiker und Amateurastronom Bernhard Schmidt (1879 bis 1935) in Hamburg ein geniales Teleskop. Dieser *Schmidt-Spiegel* gehört noch heute zu den wichtigsten Hilfsmitteln der praktischen Astronomie. Das Gerät erlaubt es nämlich, mehrere Grad große Himmelsgegenden nahezu ohne störende Bildfehler wie Verzerrungen oder Farbränder abzubilden. Außerdem besitzt es eine hohe

»Lichtstärke«, das heißt, selbst nach relativ kurzer Belichtungszeit erscheinen bereits bis zu einer Million Sterne auf dem Film.

Starke und schwache Lampen

Die Elektrizität ist eine nützliche Erfindung. Ein Druck auf den Lichtschalter genügt, und das Zimmer wird taghell. Glüh-

unterscheiden. Die mit 20 Watt leuchten eben schwächer als jene mit 60 oder gar 100 Watt. Das setzt allerdings voraus, daß wir sie alle aus derselben Entfernung betrachten.

Stellen wir jetzt ein Gedankenexperiment an und bauen im Freien zwei Lampen auf. Dabei postieren wir die 20-Watt-Birne in einigen Metern, die 100-Watt-Birne in einigen Kilometern Abstand. Nun warten wir, bis es stockfinster geworden ist, holen einen Freund und lassen ihn schätzen, welches der beiden Lichter heller strahlt. »Natürlich das da«, wird er sagen und dabei auf die 20-Watt-Birne deuten.

Eigentlich hat er ja recht gehabt. Denn die *absolut* gesehen stärkere Birne (100 Watt) strahlte *scheinbar* tatsächlich weniger hell als die *absolut* schwächere (20 Watt). Der Unterschied zwischen der *scheinbaren* und der *absoluten Helligkeit* hängt ausschließlich mit dem Abstand zusammen. Dazu muß man wissen, daß die Lichtstärke nach einem wichtigen physikalischen Gesetz mit dem Quadrat der Entfernung abnimmt. Das Quadrat erhält man, wenn man eine Zahl mit sich selbst multipliziert. Zum Beispiel ist fünf »zum Quadrat« gleich 25. Eine Kerze in drei Metern Distanz erscheint viermal so hell wie eine in sechs Metern.

Was hat das alles mit Astronomie zu tun? Sehr viel! Denn wenn wir den klaren Nachthimmel betrachten, sehen wir stets nur die *scheinbaren Helligkeiten* der Sterne, wissen wir doch, daß sie unterschiedlich weit von uns entfernt sind. Welche Sterne tatsächlich schwächer oder stärker strah-

birnen haben nur einen Nachteil: Sie gehen von Zeit zu Zeit kaputt. Vielleicht habt ihr selbst schon einmal im Elektrogeschäft eine Glühbirne gekauft als Ersatz für eine ausgebrannte. Dabei fragte euch der Verkäufer sicher, wieviel Watt die alte Birne hatte, denn schließlich soll die Lampe, in die sie eingeschraubt wird, genauso hell strahlen wie vorher. Brennende Glühbirnen mit unterschiedlichen Stärken lassen sich ohne Probleme voneinander len, wie es also mit den *absoluten Hellig-keiten* bestellt ist, das bleibt uns verborgen. Wie sollen wir jemals etwas über die Leuchtkräfte der Sterne erfahren?

Um dieses Rätsel zu lösen, benutzen die Forscher einen einfachen Kunstgriff. Und der geht so: Die Sonne steht direkt vor der »Haustür« der Erde. Die scheinbare Helligkeit dieses nächstgelegenen Fix-sterns liegt bei −26^m,9. Wie hell würde die Sonne jedoch strahlen, wenn sie nicht 150 Millionen Kilometer entfernt wäre, sondern 32,6 Lichtjahre?

Warum gerade 32,6 Lichtjahre? Dieser Wert mag auf den ersten Blick willkürlich aussehen. In gewissem Sinn ist er das auch. Allerdings entspricht er genau zehn *Parsec*. Ein Parsec ist die Distanz, aus wel-cher der Erdbahnradius unter einem Win-kel von einer Bogensekunde erscheint, eben 3,26 Lichtjahre; eine Bogensekunde entspricht 1/1800 des Monddurchmessers. Die Wissenschaftler drücken kosmische Dimensionen bevorzugt in Parsec aus. Wir wollen jedoch beim vertrauten Licht-jahr bleiben.

Die Antwort auf die Frage nach der Hel-ligkeit der Sonne in 32,6 Lichtjahren Ent-fernung klingt überraschend: Die Sonnenscheibe würde zu einem schwa-chen Pünktchen von 4^m,7 schrumpfen! Und damit haben Astronomen die Skala der absoluten Helligkeiten geeicht. Um die wahre Leuchtkraft eines Sterns zu er-mitteln, messen die Experten dessen scheinbare Helligkeit und Distanz. Dann rücken sie ihn auf dem Papier in die Ein-heitsentfernung von zehn Parsec − fertig.

Angenommen, ein Stern steht 326 Licht-jahre von der Erde entfernt und erscheint als Pünktchen von 6^m. Wie groß ist seine absolute Helligkeit? Ganz einfach: Wir teilen 326 durch 32,6 (Einheitsentfer-nung) und erhalten zehn. Nach dem »Quadratgesetz« würde der Stern nun 100mal (zehn mal zehn) stärker strahlen. Diese Leuchtkraftdifferenz entspricht aber exakt fünf Größenklassen. Also ziehen wir fünf von sechs ab und wissen, daß die absolute Helligkeit des Sterns 1^m beträgt.

Das Beispiel ist bewußt so gewählt, daß die Rechnung aufgeht. Doch genauso funktionieren alle anderen Rechnungen mit beliebigen scheinbaren Helligkeiten und Entfernungen. Dabei kommen die Astronomen teilweise zu verblüffenden Ergebnissen. So ist Regulus, der bläulich flimmernde Hauptstern im Löwen, rund 160mal leuchtkräftiger als die Sonne, Ri-gel im Orion gar 25.000mal.

Stellt euch vor, die Erde würde um Rigel kreisen. Dann wären der Taghimmel 25.000mal heller und die Temperaturen auf der Erde entsprechend heißer. Das Le-ben hätte sich unter diesen Bedingungen gar nicht entwickeln können. Gut, daß es die Sonne gibt. . .

Habt ihr etwas bemerkt? Richtig! Kennen die Astronomen die scheinbare und die absolute Helligkeit eines Sterns, können sie problemlos dessen Entfernung aus-rechnen. Aber ist dieses Verfahren nicht unsinnig? Um die Leuchtkraft eines Sterns zu bestimmen, müssen die For-scher doch zunächst wissen, wie weit er

entfernt ist. Oder gibt es etwa eine andere
Methode, die absolute Helligkeit herauszufinden?

Flackernde Meilensteine

Der Herr Pastor liebte lange Spazier-
gänge, bei denen er mit offenen Augen
durch die Welt ging. Aber nicht nur die
landschaftliche Schönheit seiner ostfriesischen Heimat faszinierte ihn, sondern
auch das, was sich in der Nacht »darüber«
abspielte. Kurz: Der fromme Mann war
ein begeisterter Sterngucker. Und wie es
sich für einen ordentlichen Astronomen
gehört, ging er in klaren Nächten entweder gar nicht ins Bett oder stand morgens
sehr früh auf. So auch an diesem 13. August 1596, wo er in der Morgendämme-
rung den Planeten Jupiter ins Visier
nehmen wollte.
Doch daraus wurde nichts. Denn im
Sternbild Walfisch, das halbhoch über
dem südlichen Horizont stand, entdeckte
er einen hellen Lichtpunkt. Er war ihm
nie zuvor aufgefallen. Wo sollte der plötzlich herkommen? David Fabricius (1564
bis 1617), so hieß der Pastor, vermochte
diese Frage nicht zu beantworten. Das
Ganze wurde noch rätselhafter, als Fabricius nach einigen Wochen schlechten
Wetters wieder in den Walfisch schaute,
den Stern aber nicht mehr fand. Es vergin-
gen mehr als elf Jahre, bis er im Februar
1608 das Sternchen erneut beobachtete.
Ohne es zu wissen, hatte der Geistliche
den ersten *Veränderlichen* entdeckt.

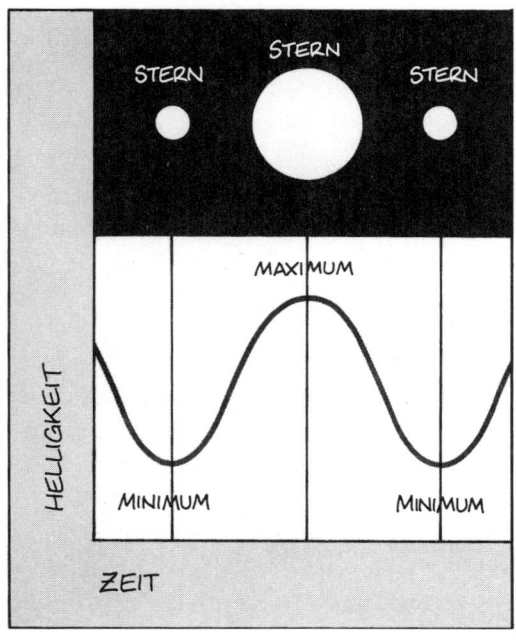

*Manche Sterne blähen sich rhythmisch auf
und ziehen sich wieder zusammen. Sie
ändern ständig ihre Helligkeit und heißen
daher Pulsationsveränderliche.*

Astronomen verstehen darunter solche
Sterne, deren Helligkeiten periodisch
wechseln. Bei dem Objekt im Walfisch
zum Beispiel schwankt das Licht innerhalb von rund 332 Tagen. Während dieser
Zeit verschwindet der Stern natürlich
nicht vollständig von der Bildfläche. Er
wird nur so schwach, daß er mit bloßem
Auge nicht mehr zu sehen ist. Aufgrund
dieses seltsamen Verhaltens nannte man
das flackernde Lichtpünktchen Mira. Das
bedeutet soviel wie »die Wunderbare«.
Heute kennen die Wissenschaftler etwa

26.000 solcher wunderbaren Sterne, haben allerdings eine recht nüchterne Erklärung parat: Die Helligkeiten der Veränderlichen schwanken, weil sie sich mit schöner Regelmäßigkeit (so zwischen einigen Stunden und mehreren Jahren) aufblähen und wieder zusammenziehen wie ein Luftballon. Dabei ändern diese Gasbälle natürlich ihre Durchmesser. Nun sendet ein großer Ball, der selbst leuchtet, mehr Licht aus als ein kleines Bällchen. Entsprechend erscheint der Stern einmal heller, einmal schwächer. Diese Kategorie von Objekten pulsiert also förmlich. Das hat ihnen die Bezeichnung *Pulsationsveränderliche* eingebracht.

Warum sich diese Blinkfeuer so verhalten, werden wir später noch genau erfahren. Doch dazu müssen wir erst den Lebensweg der Sterne kennen. Bei der Entfernungsmessung spielen Zusammensetzung und Aufbau der Sonnen jedoch keine Rolle. Außerdem können wir uns trösten: Was es mit den Veränderlichen auf sich hat, wußte selbst Henrietta Swan Leavitt (1868 bis 1921) nicht. Die Amerikanerin war es, die sich am Harvard-Observatorium lange mit ihnen beschäftigte und eine erstaunliche Entdeckung machte. Die Wissenschaftlerin hatte Fotos der beiden Magellanschen Wolken, den Begleitgalaxien der Milchstraße, miteinander verglichen. Dabei fand sie nicht weniger als 1777 Sterne, deren Helligkeiten sich änderten. Miss Leavitt konzentrierte sich jedoch auf 25 Objekte, die allesamt in der Kleinen Magellanschen Wolke standen und relativ rasch pulsierten.

Als sie die Sterne in einem Diagramm nach Helligkeit und Periode sortiert hatte, stutzte sie. Schien es doch so, als würden diese beiden Größen irgendwie miteinander zusammenhängen. Ja, es sah tatsächlich so aus, als wären Sterne, die in kurzem Rhythmus flackerten, lichtschwächer als solche mit langer Periode. Das war geradezu phänomenal! Geht man nämlich davon aus, daß alle untersuchten Sterne gleich weit von der Erde entfernt sind (was bei der Kleinen Magellanschen Wolke wirklich zutrifft), so spiegeln die scheinbaren Helligkeiten exakt die absoluten Helligkeiten und damit die Leuchtkräfte wider.

Henrietta Swan Leavitt hatte also eine *Perioden-Leuchtkraft-Beziehung* gefunden und damit der Entfernungsbestimmung Tür und Tor geöffnet. Da sich nämlich alle Veränderlichen der von ihr studierten Klasse – sie werden nach dem »Prototyp« *Delta-Cepheiden* genannt – an diese Beziehung halten, mußten nur die Abstände von einigen Sternen bestimmt werden, um die Skala für immer und ewig zu eichen.

»Nur« ist gut gesagt. Denn obwohl das Weltall in Form der Cepheiden einen Glücksfall beschert, liegen diese kosmischen Meilensteine allesamt außerhalb jenes Bereiches, der sich mit Hilfe der Parallaxe ausloten läßt. Die Astronomen zerbrachen sich die Köpfe über andere, teilweise sehr komplizierte Methoden, um die ersehnte Distanz zu messen. Auch das gelang schließlich.

Allerdings bemerkten die Forscher in den

vierziger Jahren, daß es verschiedene Arten von Cepheiden mit unterschiedlichen Leuchtkräften gibt. Dies blieb nicht ohne Folgen: Mußten doch sämtliche auf diesem Weg ermittelten Entfernungen verdoppelt werden. Aber die Sternkundler nahmen das gelassen hin. Die Perioden-Leuchtkraft-Beziehung blieb eines der wertvollsten Verfahren, wenn es darum ging, Hunderttausende, ja sogar Millionen von Lichtjahren weit in den Raum vorzudringen.

Doppel-Sonnen auf der Waage

Wie schwer sind die Sterne? Kann man sie überhaupt wiegen? Ob ihr mir glaubt oder nicht: Man kann! Selbstverständlich hat kein Astronom Aldebaran oder Castor auf die Waage gestellt. Aber wir wissen ja schon, daß den Forschern meist irgend etwas einfällt, um dem bisher noch unvollständigen Mosaik des Weltalls ein weiteres Steinchen hinzuzufügen. Dabei klammern sich die Wissenschaftler an jeden Strohhalm, den ihnen die Natur bietet – bei den Entfernungen an die Veränderlichen, bei den Gewichten an die *Doppelsterne*.

An dieser Stelle ist es allerhöchste Zeit für die Auflösung des »Wagen-Rätsels«. Während unserer Ausflüge über den nächtlichen Sternhimmel haben wir im Großen Wagen ein bemerkenswertes Sternenpaar entdeckt. In unmittelbarer Nähe zu Mizar, dem mittleren Deichsel-

stern, fanden wir den weniger hellen Lichtpunkt von Alcor, bekanntlich auch Reiterlein oder Augenprüfer genannt. Auf den ersten Blick scheinen die beiden Sterne zufällig in derselben Richtung beisammenzustehen. Die Astronomen kennen zahllose Systeme, in denen die Partner miteinander überhaupt nichts zu tun haben, da sie Hunderte oder Tausende von Lichtjahren voneinander trennen. Solche Paare heißen *optische Doppelsterne*. Was machen die Forscher, wenn sie sichergehen wollen, ob sie tatsächlich optische Doppelsterne beobachten? Sie messen die Entfernung! Überprüfen wir also rasch das Duo im Großen Wagen. Die beiden Parallaxen haben wir schon bestimmt, die Rechnung fast beendet. Hier das Ergebnis: Mizar . . . 60 Lichtjahre; Alcor . . . 60 Lichtjahre. Schnell noch einmal nachgerechnet. Nein, an dem Resultat gibt es nichts zu deuten. So unglaublich es klingen mag, unsichtbare Schwerkraftbande ketten die beiden Sterne fest aneinander. Sie sind ein Beispiel für die sogenannten *physischen Doppelsterne*.

Der Augenprüfer als Ausnahme? Keineswegs. Die Astronomen schätzen, daß mindestens die Hälfte aller Sonnen zu Doppelsternsystemen gehören. Manche bestehen sogar aus vier, fünf oder sechs Mitgliedern und heißen daher *Mehrfachsysteme*. Betrachtet man Mizar in einem kleinen Fernrohr, fällt in geringem Abstand ein weiteres Lichtpünktchen auf, das zusammen mit dem etwa gleichhellen Alcor ein Trio bildet. Damit nicht genug.

Mindestens die Hälfte aller Sonnen besitzen einen oder mehrere Partner, sind also Doppelsterne oder gar Mehrfachsysteme.

Intensive Nachforschungen haben ergeben, daß jeder der drei Sterne nochmals einen (ohne Spezialinstrumente nicht nachweisbaren) Partner besitzt, der engere Begleiter von Mizar möglicherweise zwei. In der Mitte der Wagen-Deichsel hält sich also ein Siebenfach-System versteckt!

Den Bewohnern eines fremden Planeten, dessen Sonne zu einem Doppelsternsystem gehört, bietet sich ein kurioser Anblick: Neben dem hellen, wärmespendenden Gestirn beobachten sie am Himmel eine zweite Sonne. Sie ist allerdings nicht ganz so leuchtstark und abwechselnd am Tag und in der Nacht zu sehen. Außerdem nimmt »Sol II«, wie dieser Stern heißen könnte, nicht nur an der täglichen Drehung des Himmelsgewölbes teil, sondern läuft auf kurviger Bahn über das Firmament und erscheint je nach Abstand bald als größerer, bald als kleinerer Feuerball. Alles in allem eine gespenstische Szenerie. Gut, daß unsere Sonne allein geblieben ist.

Gut aber auch, daß es Systeme gibt, in

denen Sterne sich umkreisen: Die Astronomen finden neben der Entfernung gelegentlich auch Umlaufbahnen und -zeiten heraus (letztere können bis zu einigen hunderttausend Jahren betragen). Nach den Gesetzen der »Himmelsmechanik« läßt sich dann das Gewicht der beiden Sonnen bestimmen – einfach so, auf dem Papier.

Halt! Jetzt hätten wir beinahe einen Fehler gemacht. Sagen wir statt Gewicht lieber *Masse*. Angenommen, du bist 40 Kilogramm schwer, fliegst als Astronaut auf den Mond und stellst dich dort auf die Waage. Nun wirst du deinen Augen nicht trauen: Die Nadel zeigt knapp sieben Kilogramm an. Dein Gewicht (oder das eines beliebigen Gegenstandes) hängt von der Anziehungskraft der Erde ab. Und die ist eben rund sechsmal größer als die des Mondes, weshalb du auf seiner Oberfläche sechsmal weniger wiegst. Dagegen ist deine Masse (40 Kilogramm) überall dieselbe. Da wir die Sterne weder auf dem Mond, noch auf der Erde wiegen, verwenden wir besser den Begriff Masse.

Das Auge der Medusa

Erinnert ihr euch noch an den starken Helden Perseus? Er schlug einst Medusa, einer der drei Gorgonen, das Haupt ab! Ihm sind wir bei unserer Exkursion am Herbsthimmel begegnet. Auch das böse dreinblickende flackernde Auge des Monsters war uns damals aufgefallen. Als

Stern namens Algol haben es die Griechen ans Firmament gebannt.

Daß mit Algol irgend etwas nicht stimmt, wußten schon die alten Kulturvölker. Seine Bezeichnung stammt übrigens von den Arabern und bedeutet soviel wie »Kopf des Gul« (Gul ist ein orientalischer Dämon). Wahrscheinlich hatten sowohl die griechischen als auch die arabischen Astronomen den periodischen Lichtwechsel des Sterns bemerkt. Aber offensichtlich ging diese Erkenntnis verloren, bis zum Jahr 1672, als ein italienischer Gelehrter in einer Schrift auf das merkwürdige Verhalten des Medusa-Auges hinwies. Aber niemand schien sich für seinen Bericht zu interessieren.

Mehr Glück war dem taubstummen Astronomen John Goodricke (1765 bis 1786) aus England beschieden. Er widmete sich den größten Teil seines kurzen Lebens der Beobachtung von Algol, fand einen Lichtwechsel von zwei Tagen, 20 Stunden und 49 Minuten und lieferte gleich eine passende Erklärung dazu: Den Stern umgibt ein dunkler, unsichtbarer Begleiter. Regelmäßig zieht er auf seiner Umlaufbahn vor der helleren Sonne vorbei und verursacht jedesmal eine »Sternfinsternis«. Die Lichtschwankungen Algols entsprechen der Umlaufzeit.

Woher der junge Mann diese Weisheit nahm, läßt sich nicht beantworten. Tatsache ist, daß Goodricke den Nagel auf den Kopf getroffen hatte. Seine Arbeiten wurden gelesen, zahlreiche Astronomen des 19. Jahrhunderts machten das Studium der Veränderlichen zu ihrem Spezialge-

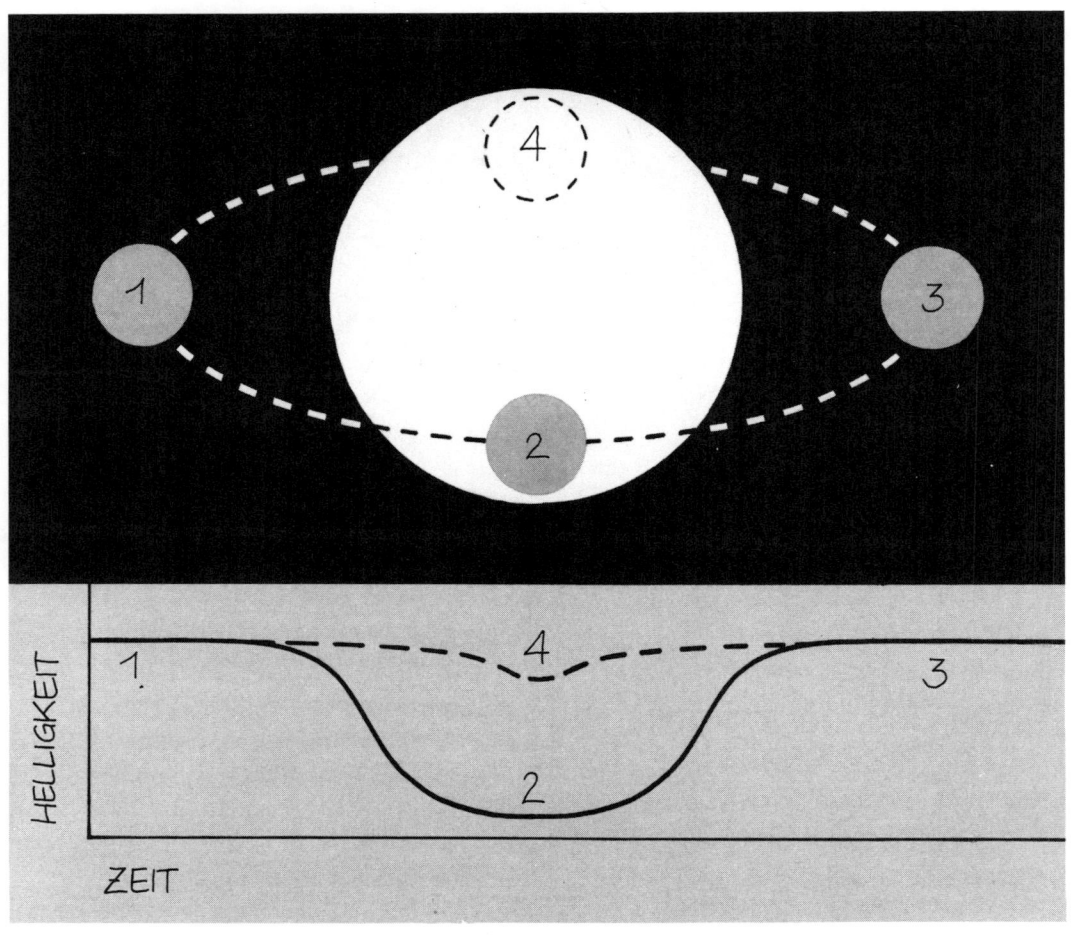

Bei den Bedeckungsveränderlichen fällt die Blickrichtung zur Erde mit der Umlaufebene eines Doppelsterns zusammen. Ein Bedeckungsveränderlicher wechselt periodisch seine Helligkeit.

biet. Heute kennen die Wissenschaftler rund 4000 Sterne, die exakt nach dem »Prinzip Algol« funktionieren. Es sind die *Bedeckungsveränderlichen.* Ein durchaus irreführender Name. Schließlich handelt es sich bei diesen Objekten nicht um Ver-

änderliche im eigentlichen Sinn, sondern um Doppelsterne, deren Umlaufebene zufällig mit der Blickrichtung zur Erde zusammenfällt.
Welchen Nutzen bringt die Beschäftigung mit den Bedeckungsveränderlichen? Für

einen Forscher, der es versteht, die Lichtkurve richtig zu deuten, eine ganze Menge. Aus der Periodenlänge leitet er die Umlaufzeit und daraus die Masse des Systems ab. Die Art, wie die Helligkeit schwankt, läßt bei bekannter Entfernung außerdem Rückschlüsse auf Leuchtkräfte und *Durchmesser* der beiden Sterne (und damit wiederum auf die einzelnen Massen) zu.

Algol selbst durchschauen die Wissenschaftler inzwischen recht gut: Der hellere Stern (A) besitzt die fünffache Masse und den dreifachen Durchmesser unserer Sonne; der schwächere (B) ist etwas mehr als dreimal so groß wie sie (also rund vier Millionen Kilometer) und genauso schwer. Beide Sterne kreisen im Abstand von elf Millionen Kilometer umeinander. Dabei dauert es jeweils neun Stunden und 48 Minuten, bis B an A vorbeigezogen ist. Während dieser Zeit geht die Helligkeit von $2^m,2$ auf $3^m,4$ zurück. Selbstverständlich verdeckt auch der hellere den schwächeren Stern, was sich ebenfalls in der Lichtkurve bemerkbar macht, wenngleich nicht so ausgeprägt. Das Algol-System ist 90 Lichtjahre entfernt.

Allerlei Buntes

Albaesubcaeruleae. Mit diesem unaussprechlichen Wort beschrieb Friedrich Wilhelm Struve (1793 bis 1864) den Sirius. Struve war weder Zauberkünstler noch Astrologe. Die Formel diente daher nicht zur Beschwörung geheimnisvoller stellarer Mächte. Vielmehr hatte es der Astronom satt, nur von schwachen, weniger hellen oder hellen Sternen zu sprechen. Warum sollte er auch? Schließlich gab es neben der Leuchtstärke noch ein anderes Kriterium zur Einteilung: die Farbe. So bedeutet *albaesubcaeruleae* bläulich weiß (von lateinisch *alba*, weiß, und *caeruleae*, blau). Achtet einmal auf die unterschiedlichen Sternfarben, wenn ihr bei nächster Gelegenheit den Sternhimmel beobachtet. Es lohnt sich. Da gibt es tatsächlich gelbliche, grünliche, hellblaue oder tiefrote Lichtpünktchen. Ein bekannter Amateurastronom des 19. Jahrhunderts hat den Sternen fast 40 unterschiedliche Farben zugeordnet. Dabei erfand er so kuriose Bezeichnungen wie »radieschenfarben« oder »rehfarben«.

Ist euch bei der Suche nach bunten Sternen etwas aufgefallen? Zeigen alle Sterne Farben? Nein. Nur die helleren! Das hängt mit dem Bau des menschlichen Auges zusammen. Lichtunterschiede nehmen wir mit den sogenannten Stäbchen wahr, Farbdifferenzen mit den »Zäpfchen«. Nun liegen auf der Netzhaut ungefähr zwanzigmal mehr Stäbchen als Zäpfchen (insgesamt gibt es im Auge rund 130 Millionen Sehzellen). Aus diesem Grund registrieren wir Helligkeiten wesentlich besser als Farben. Täglich erleben wir die Folgen davon, wenn die bunte Welt in der Dämmerung allmählich verblaßt. Nachts sind bekanntlich alle Katzen grau – und nur die leuchtkräftigen Sonnen farbig. Vielleicht hatte der Italiener Angelo Secchi (1818 bis 1878) einem Dorfschmied

bei der Arbeit zugeschaut. Der bären-
starke Handwerker holte eben ein großes
Stück Eisen aus dem Feuer. Es leuchtete
in einem blendenden Weiß, mit Spuren
von Hellblau. Der Mann bugsierte das
heiße Metall auf den Amboß und begann,
es mit dröhnenden Schlägen zu bearbei-
ten. Allmählich kühlte es ab, seine Farbe
nahm jetzt einen hellgelben Ton an,
wurde langsam dunkler. Nun besaß das
vor wenigen Minuten noch unförmige
Stück Metall schon die Form eines Hufei-
sens und glühte zunächst in zartem, dann
in kräftigem Rot.

Da mag es Angelo Secchi plötzlich wie
Schuppen von den Augen gefallen sein:
Wenn die Farbe etwas über die Temperatur von Eisen aussagt, warum nicht auch
über die der Sterne? Könnte es nicht sein,
daß blaue Sonnen am heißesten sind,
gelbe entsprechend kühler und rote nur
noch »lauwarm«? Wenngleich die Sterne
nicht aus glühenden Metallkugeln bestehen, trifft diese Schlußfolgerung zu. So
beträgt die *Oberflächentemperatur* des
bläulichweißen Sirius 10.000 Grad, die
des dunkelroten Beteigeuze im Orion
3000 Grad. Unsere Sonne und die ebenfalls gelbstrahlende Capella im Fuhrmann
bringen es auf rund 6000 Grad.

Der italienische Astrophysiker vermochte
den Zusammenhang zwischen Farbe und
Temperatur sehr wohl zu untermauern.
Denn er hantierte mit einem Gerät, das
die Astronomie im 19. Jahrhundert geradezu revolutionierte. Das neue Instrument ermöglichte es, das Licht der Sterne
zu zerlegen und in dem so erzeugten Regenbogen zu lesen wie in einem Buch.
Angelo Secchi war ein Meister am *Spek-
troskop.*

Der Mann, der die Sterne näher brachte

Über einen kleinen Steg führt der Weg
vor ein schweres Holztor. Beim Öffnen
quietschen die Scharniere. Der Besucher
betritt einen vielleicht sieben Meter hohen Raum. Zwei gewaltige, aus Stein ge-
mauerte Kessel ducken sich unter der
Decke. Sie erinnern an Hochöfen zur Zeit
der industriellen Revolution. An den
Wänden hängen alle möglichen Arten
von seltsam anmutenden Werkzeugen.
Ein Schaufelrad lehnt an einem mächtigen Trägerbalken. Am rußgeschwärzten,
ausgewitterten Gebälk des Dachstuhls
sind kranförmige Gestänge verankert,
Zahnräder und Handkurbeln.

Hier also wirkte ein Mann, der, obwohl
selbst kein studierter Wissenschaftler, für
die Himmelskunde Großes geleistet hat.
Hier, das ist eine der ältesten Benediktiner-
Abteien nördlich der Alpen – Benediktbeuern, rund eine Autostunde südlich
von München. Das geheimnisvolle Gebäude (heute ein Museum) war bis zum
Jahr 1883 eine Glashütte, und der geniale
Astronom und Optiker hieß Joseph von
Fraunhofer.

Der Weg zum Gelehrten war für ihn lang
und steinig. Als elftes Kind eines einfachen Glasermeisters am 6. März 1787 geboren, hatte er alles andere als eine

unbeschwerte Jugend. Im Alter von zehn Jahren verlor er die Mutter, kurze Zeit darauf starb der Vater. Der kleine Joseph mußte Geld verdienen und trat in die Lehre des Münchner »Hofspiegelmachers« Phillip Anton Weichselberger. Der Meister hatte jedoch kein Verständnis für den Wissensdurst des Jungen und verbat ihm nicht nur den Besuch der damals üblichen Sonntagsschule, sondern sogar die Lektüre von Büchern.

Als 14jähriger machte Fraunhofer zum erstenmal von sich reden und erlangte in München im wahren Sinn des Wortes mit einem »Schlag« Berühmtheit: Am 21. Juni 1801 nämlich stürzte das vierstöckige Gebäude seines Lehrherren ein und begrub den Glaserlehrling und seine Meisterin unter den Trümmern. Wie durch ein Wunder überlebte der schwächliche Junge die Katastrophe, wurde nach langwieriger Rettungsaktion geborgen und erhielt aus den Händen des Kurfürsten Maximilian 18 Dukaten als Geschenk. Damals ahnte wohl niemand, daß derselbe Herrscher als bayerischer König Max I. das »Glückskind« 23 Jahre später adeln würde.

Für Joseph erwies sich der Unfall als Sternstunde, kam er von nun an doch mit reichen Geschäftsleuten in Kontakt, allen voran der Unternehmer Joseph von Utzschneider. In seiner Freizeit durfte der begabte Junge an der Linsenschleifmaschine des Optikers Joseph Niggl arbeiten. Nebenbei erwarb er sich im Selbststudium ein solides Grundwissen in geometrischer Optik und in Mathematik.

Im Jahr 1806 beendete der 19jährige seine Ausbildung als »Spiegelmacher und Zieratenglasschleifer«. Durch Vermittlung des Astronomie-Professors Ulrich Schiegg erhielt er eine Anstellung als Optiker an Utzschneiders Mathematisch-Mechanischem Institut. Damit begann für den jungen Mann eine Karriere, die ihn alsbald weltberühmt machen sollte.

Endlich konnte Fraunhofer das Genie des Forschers mit den erworbenen Fähigkeiten des Praktikers verbinden. Die erste Chance bot sich ihm, als er in Benediktbeuern mit der Herstellung von sogenannten achromatischen Objektiven beauftragt wurde. Das Kloster gehörte damals Utzschneider, der einige Räume im Südtrakt als Labors einrichten und das ehemalige Waschhaus in eine Glasschmelze hatte umbauen lassen. Nach wenigen Jahren schon übernahm Fraunhofer die Leitung der Glashütte. Wie mag es vor mehr als 180 Jahren dort wohl ausgesehen haben?

Gehilfen und Lehrlinge schaffen auf Karren Holz für die beiden großen Schmelzöfen heran. Als wichtigster Rohstoff dient ein feiner Quarzsand, der in der näheren Umgebung abgebaut wird. Jetzt bereiten Arbeiter die Schmelze vor, ein Gemisch aus Kieselsäure, alkalischen Salzen und Kalk. Die feuerfesten Tiegel nehmen bis zu 200 Kilogramm dieser Glasmasse auf. Der kräftig gebaute Gehilfe bedient gerade eine Kurbel, hievt das Material nach oben und senkt es langsam in den Ofen. Sogleich setzt ein besonders geschickter Glasmacher eine Rührma-

schine in Bewegung und vermengt die
Masse wie in einem modernen Mixer.
Meister Fraunhofer persönlich hat die
Vorrichtung gebaut. Sie garantiert hohe
Reinheit des Glases.
Die Tiegel sind bereits vor längerer Zeit
aus den Öfen geholt worden und schweben über dem Boden. Jetzt naht der von
allen mit Spannung erwartete Augenblick. Die hagere Gestalt Fraunhofers erscheint in der Tür, die Arbeiter, die eben
noch laut lachten und derbe Witze erzählten, verstummen. Mit Feuereifer
gehen sie daran, die erstarrte Schmelze
zu zerschlagen. Unzählige große und
kleine Glasstücke übersäen den Boden.
Mit kritischem Blick nimmt Fraunhofer
jeden einzelnen Rohling unter die Lupe.
»Ich muß euch loben. Viele Stücke sind
brauchbar«, sagt der Wissenschaftler nach
einer Weile. Die Arbeiter atmen erleichtert auf, heute abend haben sie einen
Grund zum Feiern.
Joseph von Fraunhofer erwies sich als
wahrer Künstler im Umgang mit Glas.
Die von ihm geschliffenen und konstruierten Linsen für Mikroskope und Teleskope erlangten schnell Weltruf.
Berühmte Astronomen in aller Herren
Länder rissen sich um Produkte aus dem
Hause »Utzschneider, Reichenbach und
Fraunhofer in Benediktbeuern«. Die optischen Geräte zeichneten sich durch me-
chanische Präzision und ungewöhnlich
gute Abbildungsqualität aus. Die Bene-
diktbeurer Werkstatt lieferte auch das Instrument, mit dem Friedrich Wilhelm
Bessel die erste Sternparallaxe maß.

Trotz seiner Leistungen bequemten sich
die Wissenschaftler erst relativ spät,
Fraunhofer auch offiziell in ihren erlauch-
ten Kreis aufzunehmen (er hatte eben nie
studiert!). Im Jahr 1821 berief man ihn
endlich als ordentliches Mitglied in die
Bayerische Akademie der Wissenschaften,
ein Jahr später erhielt er die Ehrendoktor-
würde der Universität Erlangen, 1823
wurde er Professor und Konservator des
»Mathematischen Kabinetts«. Als er am
7. Juni 1826 an den Folgen einer Lungen-
entzündung starb, trauerte selbst der
bayerische König Ludwig I. um ihn. Auf
seinem Grabmal im Südlichen Friedhof
in München stehen die Worte: »Appro-
ximavit Sidera – Er brachte uns die Gestirne näher« — und legte den Grundstein
für einen neuen Wissenschaftszweig,
könnte man ergänzen.
Drüben im Kloster führt mich Pater We-
ber durch die ehemaligen Wohn- und Ar-
beitsräume Fraunhofers. »Da gibt es
allerdings heute nichts mehr zu sehen«,
schränkt er übertriebene Hoffnungen ein.
In einem riesigen Saal, der als Hauska-
pelle dient, war möglicherweise einmal
die Werkstatt untergebracht. Das Zimmer
daneben, die Sakristei, beherbergte vielleicht die Studierstube des Forschers. Es
ist später Nachmittag, die schon tiefste-
hende Sonne wirft ihr Licht in den Raum.
Die Kristalle eines kunstvoll gearbeiteten
Lüsters fangen die Strahlen ein, das Glas
bricht sie und reflektiert sie an die Decke.
Hier muß es gewesen sein, hier gelang
die große Entdeckung des Joseph von
Fraunhofer.

*Ein großer
Augenblick in der
Astronomie: Joseph
von Fraunhofer
entdeckt die
dunklen Linien im
Sonnenspektrum.*

Wellensalat

Der Physiker saß am Schreibtisch, auf dem sich in Leder gebundene Bücher und alle möglichen Arten von blankgeputzten optischen Geräten türmten, kleine Fernrohre und Mikroskope. Draußen schien die Sonne. Ihr galt das Interesse Fraunhofers, genauer gesagt, ihrem Licht. Eben stellte er vor sich ein Prisma auf und drehte es so lange, bis die Sonnenstrahlen durch das Glas fielen und ein Regenbogen entstand.

Weil der Optiker ein ordentlicher Mensch war und die Sauberkeit liebte, griff er zu einer zarten Feder und begann, das Prisma zu reinigen. Doch nach kurzer Zeit hielt er inne. Zeigte sich auf dem Flaum nicht eine dunkle Linie? Und da, noch eine! Fraunhofer holte ein weißlakkiertes Holzbrett und plazierte es in einigem Abstand hinter das Prisma. Nein, er hatte sich nicht getäuscht. Die »Kratzer« blieben an Ort und Stelle, traten jetzt sogar noch deutlicher hervor!

Ob es sich wirklich so zutrug, damals, im Jahr 1814, weiß niemand. Sicher ist, daß Joseph von Fraunhofer rund 500 der nach ihm benannten Linien im Sonnen*spek-trum* gefunden hat. Was aber ist das Besondere dieser schwarzen Striche? Welchen Wert haben sie für die Astronomen? Und was ist das eigentlich, ein *Spektrum?*

Bereits dem großen englischen Gelehrten Isaac Newton (1643 bis 1727) war aufgefallen, daß sich weißes Licht aus mehreren Farben zusammensetzt. Warum das so war, konnte er nicht erklären. Viele Generationen von Physikern grübelten darüber nach. Heute ist das Licht-Rätsel längst ein alter Hut. Jeder Wissenschaftler weiß: Licht ist eine elektromagnetische Strahlung.

Gehen wir der Sache auf den Grund und werfen vom Ufer eines Sees einen Stein ins Wasser. Während der Kiesel versinkt, breiten sich von dem Eintauchpunkt kreisförmige Wellen aus, wandern über das Wasser und »verlaufen« sich in einiger Entfernung wieder. Der Abstand zwischen zwei Wellenbergen (oder -tälern) heißt *Wellenlänge.* Der Takt, in dem die Wellen vom Zentrum des Kreises ausgehen, ist die *Frequenz.*

Wieder zu Hause, füllen wir das Waschbecken zur Hälfte mit Wasser, holen einen Löffel und schlagen damit einmal ganz leicht auf die Oberfläche. Im Prinzip beobachten wir dasselbe wie am See. Jetzt wiederholen wir den Versuch, schlagen aber mehrmals kurz auf das Wasser, zunächst einmal in der Sekunde, dann zwei-, drei-, viermal: *Wir erhöhen die Frequenz.* Dadurch erzeugen wir viele Wellen, deren Berge und Täler immer rascher aufeinan-

der folgen: *Wir verringern die Wellenlänge.* Ohne es zu merken, haben wir mit diesem Experiment bereits eine ganze Menge über die elektromagnetische Strahlung erfahren. Auch sie breitet sich mit einer bestimmten Geschwindigkeit wellenförmig nach allen Richtungen aus. Dabei gilt: Je höher die Frequenz, um so kleiner die Wellenlänge; je niedriger die Frequenz, um so größer die Wellenlänge. Allerdings benötigt die elektromagnetische Strahlung kein Medium, wie zum Beispiel Luft oder Wasser, um darin zu reisen. Das hatten die Physiker noch zu Anfang unseres Jahrhunderts geglaubt. Für diesen gar nicht existierenden geheimnisvollen Transportstoff hatten sie sogar einen Namen erfunden: *Äther.* Die elektromagnetische Strahlung rast mit einem Tempo von 300.000 Kilometern in der Sekunde selbst durch den »leeren« Weltraum. Dieses Tempo – ein höheres gibt es nicht – heißt *Lichtgeschwindigkeit.* Woher kommt das Licht überhaupt? Licht entsteht bei komplizierten Vorgängen im Inneren von Atomen und ist eine Mischung aus elektrischen und magnetischen »Feldern«. Außerdem tritt es als Welle und als Teilchen auf. Das erscheint auf den ersten Blick seltsam und unverständlich. Ist es auch! Aus diesem Grund wollen wir es den Physikern überlassen, sich darüber den Kopf zu zerbrechen. Beschäftigen wir uns lieber mit den praktischen Konsequenzen – und die kann man sogar hören.

Wenn frühmorgens Musikklänge aus dem Radiowecker tönen, dann ist dies nur durch die elektromagnetische Strahlung möglich. Ein Sender funkt die Musik in verschlüsselter Form in alle Richtungen. Dies tut aber auch ein anderes Hörfunkprogramm, das zur selben Zeit die Nachrichten überträgt. Der Radiowecker empfängt die Wellen, enträtselt sie und verwandelt sie in Musik (oder Sprache). Würden alle Rundfunkanstalten Wellen derselben Länge und damit derselben Frequenz aussenden, wäre das Chaos perfekt. Um ein solches Durcheinander zu vermeiden, haben sich die einzelnen Programme auf ganz bestimmte Frequenzen geeinigt. So ist ein Sender beispielsweise nur auf einer Frequenz von 102 *Megahertz* zu empfangen. Das heißt, die »Musik-Wellen« schwingen 102millionenmal in der Sekunde auf und ab und besitzen eine Länge von knapp drei Metern. Das Nachrichtenprogramm empfangen wir dagegen bei 91 Megahertz; die »Nachrichtenwellen« schwingen nur 91millionenmal in der Sekunde und sind drei Meter und 30 Zentimeter lang. Drehen wir am Knopf zur Sendereinstellung, fahren wir das *Spektrum* ab, von den kürzesten bis zu den längsten Wellenlängen. Nun müssen wir all das nur noch mit unseren Wellen-Experimenten in Verbindung bringen und können daraus folgern:

Licht ist elektromagnetische Strahlung.

Elektromagnetische Strahlung besteht aus »Wellensalat«, dem Gemisch unterschiedlicher Wellenlängen und Frequenzen.

Licht besteht aus einem Gemisch unterschiedlicher Wellenlängen und Frequenzen.

Kehren wir nun zu Isaac Newton und Joseph von Fraunhofer zurück. Endlich verstehen wir, was die beiden mit dem weißen Licht anstellten, als sie es durch ein Prisma fallen ließen. Sie zerlegten das Gemisch in einzelne Wellen. Denn ein Prisma ist ein besonders geschliffener Glaskörper, der die Wellen verschiedener Länge unterschiedlich bricht: die kurzen stärker als die langen. Nun können wir weiter überlegen:

Im Radio entspricht jede Wellenlänge einem bestimmten Sender.

Im Licht entspricht jede Wellenlänge einer bestimmten Farbe.

Aber nicht nur ein Prisma erzeugt ein solches Spektrum. Auch winzige Wassertröpfchen brechen die Sonnenstrahlen und verwandeln das Licht in ein buntes Farbgemisch aus Rot, Orange, Gelb, Grün, Blau und Violett – wir beobachten einen Regenbogen. Rotes Licht breitet sich mit langen Wellen aus (»lang« heißt 0,0007 Millimeter!), Violett mit kurzen (0,0004 Millimeter!). Später werden wir sehen, daß dieses sichtbare Spektrum, das unsere Augen registrieren, nur ein winziges Stückchen aus dem gesamten Strahlungsspektrum ist. So schließt sich an den roten der *infrarote* Bereich an, an den violetten der *ultraviolette*. Für diese Farben sind wir jedoch blind.

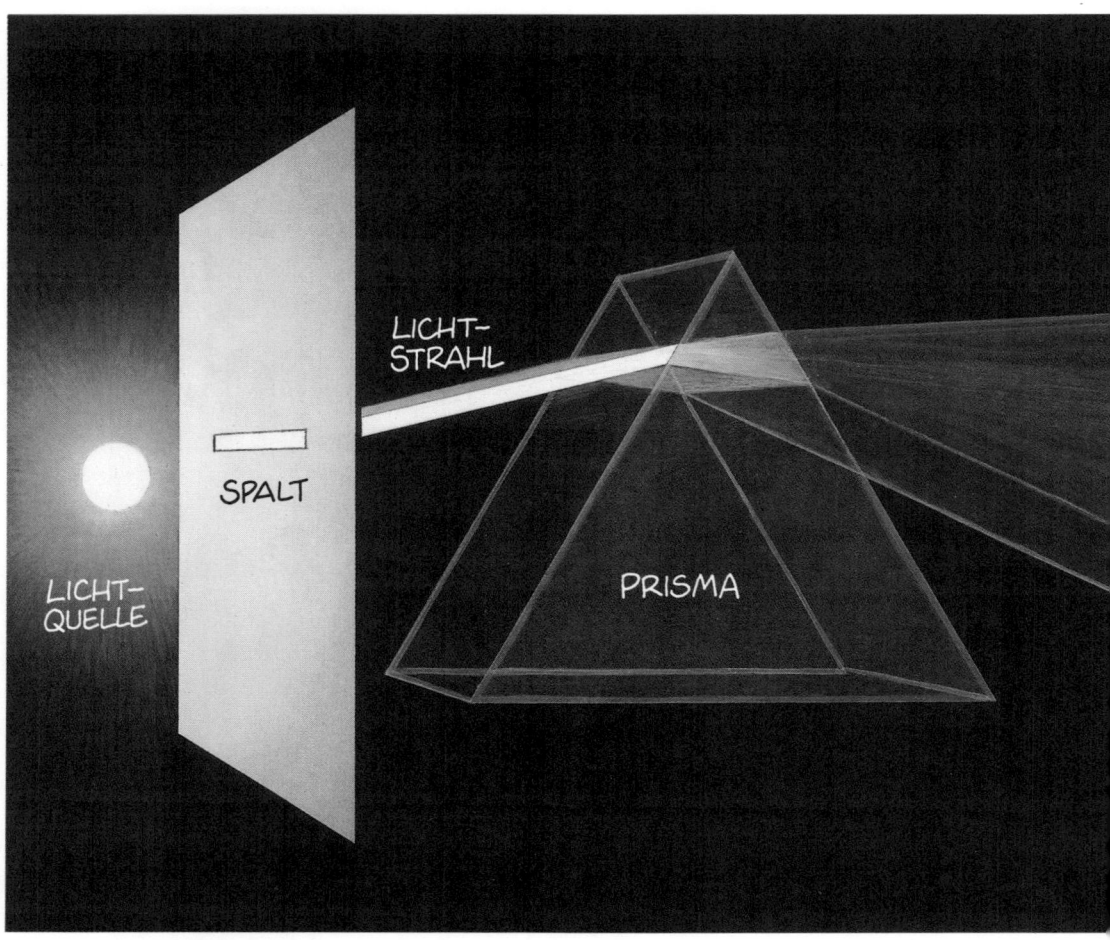

Wozu sind Kenntnisse über das Spektrum gut? Welche Botschaften stecken eigentlich im Regenbogen? Nahezu alle, die sich die Astronomen wünschen! Das ahnte schon Joseph von Fraunhofer, als er über die Entdeckung der schwarzen Linien schrieb: »Es wäre zu wünschen, daß dem hier mit physisch-optischen Versuchen eingeschlagenen Wege geübte Naturforscher Aufmerksamkeit schenken möch-

ten.« Die Herren Naturforscher (im 19. Jahrhundert gab es kaum Wissenschaftlerinnen) ließen sich nicht zweimal bitten.

Astro-Tip 3

Das Reiterlein im Großen Wagen kennen wir bereits. Daneben wollen wir noch einige andere Doppelsterne suchen. Weil

Ein Prisma fächert weißes Licht in ein Spektrum auf. Es leuchtet in den Farben des Regenbogens.

stungsfähigkeit aus. Die erste Zahl bedeutet jeweils die Vergrößerung, die zweite den Durchmesser der Linsen in Millimetern. Dividiert man die zweite Zahl durch die erste, erhält man die *Austrittspupille*. Sie gibt die Lichtstärke an: Je größer ihr Wert ist, desto schwächere Objekte lassen sich noch beobachten. Bei »8 × 30« beträgt die Austrittspupille 3,75 Millimeter (30:8), bei »7 × 50« sind es 7,14 Millimeter. Nun ändern die Pupillen deiner Augen ihre Durchmesser je nach Helligkeit zwischen zweieinhalb (grelles Licht) und sieben Millimetern (Dunkelheit). Man nennt dies *Adaption*. Eine Austrittspupille von mehr als sieben Millimetern macht also wenig Sinn, denn selbst die Fläche des dunkeladaptierten Auges reicht gar nicht aus, um die gesamte Lichtmenge zu sammeln.

Schließlich geben manche Fernglas-Hersteller den Durchmesser des *Gesichtsfeldes* an. Dies geschieht in Grad (»6°,7« lesen wir da etwa) oder – unangenehmer – in Metern: »80 Meter auf 1000 Meter« könnte die Angabe in der Bedienungsanleitung lauten. Die Umrechnung in den zugehörigen Winkel ist jedoch nicht schwer. In unserem Fall teilen wir 80 durch 1000 und rechnen aus dem so erhaltenen Wert (0,08) den »inversen Tangens« aus. In den Taschenrechner geben wir zunächst 0,08 ein und drücken dann die Tasten »Inv« und »tan« — schon steht mit 4,57 das Ergebnis da. Das Fernglas besitzt also ein Gesichtsfeld von rund 4°,6. Mit diesem Wissen und der nebenstehenden Abbildung sind wir bestens vorberei-

das bloße Auge jedoch die meisten Paare nicht deutlich genug trennen kann, benutzen wir dafür ein *Fernglas*. Zunächst machen wir uns mit einigen Grundlagen dieses wertvollen optischen Hilfsmittels vertraut.

Auf dem Gehäuse fast aller Ferngläser finden wir irgendwelche Zahlen eingraviert: »8 × 30« steht da zum Beispiel oder »7 × 50«. Dies sagt etwas über die Lei-

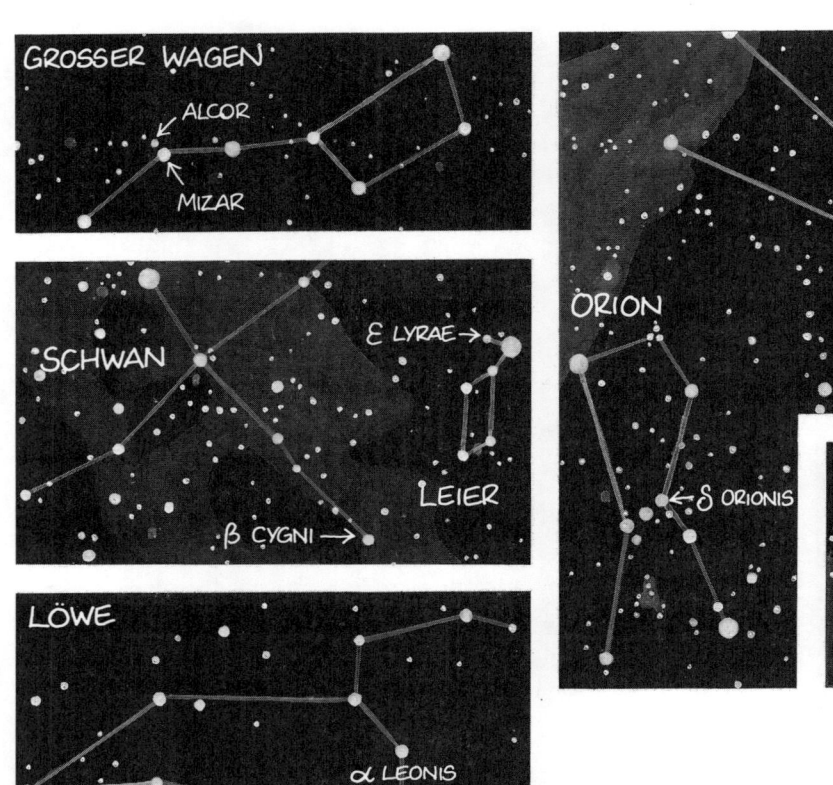

Dieses Kärtchen erleichtert das Auffinden der im »Astro-Tip 3« beschriebenen Doppelsterne.

tet für die Jagd nach Doppelsternen. Als erstes schauen wir uns *Mizar* und *Alcor* an, die im Gesichtsfeld scheinbar »meilenweit« voneinander entfernt stehen. In Wirklichkeit sind es 707″ (Bogensekunden), entsprechend 0,2 Grad.

Wenn wir im **Sommer** beobachten, richten wir unser Fernglas nun in das Sternbild Leier und nehmen uns ε *Lyrae* vor. Der Abstand der beiden etwa gleich hellen Komponenten beträgt 207″. Danach schwenken wir um zum benachbarten

Schwan. β *Cygni* heißt das lohnenswerte Ziel. Rund 35″ vom hellen, orange leuchtenden Hauptstern treffen wir auf den schwächeren, bläulichweiß schimmernden Begleiter. Ein reizvoller Farbkontrast.

Auch der **Winterhimmel** hält so manches interessante Paar bereit. Eines davon steht im Orion. Der obere Gürtelstern trägt die Bezeichnung δ *Orionis* und ist leicht zu entdecken. Das Fernglas enthüllt, daß ihn ein wesentlich schwächeres Lichtpünktchen umgibt; es steht in nördlicher Richtung, 53″ entfernt. Keinerlei Probleme bereitet auch τ *Tauri* im Stier. Die beiden Sterne sind 4^m,3 und 7^m,2 hell und 63″ voneinander getrennt.

Um die Zahl sehenswerter Doppelsterne nicht in die Hunderte gehen zu lassen, wollen wir im **Frühling** nur ein prominentes Paar genauer unter die Lupe nehmen: α *Leonis*, genannt Regulus. Immerhin 176″ Bogensekunden von diesem markanten Hauptstern des Löwen entfernt hält sich ein schwaches Lichtpünktchen (7^m,6) auf. Am **herbstlichen Firmament** schließlich führt uns der Weg zur jetzt hoch im Norden thronenden Cassiopeia. Der Stern *35 Cassiopeiae* ist 6^m,3 schwach und mit dem bloßem Auge gar nicht mehr zu sehen. In 54″ Abstand umgibt ihn eine noch schwächere Sonne (8^m,6). Aber als erfahrene Doppelstern-Jäger haben wir mit unserem Fernglas leichtes Spiel.

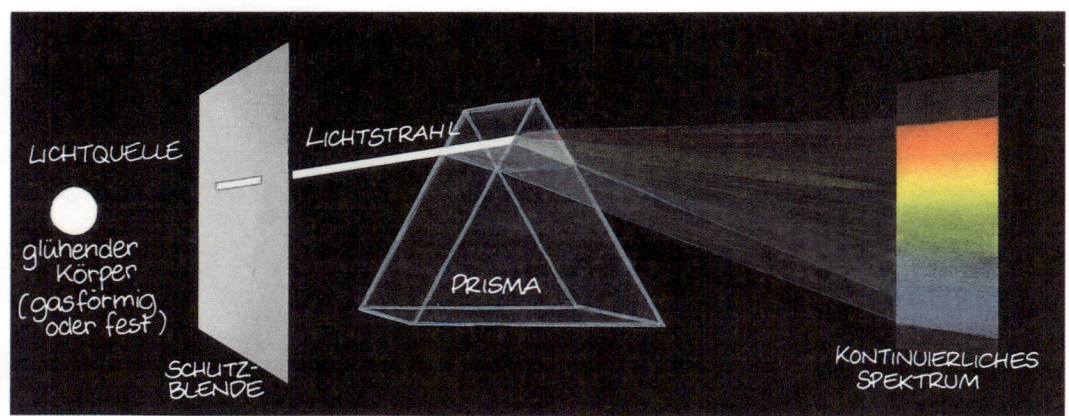

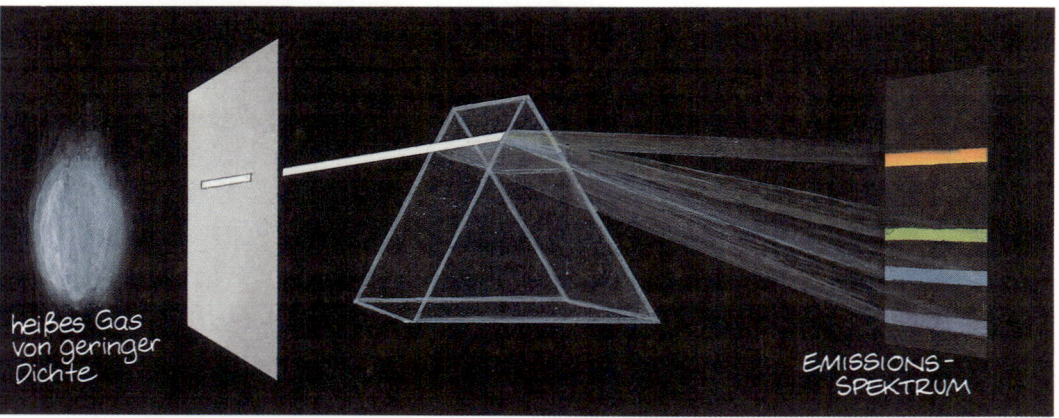

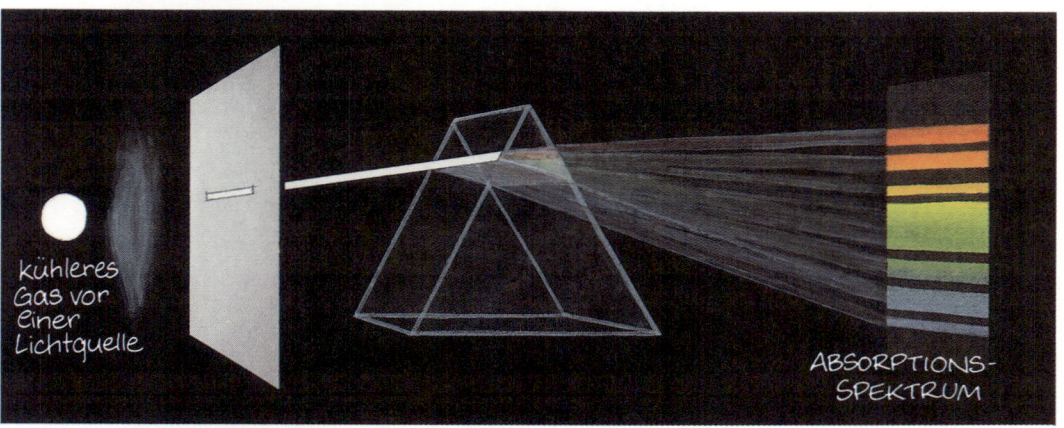

4. Leben und Tod von Sonnen

Botschaften im Regenbogen

Seit Wochen befinden sich die Stadtväter von Heidelberg in heller Aufregung. Am 1. Juni 1860 soll der Großherzog von Baden den Ort besuchen. Als einen der Höhepunkte sieht das Programm die nächtliche Beleuchtung des Heidelberger Schlosses mit bengalischen Feuern vor. Der große Tag ist da. Alles läuft wie vorgesehen. Vor der prächtigen Kulisse vergnügen sich Fürsten und Herzöge in ausgelassener Stimmung. In den Häusern am Fuße des Schloßberges verlöschen allmählich die Lichter. Die braven Bürger gehen zu Bett. Vom nahen Kirchturm schlägt es gerade Mitternacht, als zwei Gestalten durch eine schmale Gasse schleichen und vor einem hohen Gebäude haltmachen. Zwei Männer lehnen eine Leiter gegen die Hauswand und klettern mit tastenden Schritten hinauf, immer höher, bis zum Dach. Einer der beiden trägt einen Sack, aus dem er jetzt

ein gewehrförmiges Ding zieht und damit auf das festlich beleuchtete Schloß zielt. Viertel nach zwölf. Bestimmt haben es die beiden Attentäter auf den Großherzog abgesehen. Schon legt einer das Gewehr an.

»Schauen Sie. Die grüne Linie da – eindeutig Barium«, sagt er nach wenigen Sekunden und gibt den Lauf seinem Begleiter.

»Ja, das glaube ich auch. Haben Sie die rote Linie bemerkt. Ich würde auf Strontium tippen«, erwidert dieser.

»Da gebe ich Ihnen recht. Aber was meinen Sie? Wenn wir aus dieser Entfernung erkennen können, welche Stoffe in den Flammen sind – warum sollen wir dann nicht auch herausfinden, woraus die Himmelskörper bestehen?«

»Ganz Ihrer Meinung. Aber trotzdem schlage ich vor, daß wir unsere Exkursion beenden. Allmählich tuen mir die Knie weh, und der rechte Fuß ist auch schon eingeschlafen.«

Die beiden Klettermaxen packen das Ge-

Drei unterschiedliche Arten von Spektren: Bei einem festen, glühenden Körper gehen die Regenbogenfarben nahtlos ineinander über (kontinuierliches Spektrum). Heißes Gas sendet nur ganz bestimmte helle Linien aus (Emissionsspektrum). In den Sternen dringt Licht aus heißen Gasschichten durch kühlere; so entstehen charakteristische dunkle Linien (Absorptionsspektrum).

rät sorgfältig ein und machen sich auf den Rückzug. Bedächtig steigen sie die Sprossen hinab, legen die Leiter um und biegen damit um die nächste Ecke. Eine Weile hört man noch ihre Schritte auf dem harten Kopfsteinpflaster. Dann verhallen sie in der Dunkelheit.

Das nächtliche Unternehmen soll tatsächlich stattgefunden haben, auch wenn die Handlung hier frei erfunden ist. Aber vielleicht hat es sich ja doch so zugetragen, wer weiß...

Wie dem auch sei, am nächsten Morgen fühlten sich Gustav Kirchhoff (1824 bis 1884) und Robert Bunsen (1811 bis 1899) alles andere als ausgeschlafen. Die »Reise aufs Dach« hatte Kraft gekostet.

Aber schließlich hatte sich ihr ungewöhnlicher Ausflug gelohnt. Denn die dabei überprüften, in mehrjährigen Experimenten gewonnenen Erkenntnisse erlaubten es, das Sonnenspektrum, den »Regenbogen« der Sonne, mit seinen »Fraunhoferschen Linien« zu deuten.

Der Physiker Gustav Kirchhoff hatte sich lange Zeit mit der Spektralanalyse beschäftigt. Dabei war ihm aufgefallen, daß es drei Arten von Spektren gibt: Ein glühendes Stück Eisen zum Beispiel zeigt ein *kontinuierliches Spektrum*, in dem die einzelnen Farben nahtlos ineinanderfließen. Ein über dem »Bunsenbrenner« erhitzter und so zum Verdampfen gebrachter Stoff (wie Natrium oder Kalium) liefert ein *Emissionsspektrum*; während das gesamte Spektrum nahezu schwarz bleibt, leuchten nur an bestimmten Stellen einzelne

helle Linien auf. Von der Sonne oder den Sternen zeichnen die Astronomen schließlich Spektren mit dunklen Strichen auf, sogenannte *Absorptionsspektren*. Nun wollen wir den ersten Merksatz der Spektroskopie notieren:

> Im Emissionsspektrum (*emittere* heißt im Lateinischen »aussenden«) erzeugt jedes Element an einer ganz bestimmten Stelle eine oder mehrere charakteristische helle Linien.

Jedes Element hinterläßt also Fingerabdrücke. Eine phantastische Sache! Denn auf diese Weise bestimmt ein geübter Forscher aus der Ferne die chemische Zusammensetzung eines Stoffes. Er muß dazu nur im Spektrum lesen und wie ein Detektiv die Fingerabdrücke identifizieren. So fanden Kirchhoff und Bunsen vom Dach ihres Institutes exakt die Bestandteile des bengalischen Feuers vor dem Heidelberger Schloß heraus – Barium (grüne Linie) und Strontium (rote Linie).

Die Astronomen interessierten sich im 19. Jahrhundert überwiegend für Sonne und Sterne. Diese Himmelskörper liefern jedoch Absorptionsspektren (*absorbere* ist ebenfalls lateinisch und bedeutet »verschlucken«). Sie galt es zu erklären. Viele Wissenschaftler arbeiteten daran. Professor Kirchhoff bestätigte die zahlreichen Vermutungen im Experiment: »Um die mehrfach behauptete Übereinstimmung der hellen Natriumlinien mit den Linien D des Sonnenspektrums auf direk-

teste Weise zu prüfen, entwarf ich ein
mäßig helles Sonnenspektrum und
brachte dann vor den Spalt des Spektral-
apparates eine Natriumflamme. Ich sah
die dunklen D-Linien sich in helle verwandeln.« Das war des Rätsels Lösung.
Wir schreiben den zweiten wichtigen Satz
der Spektroskopie:

Im Absorptionsspektrum erzeugt jedes
Element eine oder mehrere dunkle Linien an jenen Stellen, an denen es im
Emissionsspektrum helle Linien liefern
würde.

Endlich wußten die Astronomen, woraus
die Sterne bestehen. Dazu mußten sie ihr
Licht lediglich in Spektren zerlegen und
die darin beobachteten dunklen mit den
passenden hellen Fingerabdrücken bekannter Elemente vergleichen. Mit diesem Verfahren erkundeten
»Spektroskopiker« die Zusammensetzung
von kosmischen Körpern, die Dutzende,
Hunderte oder gar Tausende Lichtjahre
von der Erde entfernt sind. Mochte ein
Stern ruhig in den Tiefen des Weltalls
bleiben. Man holte sich einfach sein Licht
ins Labor. Das genügte. Sein Spektrum
gab über vieles Auskunft.

Gaskugeln unter der Lupe

Sterne sind Gaskugeln mit gewaltigen
Durchmessern. In Form gehalten werden
sie durch das Gleichgewicht zwischen der
Schwerkraft, die den Stern zusammenziehen, und dem Gasdruck, der ihn ausein-
andertreiben möchte. Dasselbe beobachten wir bei einem aufgeblasenen
Luftballon. Er bleibt nur schön rund, solange sich die Luftdrücke außen
(= Schwerkraft) und innen (= Gasdruck)
die Waage halten.
Sterne bestehen überwiegend aus Wasserstoff und Helium. Darüber hinaus findet
man in ihnen alle den Chemikern bekannten Elemente. Sterne besitzen heiße
Oberflächen mit Temperaturen zwischen
rund 3000 und etwa 50.000 Grad Celsius;
dies macht sich unter anderem durch unterschiedliche Farben bemerkbar und
kann ebenfalls aus dem Spektrum abgelesen werden.
Aber ist ein Stern überall gleich heiß?
Oder unterscheidet sich seine Temperatur
im Kern von jener an der Oberfläche?
(Statt »Oberfläche« müßten wir eigentlich
»äußere Atmosphärenschichten« sagen,
denn ein Gasballon besitzt ja keine feste
Oberfläche. Allerdings hat sich der Begriff in der Astronomie inzwischen fest
eingebürgert.)
Auch auf diese Fragen gibt die Spektroskopie eine klare Antwort: Die Temperatur im Inneren einer himmlischen
Gaskugel ist um ein Vielfaches höher als
an ihrer Oberfläche. Denn ein Absorptionsspektrum entsteht nur dann, wenn
Licht aus heißen Gasschichten durch kühlere geht. Diese sind es letztlich, die dem
Spektrum die dunklen Linien geben. All
das lernte die erste Generation von Astro-
physikern.
Begeistert gingen Wissenschaftler wie

Zöllner oder Secchi daran, die im Licht verborgenen Botschaften zu entschlüsseln. Ähnlich einem Schmetterlingssammler, der die verschiedenen Arten ordnet, begannen die Astrophysiker, die Sterne nach ihrem Spektrum zu sortieren. Denn sie hatten herausgefunden, daß es Gruppen von Sternen gibt, deren Spektren sich gleichen wie ein Ei dem anderen. Eine solche Gruppe bezeichneten sie als *Spektraltyp*.

Besonders fleißig waren die Forscher am amerikanischen Harvard-Observatorium. 16 unterschiedliche Spektraltypen glaubten sie zunächst gefunden zu haben. Die Wissenschaftler bezeichneten sie nach dem Alphabet, also mit A, B, C, usw. Doch für eine sinnvolle Ordnung sorgte erst Anne Cannon (1863 bis 1941). Die Astronomin entdeckte, daß einige Klassen doppelt besetzt waren und ließ sie daher weg. Außerdem stellte sie viele um, denn sie wollte die Sterne nach ihrer Oberflächentemperatur (Farbe) einteilen, von der höchsten bis zur niedrigsten. Diese *Harvard-Klassifikation* setzte sich schließlich durch. Sie ist heute noch gültig und lautet:

$$O \underbrace{- B -}_{\text{Blau}} A \underbrace{- F -}_{\text{Gelb}} G \underbrace{- K -}_{\text{Rot}} M$$

Zu diesen sieben Klassen gehören noch drei weitere (R, S und N). Sie beschreiben besondere Sterne, sollen uns aber nicht weiter interessieren. An dieser Stelle findet sich in 99,9 Prozent aller Astronomiebücher stets derselbe, ziemlich dämliche englische Merksatz, dessen einzelne Wörter mit den Buchstaben der Spektraltypen beginnen. Wir wollen darauf verzichten – und an seiner Stelle einen kaum besseren deutschen Merksatz auswendig lernen: **Opa bastelt am Freitag gerne kleine Männchen!**

Atomreaktoren im Universum

Die Sonne ist der Motor des Lebens. Sie spendet Licht und Wärme. Ohne sie hätte sich keine Pflanze, kein noch so kleines, einzelliges Tier entwickeln können. Die gesamte belebte Natur auf der Erde hängt somit vom Vorhandensein der Sonne ab. Würde sie eines Tages nicht mehr scheinen, würde das Leben aufhören zu existieren. Die Erde wäre ein kalter, toter Klumpen aus Stein. Müssen wir tatsächlich Angst haben, daß die Sonne einmal verlischt? Vielleicht schon morgen? Wissenschaftler haben herausgefunden, daß sie seit mehreren hunderttausend Jahren sehr konstant vom Himmel strahlt. Der Ursprung des Lebens liegt sogar mindestens drei Milliarden Jahre zurück. Bereits zu dieser Zeit muß der »Ofen« im Sonneninneren in Betrieb gewesen sein. In jeder Sekunde produziert er so viel Energie wie 400 Milliarden irdische Kraftwerke.

Im späten 19. Jahrhundert versuchten die Astrophysiker, das Geheimnis des himmlischen Feuers zu lüften. Weil ihnen nichts Besseres einfiel, glaubten sie zunächst an einen Ofen und berechneten, wie lange er brennen könnte, um die beobachtete Energie zu liefern. Das Ergebnis war niederschmetternd: kaum mehr als 5000 Jahre – nur ein Bruchteil des wirklichen Sonnenalters.

Nein, Holz oder Kohle kamen nicht in Frage, ebensowenig Öl. Aber vielleicht nahm die Sonne ständig »Nahrung« zu sich. Die Forscher hatten da einen Verdacht. Eine große Zahl von kleinen Himmelskörpern bevölkert das Planetensystem, Kerne von Kometen, Planetoiden und Meteorite. Die Sonne ist sehr schwer und besitzt daher eine gewaltige Anziehungskraft. Könnte sie nicht wie ein riesiger Staubsauger begierig dieses Kleinzeug verschlingen? Dabei würden die Brocken in ihre Gashülle eintauchen, sich aufheizen und auf diese Weise Wärme erzeugen.

Auch das ist falsch, lautet die klare Antwort. Die Sonne verschluckt zwar gelegentlich einen Kometen, vielleicht auch einmal einen Planetoiden oder Meteoriten. Aber das reicht nicht aus, um die gesamte Energie zu erklären. Außerdem würde die Sonne dabei immer größer und schwerer, was sich wiederum durch zunehmende Anziehungskraft bemerkbar machen müßte. Doch die Astronomen haben nichts dergleichen registriert.

Vielleicht ist aber das Gegenteil der Fall. Wenn die Sonne schon nicht genügend Nahrung von außen bekommt, verspeist sie sich einfach selbst. Forscher diskutierten im vorigen Jahrhundert ernsthaft über diese Möglichkeit. Sie ist nämlich gar nicht so abwegig, wie sie auf den ersten Blick erscheint. Allerdings hat auch diese Theorie zwei Haken. Würde sich die Sonne selbst »aufessen«, müßte zum einen ihr Durchmesser deutlich kleiner werden. Zweitens würde diese Art der Energiegewinnung nur rund zehn Millionen Jahre lang funktionieren.

Wie also ernähren sich Sonne und Sterne? Der Schlüssel liegt im Allerkleinsten, bei Teilchen, die man wegen ihrer Größe gar nicht beobachten kann. Trotzdem setzen sich dein Körper, dieses Buch, ja, die gesamte Materie im Universum aus diesen winzigen Bausteinen zusammen. Sie heißen *Atome*. Ein solches Atom besteht aus einem *Kern*, den eines oder mehrere *Elektronen* umkreisen, wie die Planeten die Sonne. Den Kern wiederum bilden *Protonen* und *Neutronen*.

Die meisten Elemente setzen sich aus vielen Bausteinen zusammen. Ein Eisenatom zum Beispiel aus 26 Protonen, 30 Neutronen und 26 Elektronen. Das einfachste Element ist der Wasserstoff: Ein Proton bildet den Kern, ein einziges Elektron den »Planeten«. Ein wenig komplizierter sieht das Helium aus. Bei ihm finden sich zwei Protonen, zwei Neutronen und zwei Elektronen zusammen. Nun bestehen die Sonne sowie die allermeisten Sterne aus Wasserstoff- und Heliumatomen. Hier liegt die Quelle der schier unermeßlichen Energie. Sterne sind gigantische Atomreaktoren!

Diese Erkenntnis schälte sich zu Beginn des 20. Jahrhunderts heraus. Die Astronomen waren sich darin einig, daß Wasserstoff- und Heliumatome die Hauptrolle spielen. Aber erst 1938 schrieben die beiden Physiker Hans Bethe (geboren 1906) und Carl Friedrich von Weizsäcker (geboren 1912) unabhängig voneinander das »Drehbuch« für die Atome. Im selben Jahr verfaßte Hans Bethe zusammen mit einem anderen Kollegen noch ein weiteres. Jetzt hatten die Astronomen gleich zwei »Stücke« zur Auswahl, nach denen stellare Gasbälle ihre Energie beziehen. Die Handlung ist in beiden Dramen relativ verwirrend. Dennoch wollen wir uns wenigstens eines anschauen. Es trägt den Titel *Proton-Proton-Zyklus*. Die Akteure heißen *Protonen* und *Neutronen*.

1. Akt: Zwei Protonen betreten die Bühne und rasen gleich aufeinander zu. Wumm! Sie stoßen zusammen. Nach der Kollision sind sie fest aneinandergekettet. Allerdings hat eines sein Kostüm gewechselt und ist in die Rolle eines *Neutrons* geschlüpft. Nach der Versöhnung bildet es mit seinem einstigen Gegner ein *Proton-Neutron-Paar*.

2. Akt: Lange kann es sich darüber nicht freuen. Schon naht ein weiteres *Proton*, nimmt Kurs auf die beiden und rammt sie. Jetzt sind alle drei miteinander verbunden. Das Trio besteht aus *zwei Protonen und einem Neutron* und nennt sich von sofort an *Helium*. Allerdings ist es kein richtiges Helium, denn es fehlt ein zweites Neutron. Trotzdem fühlt sich der unechte Heliumkern recht wohl.

3. Akt: Von uns beinahe unbemerkt, sind auch im hinteren Teil der Bühne *Protonen* zusammengeprallt und haben sich ebenfalls zu einem nicht ganz vollständigen *Heliumkern* vereint. Jetzt wird es spannend. Jeder der beiden Heliumvereine glaubt, er sei der einzig wahre. Ein heftiger Kampf auf Leben und Tod entbrennt.

4. Akt: Keiner gibt nach, beide sind ja gleich stark. Schließlich sehen sie ein, daß hier nur Verhandlungen helfen.

5. Akt: Nach langem Hin und Her kommen sie zu folgender Lösung: Jeweils *ein Proton und ein Neutron* der beiden Parteien werden zu einem *echten Heliumkern* (bestehend aus zwei Protonen und zwei Neutronen).

Zwei Protonen sind übriggeblieben. Sie werden losgeschickt. Wenn sie unterwegs auf andere Protonen treffen, sollen sie weitere Heliumkerne bilden.

Dieses Theaterstück wird tief im Inneren zahlloser Sterne aufgeführt. Dabei geht es im wahren Sinn heiß her. Dort herrschen Temperaturen um die 15 Millionen Grad. Manche Sterne sind noch wärmer, 50 oder gar 100 Millionen Grad. Um die »Akteure« nicht zu überlasten, wechselt die Natur das Programm und läßt eine andere »Truppe« mit einem neuen Stück auftreten. Es heißt *Kohlenstoffzyklus*. Aber den Besuch einer Vorstellung ersparen wir uns. Denn wir haben mittlerweile genug über die Energieerzeugung der

Die Fusionsreaktoren im Inneren der Sterne verwandeln Wasserstoff in Helium. Dies geschieht nach einer genau festgelegten Handlung mit Protonen als Hauptakteuren.

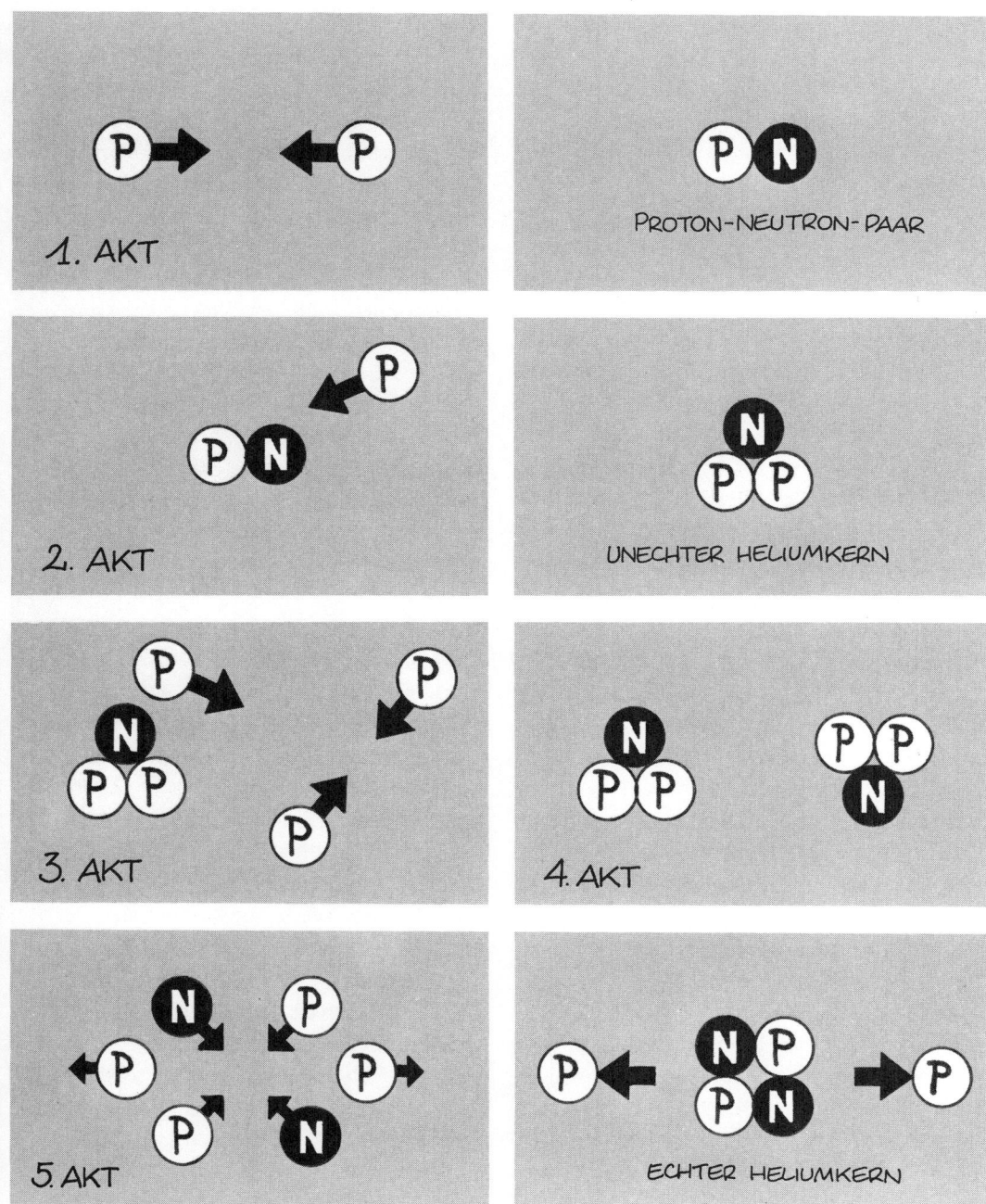

1. AKT

PROTON-NEUTRON-PAAR

2. AKT

UNECHTER HELIUMKERN

3. AKT

4. AKT

5. AKT

ECHTER HELIUMKERN

Sterne erfahren und wollen unser Wissen nur noch ein wenig ergänzen.

Vier Millionen Tonnen in der Sekunde

Fachleute bezeichnen die Umwandlung von Wasserstoff in Helium als Fusion (das lateinische Wort für »Verschmelzung«). In Atomkraftwerken ist den Physikern bisher nur die Kernspaltung gelungen. Zwar setzt dieser Prozeß auch Energie frei, aber lange nicht soviel wie die Verschmelzung. Daher bemühen sich Wissenschaftler in aller Welt, im Labor das Innere der Sonne nachzubauen – bisher jedoch ohne Erfolg. *Fusionsreaktoren* funktionieren noch nicht. Die Natur läßt sich schwer imitieren.

Sollte es eines Tages doch gelingen, wäre dies eine der größten Erfindungen der Menschheit. Denn bei der Verschmelzung entstehen aus einem Gramm Wasserstoff 0,993 Gramm Helium. Wo aber sind die fehlenden sieben Milligramm geblieben? Ganz einfach: Sie haben sich in Energie aufgelöst. Und von diesen sieben Milligramm sollen die Sterne leben?! Nun, so wenig ist das in Wirklichkeit gar nicht. Denn dieser *Massedefekt* von sieben Milligramm entspricht rund 200.000 Kilowattstunden. Mit dieser Energie könnte eine 100-Watt-Birne fast 230 Jahre lang ununterbrochen brennen.

Nehmen wir die Sonne als typischen Stern. In ihrem Kern verschmelzen in je-der Sekunde 564 Millionen Tonnen Was-serstoff zu 560 Millionen Tonnen Helium. Die so erzeugte Energie wird an die Oberfläche transportiert und von dort nach allen Richtungen abgestrahlt. Der Fusionsreaktor liefert in jeder Stunde eine Energie von 380 Trilliarden Kilowatt! Bei diesem Prozeß verliert die Sonne ständig Masse – am Tag nicht weniger als 346 Milliarden Tonnen. Aber die Sonne ist so »korpulent«, daß sie dadurch innerhalb von fünf Milliarden Jahren nur um 0,03 Prozent »abnimmt«.

Die Fusion erscheint als beinahe unerschöpflicher Energiespender. Doch einmal geht jede Quelle zur Neige. Was aber passiert dann? Auch ein Stern lebt nicht ewig: Er wird geboren und muß irgendwann sterben...

Ein Stern erzählt

»Vor fünf Milliarden Jahren bin ich zur Welt gekommen.« Mit diesen Worten könnte die Biographie eines Sterns beginnen. Fünf Milliarden Jahre ist ungeheuer lang – wenigstens für uns Menschen. Niemand kann sich diese Zeitspanne vorstellen. Aber im Weltall gelten andere Maßstäbe. Und die Astronomen wissen ziemlich genau, daß die Sterne alt werden. Sie haben auch viel über das bewegte Leben dieser Gaskugeln herausgefunden. Denn »bewegt« ist es in der Tat. Lesen wir, was uns ein Stern wie unsere Sonne zu sagen hätte, könnte er sein Leben aufschreiben:

»Vor fünf Milliarden Jahren bin ich zur

Kinderstube für junge Sonnen: Der große Gasnebel im Sternbild Orion.

Welt gekommen. Meine Geburt war ganz merkwürdig. Zunächst gab es da eine riesige Wolke. Sie bestand zu mehr als 70 Prozent aus Wasserstoff und zu rund 28 Prozent aus Helium. Man muß nämlich wissen, daß diese beiden Elemente im Universum am häufigsten vorkommen. Außerdem beobachten die Astronomen auf der Erde mit ihren Fernrohren überall im Weltall solche Wolken. Manche leuchten rot und blau, andere erscheinen kohlschwarz. Das Prachtexemplar eines *interstellaren Nebels*, wie diese Dinger heißen, ist im Sternbild Orion zu bewundern. Aber ich schweife vom Thema ab. Also: Diese Mutterwolke war kein starres Gebilde. Sie bestand ja aus Wasserstoff- und Heliummolekülen, vermischt mit kosmischem Staub. Weil im Universum alles in Bewegung ist, führten auch die Moleküle (Verbände von Atomen) und Staubteilchen einen Tanz auf. Sie rasten mal hierhin, mal dorthin und wollten in alle Richtungen fliehen. Doch das sollte ihnen schlecht bekommen. Durch ihre ständige Unruhe alarmiert, begann schließlich die gesamte Wolke langsam zu rotieren. Die Teilchen mußten dieser Drehbewegung folgen und kamen sich dabei näher.

Nun wurde es allmählich eng. Denn die Wolke verdichtete sich zusehends. Und je dichter sie wurde, desto schneller zog sie sich zusammen. Die einzelnen Teilchen wehrten sich verzweifelt gegen das drohende Unheil. Aber sie hatten keine Chance zu entkommen. Immer rascher stürzte der Nebel in sich zusammen. Aber damit nicht genug. Es wurde auch immer heißer. Im Zentrum der Wolke bildete sich ein rund 700 Millionen Kilometer großer Kern – ich!

Die Moleküle hielten der hohen Dichte und der mörderischen Hitze nicht länger stand. Sie lösten sich auf und zerfielen in Atome. Jetzt ging es erst richtig los. Die Temperaturen stiegen auf 100.000 Grad. Der Kern wurde kleiner, schrumpfte zu einem Gasball von einigen Millionen Kilometern Durchmesser. Aber noch war ich ohne Leben. Die Atome wirbelten herum, die Temperatur stieg unaufhaltsam – eine Million Grad, fünf Millionen Grad, zehn Millionen Grad. Ich glaubte schon zu zerplatzen. Plötzlich verspürte ich einen Druck. Ich verkrampfte mich

noch einmal. Dann war alles vorbei. Ich atmete, mein Herz schlug ruhig und gleichmäßig. Ich begann selbständig zu leben. Tief in meinem Inneren hatte die Kernfusion eingesetzt, verbrannte Wasserstoff zu Helium. Meine Geburt dauerte nicht allzu lange, nur ein paar hundert Millionen Jahre. . .

Seit fast fünf Milliarden Jahren fühle ich mich recht wohl. Krank war ich noch nie. Mein Fusionsreaktor arbeitet tadellos. Ich kann nicht klagen, sitze ich doch ganz sicher auf meinem Posten im *Hertzsprung-Russell-Diagramm* (HRD). Mitten auf der *Hauptreihe*. Ach so, Sie wissen gar nicht, was das ist, und haben noch nie etwas von einem HRD gehört! Gut, ich will es Ihnen erklären.

Zu Beginn des 20. Jahrhunderts wußten die Himmelsforscher über uns Sterne bereits eine Menge. Sie kannten unsere Massen, unsere scheinbaren und absoluten Helligkeiten, unsere Farben, Oberflächentemperaturen und Spektraltypen. Im Jahr 1913 kam ein Amerikaner namens Henry N. Russell (1877 bis 1957) auf die Idee, einmal nachzuschauen, ob unsere verschiedenen Merkmale nicht irgendwie zusammenhängen.

Mister Russell war nicht der erste. Bereits einige Jahre zuvor hatte sich Ejnar Hertzsprung (1873 bis 1967) aus Dänemark eine ähnliche Frage gestellt. Auf dem Papier hatte er viele meiner Kollegen unter die Lupe genommen und jeweils deren Leuchtkräfte und Spektraltypen miteinander verglichen.

Henry N. Russell zeichnete ein »Koordi-

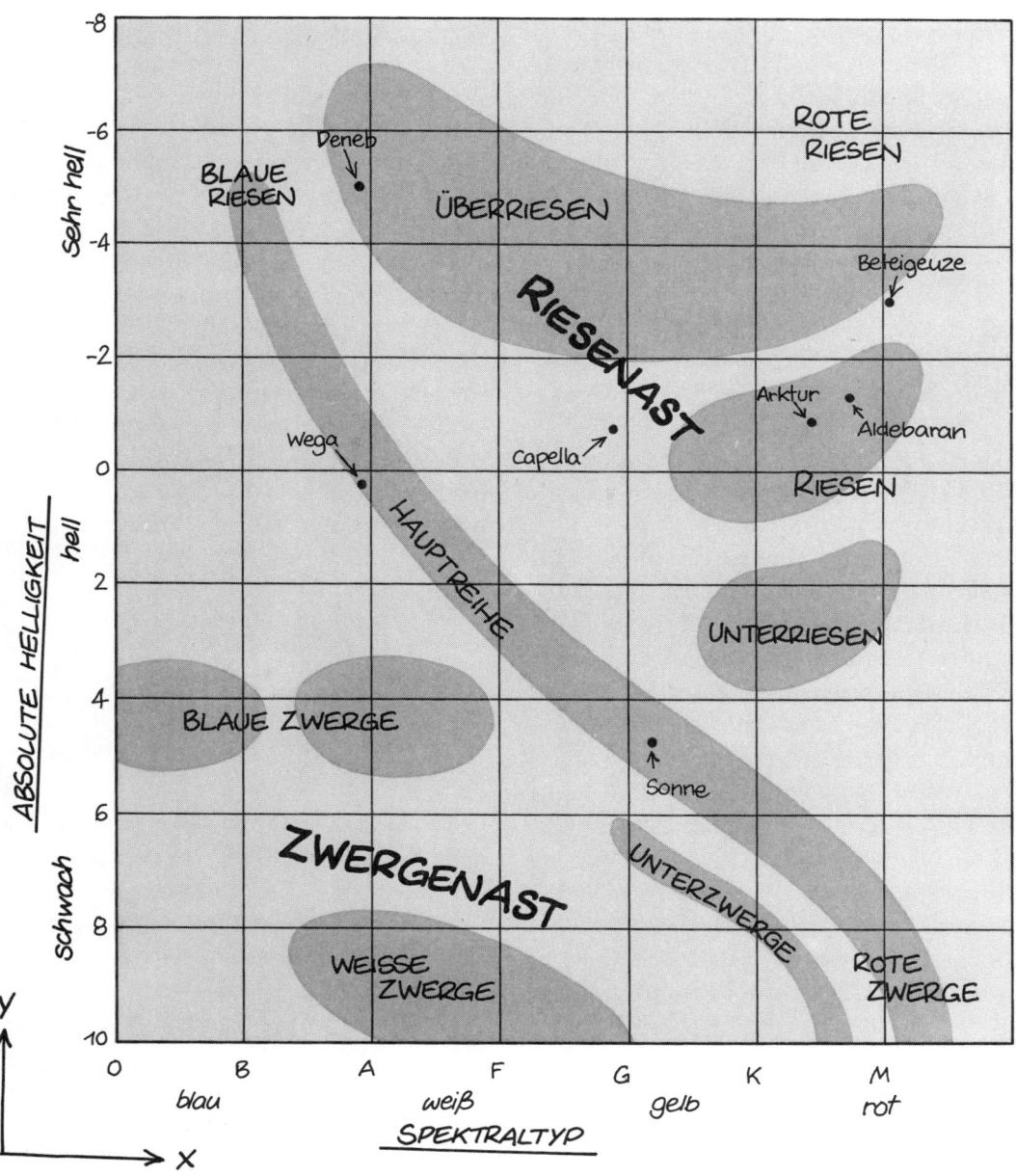

Das Hertzsprung-Russell-Diagramm (HRD) ordnet die Sterne nach Spektraltyp und absoluter Helligkeit. Die weitaus meisten Sterne sitzen auf der Hauptreihe.

natensystem«, wie es Schüler aus dem Geometrie-Unterricht kennen. Es besteht aus der x- und aus der y-Achse. Beide stehen im rechten Winkel zueinander. Ein solches Diagramm hilft dabei, bestimmte Zusammenhänge sichtbar zu machen. Russell trug jeden Stern in sein Diagramm ein, den Spektraltyp auf der x-, die absolute Helligkeit auf der y-Achse. Mit großem Erstaunen betrachtete er das Ergebnis: Die meisten meiner Kollegen sind wie ich ganz normal. Das heißt, sie halten sich in der Nähe einer Linie auf, die von der oberen linken Ecke schräg nach rechts unten verläuft. Die Astronomen bezeichnen sie als *Hauptreihe*. Doch es gibt auch Sterne, die unten links stehen. Sie sind recht heiß, gehören sie doch zu den Spektraltypen O, B und F. Andererseits besitzen sie sehr geringe absolute Helligkeiten, leuchten also schwach. Wer hell strahlt, aber trotzdem nur als schwaches Licht erscheint, muß ein Zwerg sein. Diese Mini-Gasbällchen sitzen auf dem sogenannten *Zwergenast*. Schließlich existiert noch eine zweite Gruppe außerhalb der Hauptreihe. Ihre Vertreter stehen allesamt im oberen Bereich des Hertzsprung-Russell-Diagramms bei sehr großen absoluten Helligkeiten. Ein Teil von ihnen besitzt relativ kühle Oberflächen. Dennoch sind sie heller als wir Hauptreihen-Sterne mit den Spektralklassen K oder M. Kein Wunder, daß wir die fetten, massereichen Vertreter dieses *Riesenastes* gar nicht mögen, zumal sie arrogant auf unsereins herabblicken. Aber die Natur bestraft Eitelkeit...«

Rote Riesen, weiße Zwerge

Der Stern hat uns genug erzählt. Da gibt es also recht unterschiedliche Typen von kosmischen Gasbällen: große und kleine, normal- und übergewichtige, weiße, blaue und rote. Jeder Stern gehört sozusagen einer Rasse an, die ganz bestimmte Merkmale besitzt. Das kennen wir von uns Menschen: Europäer sehen eben anders aus als Chinesen oder Indianer. »Warum sollen wir nicht auch Sterne in Rassen einteilen?« haben sich die Astronomen wohl gedacht. Allerdings orientiert sich ihr Schema im wesentlichen an der Leuchtkraft und spiegelt damit auch die Größe wider. Es sieht folgendermaßen aus:

Leuchtkraftklasse   I: Überriesen
Leuchtkraftklasse   II: helle Riesen
Leuchtkraftklasse III: Riesen
Leuchtkraftklasse IV: Unterriesen
Leuchtkraftklasse   V: Zwerge

Unsere Sonne gehört zu den »mittelmäßigen« Sternen der Klasse V, ebenso wie der helle Sirius. Der rot strahlende Beteigeuze im Orion ist ein typischer Überriese und etwa 400mal größer als die Sonne. Seine Kugel mißt folglich rund 560 Millionen Kilometer im Durchmesser. Stünde er im Mittelpunkt unseres Planetensystems, würde seine Oberfläche noch über die Marsbahn hinausreichen; auch die Erde würde inmitten seiner Gasatmosphäre kreisen. Dennoch gäbe es keine »dicke Luft«, denn ein Kubikzentimeter Beteigeuze wiegt nur wenige Millionstel Gramm. Im astronomischen »Volksmund« heißen Sterne wie Beteigeuze *rote Riesen*, wenngleich eigentlich *rote Überriesen* korrekter wäre. Die Wissenschaftler kennen übrigens noch viele weitere Kombinationen von Größen und Farben, zum Beispiel *blaue Überriesen, weiße Riesen* oder *gelbe Zwerge*, wie auch die Sonne gelegentlich bezeichnet wird. Zu den absoluten Exoten des buntgemischten Sternenvölkchens gehören zweifellos die *weißen Zwerge*. Diese Gasbälle haben es in sich. Dabei sehen sie ganz unscheinbar aus, so wie Sirius B zum Beispiel.

Alvan George Clark (1804 bis 1887) galt zu Lebzeiten als »Fraunhofer Amerikas«. Er hatte nicht studiert und seinen Lebensunterhalt zunächst mit Gelegenheitsarbeiten verdient. Dann war er Maler und schließlich Optiker geworden. In diesem Beruf arbeitete er sich an die Spitze und erhielt Aufträge aus aller Welt. Als er im Jahr 1862 ein Objektiv für die Universität von Mississippi testete, richtete er es unter anderem auf Sirius. Dabei entdeckte er in unmittelbarer Nähe dieses hellsten Fixsterns am irdischen Sternhimmel ein schwaches Lichtpünktchen.

Clark hatte gleich doppelten Grund zur Freude: Zum einen war ihm wieder einmal der Bau einer hervorragenden Linse gelungen. Zum anderen hatte er die Vermutung von Friedrich Wilhelm Bessel bestätigt, daß Sirius einen Partner besitzt. Der Königsberger Astronom hatte nämlich beobachtet, daß die Eigenbewegung des Sirius nicht geradlinig verläuft, sondern einer leicht gekrümmten Bahn folgt – so, als ob ein unsichtbarer Begleiter an ihm zerrt.

Der Optiker erlebte allerdings nicht mehr, was er da eigentlich entdeckt hatte. Erst nach dem Jahr 1920 zeigte ein Astronom, daß der weiß leuchtende Sirius B etwa so viel Masse besitzt wie die Sonne, aber nur so groß ist wie die Erde! Da mußten selbst die Fachleute kräftig schlucken: Die gesamte Sonnenmasse – 2000 Quadrillionen Tonnen – zusammengequetscht auf eine Kugel von rund 13.000 Kilometern! Bei dieser Dichte wiegt ein würfelzuckergroßes Stück Sirius B soviel wie vier Mittelklassewagen. Die Astronomen suchten nach weiteren »Quetschsternen« (die sie auch fanden) und bezeichneten sie als *weiße Zwerge*.

Jetzt war der Sternenzoo komplett. Mit ihren Fernrohren streiften die Forscher über den Himmel, notierten die Eigenschaften Tausender Sonnen und übertrugen sie in das Hertzsprung-Russell-Diagramm, das sich auf diese Weise immer mehr füllte. Aber das Weltall ist einem stetigen Wandel unterworfen. Aus diesem Grund kann das HRD nur eine Momentaufnahme sein, ein kurzer Ausschnitt aus dem Leben der Sterne. Es sagt nichts über ihre Entwicklung aus, fast nichts.

Denn etwa 90 Prozent aller Sonnen gehören zur Hauptreihe. Daraus folgerten die Astronomen unter anderem, daß sie den größten Teil ihrer Existenz darauf verbringen. Aber zeigt das Hertzsprung-Russell-Diagramm nicht vielleicht doch den

Lebensweg der Sterne? Henry Russell und viele seiner Kollegen jedenfalls glaubten das.

Stellen wir uns vor, eine Ameise vom Planeten Formicolo würde die Erde besuchen und mit uns einen Ausflug in den Tierpark unternehmen. Staunend stünde der außerirdische Gast vor dem Freigehege der Elefanten. Noch nie hat er solch merkwürdige Wesen gesehen. Und weil er auch keine Ahnung von deren Entwicklung hat, könnte er annehmen, daß die großen Elefanten jung sind, die kleinen alt.

»Das Leben verbraucht doch Energie«, könnte er sagen, »daher kommen die Tiere groß auf die Welt und schrumpfen mit der Zeit«.

Versetzen wir uns nun in die Lage von Henry N. Russell. Ihm war bekannt, daß Sterne nur über einen endlichen Energievorrat verfügen, den sie im Laufe ihres Lebens aufbrauchen: »Sterne werden als Riesen geboren und besiedeln den oberen Bereich des HRD. Anschließend betreten sie die Hauptreihe. Doch allmählich geht ihr Brennstoff zur Neige. Daher wandern sie die Hauptreihe hinunter, verlassen sie als schwach strahlende Zwerge und verglühen nach einiger Zeit gänzlich«, sagte sich der Astronom.

Das klingt sehr einleuchtend. Dennoch ist es grundfalsch. Das wissen die Forscher heute ganz sicher. Denn schließlich betätigen sie sich als Stern-Architekten und bauen inzwischen jeden beliebigen Stern nach – mit komplizierten Programmen am Computer.

Aus der Arbeit von Stern-Architekten

Ein Computer ist ziemlich dumm. Er macht nur etwas, wenn man ihm genau sagt, was. Sein elektronisches Gehirn muß erst »programmiert« werden, bevor es zu denken beginnt. Daher können sich Astrophysiker, die Sterne zusammenbasteln wollen, nicht einfach vor den Bildschirm ihres Rechners setzen und warten, bis die Gaskugel fertig ist. Vielmehr müssen sie den Computer mit exakten Daten füttern. Dazu gehören zum Beispiel die chemische Zusammensetzung des Baumaterials, dessen Masse, Dichte, Temperatur und vieles mehr.

Aus all diesen Angaben berechnet die Maschine mit dem entsprechenden Programm ein *Sternmodell*. Der Laie könnte mit ihm überhaupt nichts anfangen. Schließlich sieht es gar nicht wie ein Gasballon aus, sondern besteht aus endlos langen Zahlenreihen. Doch der Fachmann leitet daraus sämtliche Eigenschaften des »Computersterns« ab und konstruiert auf diese Weise das Ebenbild eines echten Sterns.

Nun gilt ein solches Modell nur für ein ganz bestimmtes Alter. Es beschreibt den Stern zum Beispiel so, wie er kurz nach seiner Geburt aussieht. Der Fusionsreaktor verbraucht jedoch »Brennmaterial«, nämlich Wasserstoff. Aus diesem Grund ändert sich allmählich die chemische Zusammensetzung. Aber auch Temperatur und Druck bleiben nicht konstant. Die Stern-Architekten müssen den Computer

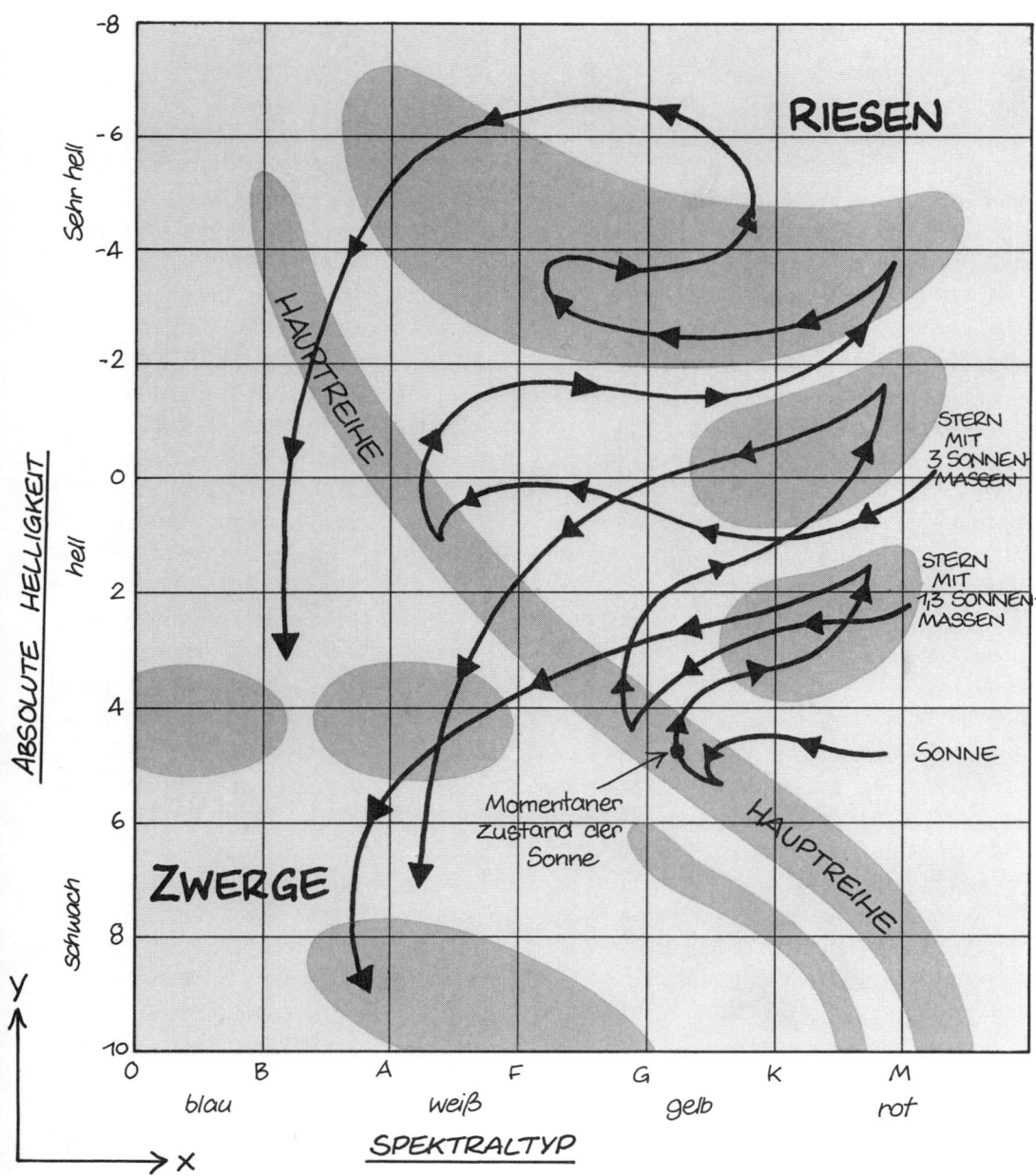

Lebenslinien: Je mehr Masse ein Stern besitzt, desto schneller verbraucht er sie. Die Abbildung zeigt Wege unterschiedlich »schwerer« Sterne durch das Hertzsprung-Russell-Diagramm.

mit diesen neuen Daten speisen, um ein zweites, aktuelles Modell zu erhalten. Es dient als Grundlage für ein drittes Modell, das wiederum der Ausgangspunkt für ein viertes ist.

Nach mehreren Stunden Rechenzeit reihen sich ganz viele derartiger Momentaufnahmen aneinander. Die Astrophysiker haben sozusagen einen Film gedreht; er zeigt den Entwicklungsweg einer kosmischen Gaskugel.

Das Zeitalter der Sternmodell-Rechnungen begann Anfang der sechziger Jahre. Mittlerweile gehören solche theoretischen Arbeiten längst zur Routine an astronomischen Instituten. Welche Ergebnisse haben sie gebracht? Was wissen die Forscher heute über das Leben der Sterne? Schauen wir uns doch einfach einen Film an. Er trägt den Titel *Das Schicksal der Sonne, Teil I.*

Auf der Leinwand erscheint die gerade aus der Urwolke geborene Sonne. Sie sieht fast so aus wie heute. In ihrem Inneren verbrennt Wasserstoff zu Helium. Die Temperatur an der Oberfläche liegt bei knapp 6000 Grad Celsius. Die Sonne sitzt als gelber Zwerg auf dem unteren Teil der Hauptreihe im Hertzsprung-Russell-Diagramm. Wie in einer Zeitmaschine verrinnen die Jahre, Tausende, Millionen, Milliarden. Schließlich kommen wir in der Gegenwart an. Doch selbst heute, rund fünf Milliarden Jahre nach ihrer Geburt, sieht die Sonne praktisch so aus wie zu Beginn des Films. Allmählich wird es uns langweilig. Schon wollen wir aufstehen und die Vorstellung verlassen, als sich plötzlich etwas tut. Im Inneren unserer Sonne wird der Wasserstoff knapp. Als »Schlacke« ist eine riesige Kugel aus Helium übriggeblieben. Trotzdem arbeitet der Fusionsreaktor weiter, allerdings in der Hülle, die den Heliumkern umschließt. Denn dort gibt es noch jede Menge Wasserstoff.

Der innere Aufbau der Sonne hat sich damit wesentlich geändert: Während das Zentrum aus Helium besteht, läuft die Wasserstoffverbrennung nun in einer Schale ab, die sich immer weiter nach außen frißt. Als Reaktion darauf beginnt sich die Sonne, kurz nachdem sie sieben Milliarden Jahre alt geworden ist, aufzublähen. Sie wird doppelt so groß, ihre Leuchtkraft nimmt ebenfalls erheblich zu. Auf der Erde schlägt das Klima um, in Nordeuropa sind Temperaturen um die 40 Grad an Weihnachten keine Seltenheit. Im Alter von zehn Milliarden Jahren hat sich die Sonne zum Todesstern entwickelt, zu einem roten Riesen. Im Vergleich zu heute besitzt sie den hundertfachen Durchmesser. Der gigantische Sonnenball erfüllt den gesamten Himmel. Aber auf der Erde gibt es niemanden mehr, den dieser Anblick erschrecken könnte. Längst sind alle Ozeane verdampft. Kein Wesen hat die unerträgliche Hitze überlebt. Die Erde ist wüst und leer. Der einstmals blaue Planet schwebt als toter Himmelskörper im Weltall.

Ungeheuerliches tut sich dagegen im Sonneninneren. Temperatur und Druck erreichen astronomisch hohe Werte. Das Helium läßt dies nicht kalt. Mit einem

»Blitz« entflammt es. Ein zweiter Fusionsreaktor ist entstanden. Er wandelt Helium in Kohlenstoff um. Die Sonne lebt jetzt seit mehr als zwölf Milliarden Jahren und steht im HRD noch immer auf dem Riesenast. Sie schöpft ihre Energie aus zwei Quellen: In der Schale verbrennt Wasserstoff zu Helium, im Kern Helium zu Kohlenstoff.

Damit endet der erste Teil des Films. Ein wenig mulmig fühlen wir uns schon. Wann wird die Sonne zum vernichtenden roten Riesen? In rund fünf Milliarden Jahren? Wenn sich die Astrophysiker da bloß nicht irren!

Die Masse macht's

Bevor wir sehen, welches Ende die Sonne einmal nehmen wird, wollen wir uns noch einmal an den letzten Satz der Geschichte erinnern, die uns der Stern erzählt hat. Er hieß so ähnlich wie »Die Natur bestraft die Eitelkeit der Riesen«. Was kann er damit gemeint haben?

»Daß die Masse eine ganz entscheidende Rolle im Leben eines Sterns spielt«, antwortet uns ein Forscher. Denn die Experten haben ihre Computer nicht nur mit Daten von sonnenähnlichen Sternen gefüttert, sondern auch fette Modellsterne mit fünf, zehn oder gar 90 Sonnenmassen konstruiert. Diese Gaskugeln betreten unmittelbar nach ihrer Geburt den oberen Bereich der Hauptreihe im HRD, dort, wo Leuchtkraft und Oberflächentemperatur sehr hoch sind. Das Überraschende dabei

ist jedoch, daß die Riesen um so kürzer auf der Hauptreihe verweilen, je größer und schwerer sie sind. Mit anderen Worten: Sternriesen gehen mit ihrer Energie viel verschwenderischer um als normale Sterne. Wer viel hat, gibt viel aus – ein durchaus menschlicher Zug!

Während unsere Sonne etwa acht Milliarden Jahre das nicht sehr aufregende Leben auf der Hauptreihe »genießt«, verbringt ein Stern von beispielsweise sieben Sonnenmassen nur etwa 25 Millionen Jahre auf ihr. Bereits nach dieser Zeit beginnt das Schalenbrennen des Wasserstoffs. Nach weiteren eineinhalb Millionen Jahren hat sich der Stern zu einem roten Überriesen entwickelt, wobei er innerhalb von lediglich 500.000 Jahren das gesamte Hertzsprung-Russell-Diagramm von links nach rechts durchläuft. Wie die Sonne, erschließt er sich eine zusätzliche Energiequelle und verwandelt im Inneren bei Temperaturen von 100 Millionen Grad Celsius Helium in Kohlenstoff. Doch damit nicht genug. Auch das Helium geht irgendwann zur Neige und brennt in einer dünnen Schicht um den Kohlenstoffkern weiter. In diesem Stadium schöpft der Stern aus einer zweiten Quelle, denn in einer äußeren Schale fusioniert Wasserstoff zu Helium. Nun wird es immer verrückter. Der Stern besitzt inzwischen einen Durchmesser von weit mehr als 100 Millionen Kilometern. Bei Temperaturen um die 500 Millionen Grad verbrennt Kohlenstoff zu noch höheren Elementen. Ein Kubikzentimeter »Überriesenkern« wiegt 200 Kilogramm.

Noch bevor es soweit ist, gerät das Gleichgewicht der Kugel ins Wanken. Es wird ja einerseits durch den Gasdruck aufrechterhalten, andererseits durch die Schwerkraft. Die komplizierten Verhältnisse im Sterninneren stören dieses Spiel der Kräfte. Als Folge dehnen sich die äußeren Schichten aus. Dadurch vergrößert sich die Oberfläche. Weil die Leuchtkraft pro Flächeneinheit gleich bleibt, nimmt die Helligkeit zu. Aber die Ausdehnung kommt nach kurzer Zeit, meist nach einigen Tagen, zum Stillstand.

Im nächsten Moment beginnt die Kugel wieder zu schrumpfen. Die Oberfläche verkleinert sich, die Gesamthelligkeit nimmt ab. Der Stern ist zu einem *Pulsationsveränderlichen* geworden. Wir sind diesen Objekten im vorangegangenen Kapitel schon begegnet. Auch Henrietta Swan Leavitt und ihre Beobachtungen an den *Delta-Cepheiden* haben wir kennengelernt. Nun wissen wir, daß praktisch jeder massereiche Stern in seinem Leben für kurze Zeit zu einem Cepheiden wird. Das Veränderlichen-Stadium gehört zur ganz normalen Entwicklung.

Katastrophengeschichten

Wegen ihrer geringen Masse entwickelt sich unsere Sonne wohl niemals zu einem Veränderlichen. Aber was wird dann aus ihr? Sie kann ja nicht ewig existieren. Sehen wir, was der Film *Das Schicksal der Sonne, Teil II* zu bieten hat.

Er beginnt mit der Sonne als rotem Rie-

sen, der aus der Fusion von Helium im Kern Kohlenstoff erzeugt. Allzulange geht das jedoch nicht gut. Das Helium erschöpft sich. Die Zustände im Inneren werden für den Stern unerträglich. Allein die Dichte erreicht kaum vorstellbare Werte. Vier Tonnen wiegt ein Kubikzentimeter Materie. Verhältnisse wie in einem weißen Zwerg. Soll das etwa heißen, daß sich im Zentrum des roten Riesen ein weißer Zwerg gebildet hat? Nach den Regieeinfällen der Astrophysiker wird dies tatsächlich einmal der Fall sein.

Die Wissenschaftler glauben auch zu wissen, wie es weitergeht. Auf der Leinwand fliegen jetzt nämlich die Fetzen. Die Sonne zerplatzt förmlich und stößt dabei ihre Atmosphäre in den Weltraum. Nach kurzer Zeit ist um sie herum ein kugelförmiges Gasgebilde entstanden, ein *planetarischer Nebel*.

Im Zentrum sitzt ein erdgroßer weißer Zwerg. Sein Herz schlägt nicht mehr. Der Fusionsreaktor ist für immer erloschen. 15 Milliarden Jahre nach ihrer Geburt hat die Sonne aufgehört zu leben. Von ihr ist ein dichter, weiß leuchtender Klumpen übriggeblieben. Allmählich kühlt er ab, sein Licht wird schwächer und schwächer. Als *schwarzer Zwerg* treibt die Sonne schließlich in der Unendlichkeit des Universums. Ihr einstiger Glanz ist für immer verblaßt.

Planetarische Nebel existieren wirklich. Die Astronomen beobachten solche Objekte als schwach glimmende Ringe überall am Himmel, zum Beispiel in der Konstella-

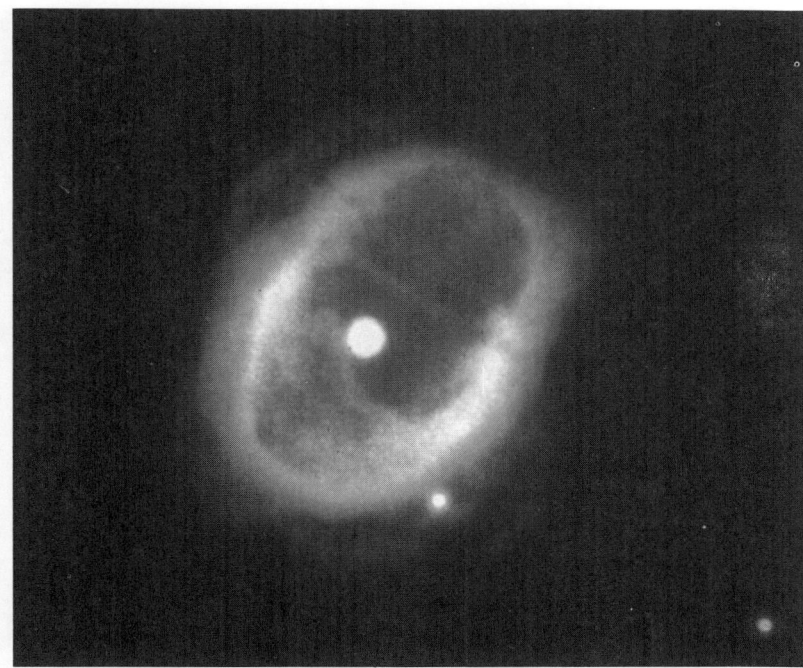

Ein magisches Auge kündet vom Sterntod: Der planetarische Nebel NGC 3132.

tion Leier. Im »Astro-Tip 4« werden wir uns näher mit einem dieser Objekte beschäftigen.

Aber hauchen alle Sterne ihr Leben als planetarische Nebel aus, und sterben sie dann als weiße Zwerge mit maximal 1,4 Sonnenmassen *(Chandrasekhar-Grenze)*? Keineswegs! Die Forscher wissen, daß Gaskugeln noch auf andere Arten aus dem Gleichgewicht geworfen werden. Manche verwandeln sich dabei in eine *Nova*. Das Wort stammt aus dem Lateinischen, bedeutet »neu« und steht verkürzt für *nova stella*, »neuer Stern«. Das ist jedoch mißverständlich. Der Stern lebte ja bereits, war wegen seiner geringen Helligkeit vorher nur nicht sichtbar. Tatsächlich blitzt die Sonne wie ein kosmi-

sches Feuerwerk bis zum Millionenfachen ihrer ursprünglichen Leuchtkraft auf. Dabei zerbirst die Nova jedoch nicht komplett, sondern wirft vielmehr ihren Gasmantel ab. Mit Geschwindigkeiten von bis zu 2500 Kilometern in der Sekunde fliegt er davon, zerfällt allmählich und vermischt sich mit der interstellaren Materie.

»Nova-Problem gelöst. Stern bläht sich auf, zerplatzt. J. Hartmann. Buenos Aires 1925, Nov. 24.« Diesem Telegramm, erschienen in einer astronomischen Fachzeitschrift, würden die Astrophysiker heute nicht mehr uneingeschränkt zustimmen. Die Aussage trifft eher auf eine Klasse sterbender Sterne zu, von der wir erst im nächsten Abschnitt hören werden. Denn eine Nova-Explosion muß ja nicht

mit einem Schlag zum Tode des Sterns führen. So gibt es Novae, die im Abstand von
einigen Jahrzehnten mehrmals ausbrechen.
Daher nehmen die Wissenschaftler an,
daß diese Doppelsternsystemen ange-
hören. Möglicherweise entreißen sie ihrem Partner ständig Materie. Immer
dann, wenn der »Mantel« zu dick geworden ist, werfen sie ihn einfach wieder ab.
Doch das geht nicht ohne Energie. Die
Sterne leuchten dabei als Novae auf.

Kinder des Kosmos

Gegen Mitternacht des 24. Februar 1987
war Oscar Duhalde, Nachtassistent am
amerikanischen Las-Campanas-Observa-
torium in Chile, auf dem Weg zur Kan-
tine. Unwillkürlich schaute Duhalde ein
paar Mal zum klaren Himmel auf. Dabei
streifte sein Blick auch über die Große
Magellansche Wolke. Duhalde stutzte.
Am Rande dieses prächtigen Nebelfleck-
chens strahlte ein Stern, der dort eigentlich gar nicht hingehörte. Noch jemand
anderer interessierte sich für die Magellansche Wolke: Der Astronom Ian Shelton, der sie – welch Zufall! – etwa zur
selben Zeit am selben Observatorium fotografierte. Eineinhalb Stunden nach Mitternacht waren die Aufnahmen
entwickelt. Sie zeigten den Stern ebenfalls. Er befand sich tatsächlich innerhalb
unserer Nachbargalaxie, 170.000 Lichtjahre von der Erde entfernt. Damit ihn
das bloße Auge über eine so gewaltige
Distanz überhaupt wahrnehmen konnte,

mußte er geradezu unglaublich hell strahlen. Eine Nova konnte es nicht sein. Was
Oscar Duhalde gesehen und Ian Shelton
fotografiert hatte, war eine *Supernova*.
Solche Supernovae künden vom Tod
einer massereichen Sonne. Andererseits
verdanken wir solchen Explosionen, bei
denen die Leuchtkraft des Sterns innerhalb weniger Stunden um das Hundert-
millionenfache zunimmt, unser Leben. Ja,

Vor rund 170000 Jahren explodierte in der Großen Magellanschen Wolke ein Stern. Im Februar 1987 erreichte das Licht dieser Katastrophe die Erde; die Supernova 1987 A (Pfeil) verriet sich als »neuer« Stern am Firmament.

die Atome unseres Körpers stammen aus dem Inneren eines roten Überriesen und wurden bei einer Supernova freigesetzt! Denn unter den extremen Bedingungen im Kern dieser Sterne entstehen Elemente bis hin zum Eisen.

Dann jedoch ist Schluß. Die Fusion noch komplizierterer Elemente liefert keine Energie mehr. Der Fusionsreaktor erlischt ein für allemal. Was bei der folgenden Katastrophe genau passiert, steht sozusagen in den Sternen. Die Astronomen wissen zwar, daß die Riesensonne mit einem dramatischen »Knall« endet; welche Prozesse während des »Todes« ablaufen, konnten die Forscher selbst am Computer noch nicht in allen Einzelheiten klären. Fest steht, daß eine Supernova nicht nur die im ehemaligen Stern gebildeten Elemente freisetzt, sondern unter extremem Druck und unvorstellbarer Temperatur auch neue erzeugt. Auf diese Weise entstehen die meisten der mehr als 100 bekannten Elemente.

Besteigen wir nun eine Zeitmaschine und versetzen wir uns sieben Milliarden Jahre in die Vergangenheit zurück. Das Universum sieht natürlich anders aus als heute. Gleichwohl erkennen wir die Galaxis und den Andromedanebel auf Anhieb wieder. Wir beziehen einen Standort außerhalb unseres Milchstraßensystems und betrachten es aufmerksam.

Immer wieder blitzen in den Spiralarmen Sterne hell auf und verlöschen nach kurzer Zeit. Das sind Supernovae. Sie schleudern ihre Gashüllen in den Raum. Diese Explosionswolken vermischen sich mit der interstellaren Materie (im Weltall geht nichts verloren!). Sie besteht zu 70 Prozent aus Wasserstoff und zu

28 Prozent aus Helium. Den Rest bilden alle anderen Elemente. Die große Wolke schwebt im Raum, und es passiert zunächst nichts. Dann aber, so nach zwei Milliarden Jahren, beginnt sie, sich zusammenzuballen – genauso, wie es der Stern in seiner Erzählung beschrieben hat.

Im Zentrum des Nebels wird ein »Sonnenbaby« geboren, in den äußeren Partien »Planetenbabys«. Auf einem davon entwickeln sich zunächst einfache Zellen, dann immer komplexere Lebensformen, schließlich der Mensch. Er besteht wie alles auf der Erde aus Materie, aus Atomen, die tief im Inneren von Sternen erzeugt wurden. Diese fremden Sonnen mußten sterben, damit der Mensch geboren werden konnte. Unsere Wiege steht im All. Wir sind Kinder des Kosmos!

Der Leuchtturm der grünen Männchen?

Am 4. Juli 1054 beobachteten vor allem chinesische Astronomen in der Konstellation Krebs einen »neuen Stern«. Er war hundertmal heller als Sirius und für einige Wochen selbst am Tag sichtbar. Dann wurde er schwächer und verschwand schließlich ganz. Trotz seines kurzen Auftritts spielt dieser Stern eine wichtige Rolle in der Astronomie. Denn er hinterließ einen bleibenden Eindruck, nicht nur im Gedächtnis jener, die ihn mit eigenen Augen gesehen haben.

Wer heute mit dem Fernglas oder Teleskop das Sternbild Stier durchsucht, entdeckt ein blasses Fleckchen. Wegen seines Aussehens erhielt es den Namen *Krebsnebel*. Dieses Objekt steht genau an dem Ort, wo vor mehr als 900 Jahren der Stern der Chinesen aufgeleuchtet war. Uns braucht das keineswegs zu wundern, wissen wir doch, daß der seltsame »Gast« nur eine Supernova gewesen sein kann und der Krebsnebel nichts anderes als ihre Explosionswolke. Mit den planetarischen Nebeln haben wir ähnliche Objekte kennengelernt. Damals war die Rede von weißen Zwergen, die im Zentrum solcher Nebel sitzen und als ausgebrannte Sonnen ihr Dasein fristen. Stecken weiße Zwerge auch in Supernova-Überresten? Oder hinterlassen massereiche Sonnen gar keine Sternleichen? Diese Fragen wurden auf dramatische Weise beantwortet.

Ende September 1967. Cambridge, England. Die Astronomiestudentin Jocelyn Bell (geb. 1943) wertet Daten eines neuen Radioteleskops aus – Dutzende Meter lange Papierstreifen mit buckligen Kurven. Das ist nicht eben spannend. Aber Miss Bell nimmt die Mühe in Kauf, gehört diese Analyse doch zu ihrer Doktorarbeit. Nach 30 Metern Papier entdeckt das geschulte Auge der Studentin eine Unregelmäßigkeit.

Einige Wochen später untersucht Jocelyn Bell diese Störung genauer. Sie findet heraus, daß es sich dabei um Pulse handelt, die sich im Abstand von 1,33730109 Sekunden wiederholen. Was hat das zu bedeuten? Menschen können sie nicht er-

Im Jahr 1054 beobachteten chinesische Astronomen im Sternbild Stier eine Supernova. Als Krebsnebel sehen wir heute nur mehr die Gashülle des zerfetzten Sternes.

zeugen, denn die Signale kehren immer dann wieder, wenn der geheimnisvolle Sender, bedingt durch die tägliche Drehung des Firmaments, am unbeweglichen Teleskop vorbeiwandert. Da gibt es wohl nur zwei Möglichkeiten: Die Pulse stammen entweder von einem astronomischen Objekt (aber von welchem?) – oder von einer fremden Zivilisation, die versucht, mit der Erde zu kommunizieren! »Ich soll meine Doktorarbeit schreiben, und da sind irgendwo kleine grüne Männchen, die ausgerechnet meine Antenne ausgesucht haben, um mit uns in Kontakt zu kommen«, denkt sich Jocelyn Bell.

Mittlerweile ist es Winter geworden. Die Entdeckung läßt der angehenden Astronomin keine Ruhe. Kurz vor Weihnachten untersucht sie die Aufzeichnungen einer anderen Himmelsregion – und stößt prompt auf einen weiteren Sender. Diesmal mit einer Periode von 1,2 Sekunden. Gibt es etwa noch ein zweites Volk von Außerirdischen, das auf einer anderen Frequenz funkt? Dies erscheint sehr unwahrscheinlich. Also kommt nur die astronomische Erklärung in Frage. Was aber verbirgt sich hinter dem Ticken dieser kosmischen Quarzuhren? – Eine Klasse von Objekten, deren Existenz Wissenschaftler bereits 1934 theoretisch vorausgesagt hatten! Aber ihre Arbeit blieb 33 Jahre lang unbeachtet. Dann wurde sie durch Jocelyn Bell bestätigt. Ohne es zu wollen, hatte sie die *Neutronensterne* entdeckt, die sich als *Pulsare* zu erkennen geben.

Wenn ein Stern seinem Ende entgegengeht, gerät sein Inneres völlig durcheinander. Je größer seine Masse, um so gründlicher das Chaos. Wie wir gesehen haben, verdichtet sich die Materie im Zentrum einer »lebensmüden« Gaskugel bis auf einige Tonnen pro Kubikzentimeter. Auf diese Weise entsteht ein weißer Zwerg. Was aber passiert nun, wenn dieses tote Sternenherz noch stärker schrumpft? Dann steigt die Dichte so lange weiter an, bis ein würfelzuckergroßes Stück Materie zehn Millionen Tonnen wiegt! Bei diesen Verhältnissen können die Atome nicht länger normal bleiben. Protonen und Elektronen lösen sich auf, weil sie förmlich ineinandergequetscht werden. Ein neues Teilchen kommt zur Welt, ein Neutron. Das ist der »Stoff«, aus dem die Neutronensterne bestehen.

Die Astrophysiker wissen über diese seltsamen Gebilde aber noch mehr. So haben sie ihre Durchmesser zu rund 15 bis 20 Kilometer berechnet. Darüber hinaus müssen die Neutronensterne extrem glatte Oberflächen besitzen; die »Berge« erreichen nur eine Höhe von fünf Millimetern. Schließlich drehen sich die Neutronenkugeln schnell um ihre Achse. Wie eine Eiskunstläuferin, die mit angelegten Armen eine Pirouette dreht.

Hier liegt auch das Geheimnis der *Pulsare*. Denn während die ausgebrannten Sterne mit bis zu 30 Umdrehungen in der Sekunde rotieren, senden sie von Nord- und Südpol jeweils ein Strahlungsbündel aus. Zwei Scheinwerferkegel gleich überstrei-

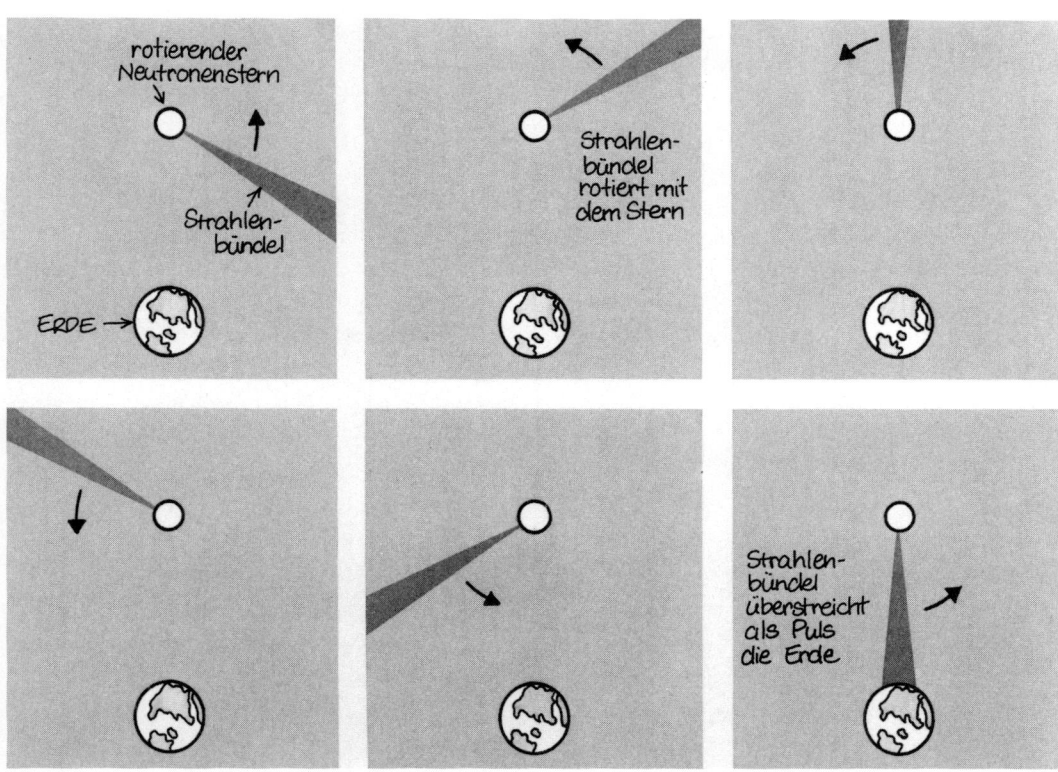

Nach einer Supernovaexplosion schrumpft der ausgebrannte Stern zu einer wenige Kilometer großen Gaskugel. Dieser Neutronenstern dreht sich sehr rasch um die eigene Achse und sendet dabei gebündelte Strahlung ins All. Astronomen registrieren ein periodisches Aufblitzen und nennen das Objekt Pulsar.

chen sie ihre Umgebung. Die Strahlung ist sehr intensiv und reicht weit hinaus ins Weltall. Bis zu unserem Planeten.
Rund 200 Pulsare haben die Forscher bisher entdeckt. Mittlerweile gehören sie zum Alltag der Astronomen und sind nichts Besonderes mehr. Wie es sich für sie ziemt, stehen sie dort, wo einst ein schwerer Stern als Supernova hochgegangen ist. So auch im Krebsnebel. Nun leuchten Pulsare nicht nur im Bereich der Radiowellen. Spezielle Instrumente frieren ihr Zucken ein und machen die Pulse somit im optischen Teil des Spektrums sichtbar.
Im Herbst 1967 saß Jocelyn Bell also im Raumschiff Erde und erspähte von ihrem Ausguck mit dem Teleskop das Blinken

eines kosmischen »Leuchtturms«. Doch nicht etwa grüne Männchen hatten ihn gebaut, sondern die Natur selbst. Wissenschaftler auf der Erde hatten diese Pulsare Jahrzehnte zuvor auf dem Papier berechnet. Jetzt zeigte es sich, daß die astronomische Forschung auf dem richtigen Weg war. Der Mensch hatte den Schleier, hinter dem sich die Geheimnisse des Universums verhüllen, wiederum ein wenig gelüftet.

Im Sog eines mörderischen Staubsaugers

Da liegt es vor uns und sperrt seinen Schlund auf. Sein Anblick ist furchterregend. Begierig entreißt es einem Stern die Hülle, saugt das Gas in sich auf. Aber nicht auf direktem Weg. Die Materie umrundet dieses schwarze Nichts einige Male, dann erst strudelt sie hinein. Immer näher, immer schneller. Dabei erhitzt sich die Wolke und sendet energiereiches Röntgenlicht aus. Das ist sozusagen der »Todesschrei«. Denn keine Macht der Welt kann das Gas retten. Im nächsten Moment verschwindet es auf Nimmerwiedersehen.

Aber was ist das! Wir haben uns zu nahe an den mörderischen Staubsauger herangewagt. Eine unsichtbare Hand umklammert unser Raumschiff. Im nächsten Moment beginnt es sich zu drehen. Wir werden beinahe ohnmächtig. Unweigerlich droht uns dasselbe Schicksal wie der Gaswolke. Schon wirbeln wir durchs All.

Lichter und Schatten jagen an uns vorbei. Es gibt kein oben mehr und kein unten. Wir verlieren den Halt und fallen ins Bodenlose...

Schweißgebadet erwachen wir. Die Sonne wirft ihr Licht in unser Zimmer. Es ist kurz vor sieben. Zeit zum Aufstehen. Ganz benommen tappen wir ins Bad; eine kalte Dusche wird uns jetzt gut tun. Auf einen solchen Alptraum können wir verzichten. Das kommt davon, wenn man zuviel über *schwarze Löcher* liest! Dabei wissen die Astronomen gar nicht, ob es diese Gebilde überhaupt gibt. Denn schwarze Löcher zeichnen sich gerade dadurch aus, daß sie niemals direkt beobachtet werden können. Wie um alles in der Welt kommen die Wissenschaftler dann auf den Gedanken, schwarze Löcher könnten existieren?

Nun, die Forscher haben einfach weitergedacht. Wie verhält sich Materie, die noch dichter gepackt ist als in Neutronensternen? Diese Frage stellte sich unter anderen der französische Mathematiker Pierre Simon de Laplace (1749 bis 1827) vor 200 Jahren. Laplace hatte natürlich keine Ahnung von Leben und Tod der Sterne. Trotzdem überlegte er, was entstünde, wenn man einen beliebigen Gegenstand immer weiter zusammenpressen könnte. Stellen wir uns vor, ein kosmisches Wesen mit übernatürlichen Kräften formt aus der Erde ein Kügelchen mit neun Millimetern Durchmesser: Alle Meere und Kontinente, alle Menschen und Tiere – zusammengedrückt zu einer Perle! Dabei sieht man die Perle überhaupt

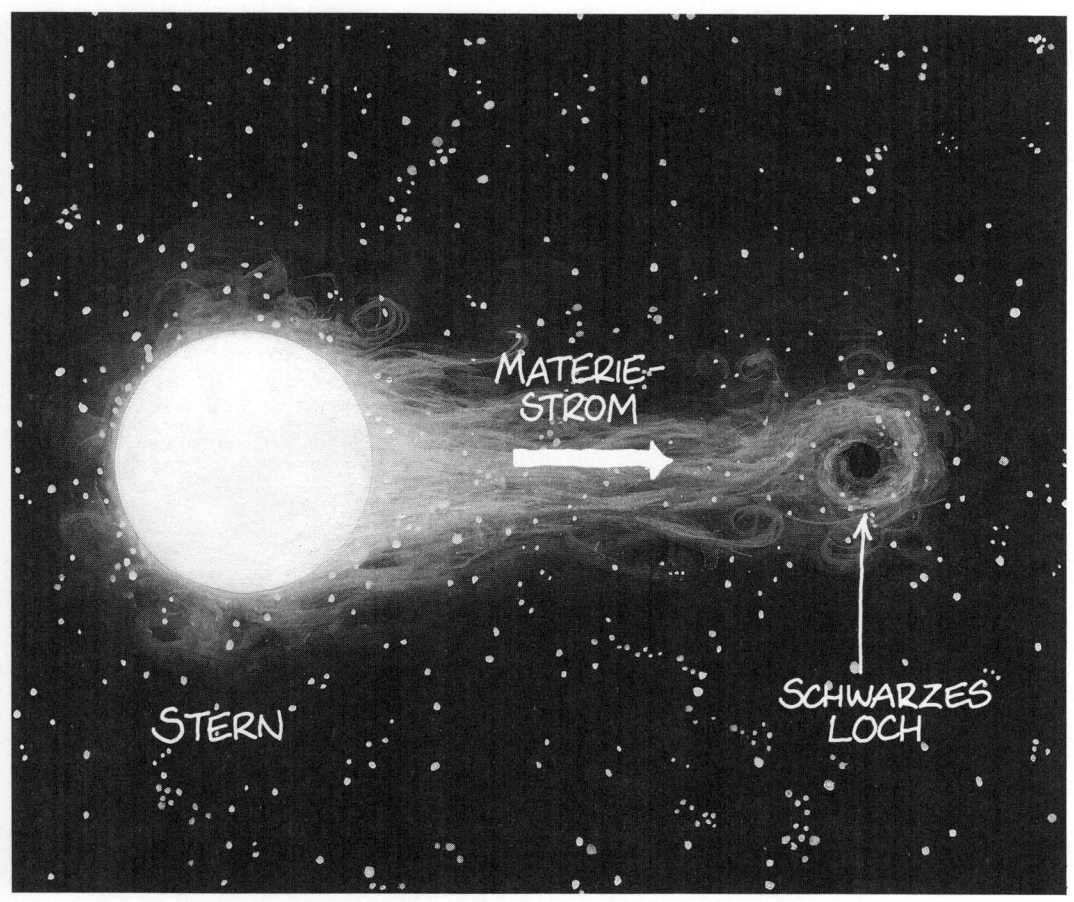

Kosmischer Strudel: Gierig verschlingt ein schwarzes Loch alles, was ihm zu nahe kommt.

nicht. Wohl aber ist sie zu spüren. Sie macht sich nämlich durch ihre gewaltige Anziehungskraft bemerkbar; diese ist so groß, daß nicht einmal Licht die glatte Oberfläche verlassen kann. Das unsichtbare Gebilde verschlingt alles, was ihm zu nahe kommt. Unser blauer Planet hat sich in ein schwarzes Loch verwandelt.

Die Gefahr, daß der Erde ein derartiges Schicksal widerfährt, besteht nicht. Wohl aber glauben die Astronomen, daß bei der Explosion von sehr massereichen Sternen nicht nur Neutronensterne übrigbleiben, sondern gelegentlich auch schwarze Löcher. Doch wie können sie die Wissenschaftler finden? Wie sollen sie etwas beobachten, wo es nichts zu beobachten gibt?

Einen Ausweg aus dieser Sackgasse kennen wir schon. In unserem Traum haben wir nämlich zugeschaut, wie das schwarze Loch Gas von einem Stern absaugt. Bevor die Materie aus unserer Welt verschwindet, müßte sie der Theorie zufolge im Röntgenlicht hell aufleuchten. Tatsächlich empfangen die Experten von verschiedenen Punkten am Himmel intensive Röntgenstrahlung. Ob sich hinter Quellen wie Cygnus X–1 im Schwan wirklich ein schwarzes Loch verbirgt, vermag niemand mit Gewißheit zu sagen. Wir werden es nie erfahren. Obwohl: In der Wissenschaft soll man niemals »nie« sagen!

Astro-Tip 4

Die Supernova 1987 A zündete in der Großen Magellanschen Wolke, einem Begleiter der Galaxis. Trotz der Entfernung von 170.000 Lichtjahren zeigte sie sich dem bloßen Auge. Wie hell muß erst ein Stern sein, der vor unserer Haustür innerhalb des Milchstraßensystems explodiert! Die alten Chinesen wußten dies, beobachteten sie doch im Jahr 1054 den gleißenden Lichtpunkt im Stier. Und auch Tycho Brahe (1546 bis 1601) und Johannes Kepler (1571 bis 1630) würden begeistert von himmlischen Feuerwerken berichten. Den beiden großen Astronomen war es vergönnt, jeweils eine Supernova zu entdecken, Brahe 1572 in der Cassiopeia, Kepler 1604 im Schlangenträger. Seitdem

herrscht Funkstille. Dabei glauben die Wissenschaftler, daß im von der Erde aus sichtbaren Teil der Galaxis durchschnittlich alle 300 Jahre ein Stern mit einer gewaltigen Detonation seinen Geist aufgibt. Die nächste Supernova ist also längst überfällig. Aber vielleicht »kracht« es ja schon morgen. . .

Bis es dazu kommt, wollen wir nicht untätig warten. Brechen wir daher zu einem weiteren Ausflug über den Nachthimmel auf. Dieses Mal interessieren wir uns für die Aushängeschilder jener Objekte, die wir gerade kennengelernt haben: für einen *interstellaren Nebel*, einen *planetarischen Nebel* und einen *Supernova-Überrest*. Zur Beobachtung einer besonders prächtigen interstellaren Gas- und Staubwolke müssen wir uns bis zum **Winter** gedulden, wenn das markante Sternbild Orion in Stellung gegangen ist. Bereits mit unbewaffnetem Auge bemerken wir schräg unterhalb des »Schwertgehänges« ein diffuses Etwas. Im Feldstecher entpuppt es sich als bläulichweiß leuchtender Nebel, der einige Sterne umhüllt. Tatsächlich blicken wir hier in die Kinderstube kosmischer Gaskugeln, denn die Sonnen sind gerade geboren worden und strahlen erst seit rund zwei Millionen Jahren. Dies gilt auch für jene vier Sterne, die das sogenannte Trapez bilden.

Es steht inmitten des *Orionnebels*, zeigt sich aber erst im kleinen Fernrohr. Die Leuchtkraft aller Neugeborenen reicht aus, um die Mutterwolke in helles Licht zu tauchen; während die Staubteilchen die (bläuliche) Strahlung einfach nur zurückwerfen, werden die Gaspartikel selbst zum (rötlichen) Glimmen angeregt. In großen Teleskopen läßt sich dieses Farbspiel »live« beobachten. Seine ganze Pracht entfaltet der 1700 Lichtjahre entfernte »Sternkindergarten« jedoch erst auf lange belichteten Aufnahmen.

Die nächste Station unserer Reise am winterlichen Himmel ist die Konstellation Stier. Die V-förmige Anordnung der hellsten Sterne können wir gar nicht übersehen. Weniger leicht läßt sich der *Krebsnebel* finden, denn er erscheint nur im Fernglas oder Teleskop. Dennoch wollen wir versuchen, diesen Supernova-Überrest aufzuspüren. Mit Hilfe der nebenstehenden Karte sollte dies keine allzu großen Schwierigkeiten machen. Die Mühe lohnt sich. Das zarte Wölkchen bietet einen durchaus reizvollen Anblick, auch wenn wir den Pulsar wegen seiner geringen Helligkeit nicht sehen. An dieser Stelle also flammte 1054 ein Stern auf. Das kosmische Drama ereignete sich

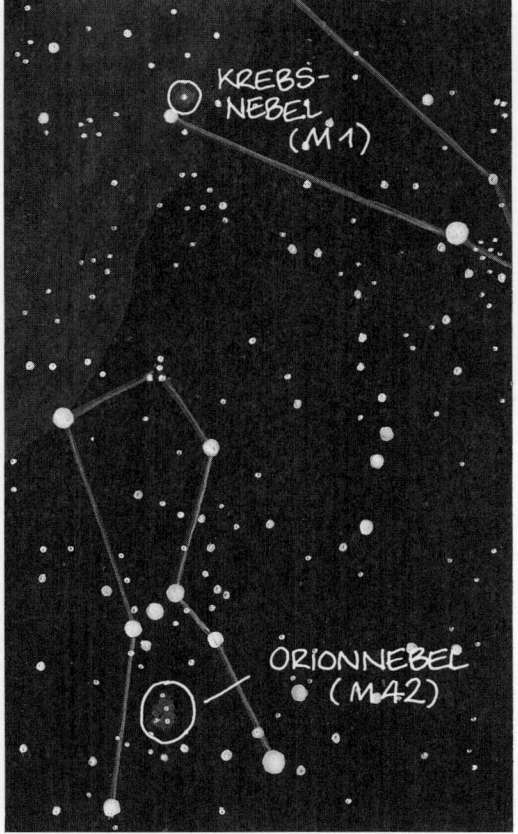

Dieses Kärtchen erleichtert das Auffinden der im »Astro-Tip 4« beschriebenen Nebel.

übrigens in einer Distanz von rund 4000 Lichtjahren.

Die Überreste einer weniger gewaltigen Katastrophe können wir im **Sommer** sehen. In den lauen Nächten dominiert jetzt das Sternbild Leier mit der hellen Wega die Himmelsbühne. Wir haben diesen Stern als eine Spitze des »Sommerdreiecks« bereits kennengelernt. Nun gilt unser Interesse der Umgebung von β und τ Lyrae. Wenn wir mit dem Feldstecher die Verbindungslinie der beiden Sterne entlang wandern und etwa auf halbem Weg stehenbleiben, taucht im Gesichtsfeld ein kleines Fleckchen auf. Es handelt sich um den bekannten *Ringnebel*.

Vor allem in einem lichtstarken Instrument wird das 5400 Lichtjahre entfernte Objekt bei starker Vergrößerung seinem Namen gerecht: Es erscheint nämlich wie ein Rauchkringel, den jemand kunstvoll ins Weltall geblasen hat. Tatsächlich war dieser »Raucher« ein Stern, der sich vor langer Zeit seiner Atmosphäre entledigt hat. Der dabei übriggebliebene weiße Zwerg ist aber nur in sehr großen Amateurfernrohren als schwacher Punkt zu sehen.

5. Welteninseln – Inselketten

Die Schleifspur des Sonnenwagens

»Meine dritte Beobachtung betrifft das Wesen der Milchstraße oder ihre Materie, die mit Hilfe des Fernrohrs so sinnenfällig zu erkennen ist, daß sowohl aller Streit, der die Philosophen durch so viele Jahrhunderte hindurch gequält hat, durch die augenfällige Gewißheit gegenstandslos wird... Denn die Milchstraße ist nichts anderes, als eine Ansammlung von unzähligen, in Haufen gruppierten Sternen. Auf welchen ihrer Abschnitte man nämlich das Fernrohr auch richten mag, sogleich zeigt sich dem Blick eine ungeheure Menge von Sternen, von denen mehrere ziemlich groß und sehr auffallend sind; die Anzahl der kleinen jedoch ist schlechthin unerforschlich...«
Diese Zeilen schrieb ein ziemlich unerfahrener Beobachter in sein Tagebuch, nachdem er mit einem winzigen Fernrohr in einer klaren Sommernacht am Firmament spazierengegangen war. Aber kein »gewöhnlicher« Sternfreund hat hier voller Begeisterung und Stolz über seine Erlebnisse berichtet, sondern der Mann, der wohl als erster Mensch die Wunder des Himmels durch ein »Sehrohr« betrachtet hat.
Er war am 15. Februar 1564 in Pisa, der Stadt mit dem berühmten schiefen Turm, geboren worden. Seine Mutter hieß Giulia di Cosimo di Ventura degli Ammannati, sein Vater Vincenzino di Michelan-

Galileo Galilei ging als erster Wissenschaftler mit dem Fernrohr auf Entdeckungsreise durchs All. Außerdem behauptete er, daß sich die Erde um die Sonne dreht.

gelo di Giovanni Galilei. Am 19. Februar
1564 ließen die stolzen Eltern ihren Sohn
auf den Namen Galileo taufen. Als Galileo Galilei am 8. Januar 1642 im Alter
von bald 78 Jahren starb, hatte er ein we-
sentliches Kapitel im Buch der Naturwissenschaften geschrieben. Denn der große
Gelehrte war der erste Physiker, der nicht
nur ins Blaue hinein philosophierte, sondern vor allem auch experimentierte.
Außerdem glaubte er fest daran, daß sich
die Erde um die Sonne dreht. Seine Zeitgenossen und vor allem die katholische
Kirche waren da jedoch ganz anderer
Meinung: Ein »göttliches« Geschöpf wie
der Mensch konnte nur auf einem Himmelskörper leben, der im Mittelpunkt
des Planetensystems, ja des gesamten
Weltalls, stand. Daher hatte sich auch
die Sonne gefälligst um die Erde zu bewegen.
Jetzt behauptete so ein dahergelaufener
Studiosus das Gegenteil. Ungeheuerlich!
Der Mann mußte aus dem Verkehr gezogen werden. Die Mächtigen der Kirche
machten Galilei den Prozeß und verbann-
ten ihn aus Rom. So streng waren damals
die Sitten.
Wir werden dem außergewöhnlichen Forscher noch einige Male begegnen. Doch
zunächst interessiert uns seine Beobachtung der Milchstraße. Wie gesagt, war
Galileo Galilei mit einiger Sicherheit der
erste Naturwissenschaftler, der mit Hilfe
der Optik in neue Welten vordrang. Allerdings hatte sich der Italiener das Teleskop nicht ausgedacht, sondern es
lediglich nachgebaut. Wer das Fernrohr

um das Jahr 1608 erfunden hat, bleibt
wohl für immer ein Geheimnis. Dennoch
wollen wir im folgenden Kapitel versuchen, ein wenig Licht ins Dunkel dieser
Geschichte zu bringen.
Galilei jedenfalls begab sich mit seinem
winzigen Fernrohr auf Sternenjagd. Über
diese Exkursionen führte er sorgfältig
Buch und schrieb alles auf, was ihm vor
die Linse kam. Im Jahr 1610 erschien der
Sidereus nuncius, sozusagen der »Jagd-Re-
port« Galileis. Aus dem Buch, dessen Titel
man mit »Botschaft von den Sternen«
übersetzen könnte, ist das Zitat am Beginn dieses Abschnitts entnommen. Galilei hatte also auch das jahrtausendealte
Rätsel um das diffuse Himmelsband gelüftet.
Zahllose Sagen und Mythen rankten sich
um diese Erscheinung. Schon die alten
Kulturvölker hatten sie aufmerksam betrachtet. Die Griechen schließlich gaben
ihr den Namen, den sie noch heute trägt:
Milchstraße. Natürlich hat das neblige,
mehr oder weniger dichte Wölkchen, das
den Himmel von Nord nach Süd über-
spannt, weder etwas mit Milch noch mit
einer Straße zu tun. Schon Demokrit
hatte im 4. Jahrhundert vor Christus vermutet, daß das helle Band aus zahllosen
Einzelsternen besteht. Aber das kümmerte seine Landsleute nicht im geringsten. Die Geschichte der griechischen
Sage ist zumindest äußerst originell.
Der Göttervater Zeus nahm es mit der
Treue zu seiner Frau Hera wieder einmal
nicht sehr genau. Eine heftige Affäre mit
Alkmene blieb nicht ohne Folgen. Die

schöne Königstochter wurde schwanger und brachte Herakles zur Welt. Die Freude des stolzen Vaters verflog jedoch schnell, als ihm bewußt wurde, daß sein Sprößling ebenso sterblich war wie die menschliche Mutter Alkmene.

Doch Hermes, der gewitzte Götterbote, hatte eine Idee: »Wenn deine Gemahlin Herakles mit göttlicher Milch stillt, wird auch er unsterblich. Natürlich darf Hera nichts merken. Laß mich nur machen, das kriege ich schon hin!«

Zeus war mit allem einverstanden, und Hermes führte seinen Plan aus. Er wartete, bis Hera tief schlief, schlich sich mit Herakles an und legte den Knaben an ihre Brust. Dieser begann sofort heftig zu saugen, zu heftig. Denn augenblicklich erwachte Hera, sah das Baby und stieß es in ihrer Wut von sich. Dabei spritzte die Milch in hohem Bogen über das Himmelsgewölbe – die »Milchstraße« entstand. Sprach man die Astronomen bis zum Beginn des 17. Jahrhunderts auf das Sternenband an, fiel ihnen nicht viel mehr ein als diese Phantasiegeschichte. Oder auch die Sache mit Phaeton, dem Sohn des Sonnengottes Helios: Die Aufgabe des Sonnengottes bestand darin, täglich den Wagen mit der Sonnenscheibe über den Himmel zu lenken. Ohne Erfahrung mit dem Pferdegespann bestieg Phaeton eines Tages das Gefährt des Vaters. Aber der junge Mann überschätzte seine Fahrkünste. Die Pferde gingen durch, der Sonnenwagen überschlug sich und schleuderte quer über den Himmel. Dabei hinterließ er eine feurige Schleifspur, die noch heute als Milchstraße zu sehen ist. Phaeton überstand den Unfall unverletzt. Trotzdem kostete ihn die Spritztour das Leben. Zornbebend tötete ihn Zeus mit einem Blitzstrahl.

Angesichts solcher Geschichten verwundert es nicht, daß Galileo Galilei stolz darauf war, zum Thema Milchstraße endlich etwas Sinnvolles beigetragen zu haben. Doch warum die Milchstraße gerade so aussieht und nicht anders, das konnte auch Galilei nicht erklären. Es sollte noch einige Zeit vergehen, bevor eine vernünftige Deutung gefunden wurde – ausgerechnet von einem Musiker. Eines Tages entschloß er sich, den Beruf an den Nagel zu hängen und sein Leben den Sternen zu widmen.

Wie der Himmel gebaut ist

Wilhelm hatte nicht die Absicht, als Held zu sterben. Mochten sich die Preußen, Franzosen und Russen, die Österreicher und Engländer bekämpfen. Was ging es ihn an! Er war ja nicht einmal Soldat, sondern Musiker und spielte in der Hannoveraner Garde die Oboe. Aber wer hatte im Siebenjährigen Krieg schon ein Ohr für die Musik?

Als eines Tages im Jahr 1757 eine Begegnung mit den Franzosen bevorstand, packte Wilhelm seine Siebensachen und suchte das Weite. Der junge Mann reiste nach England und kam nach einigen Umwegen in das vornehme Seebad Bath. Dort erhielt er eine Anstellung als Organist

Nur mit Flaschenzügen ließ sich das gewaltige Teleskop von Wilhelm Herschel bewegen. Es besaß einen Spiegel mit 122 Zentimetern Durchmesser.

und hätte von da an zufrieden leben können – wäre da nicht seine Begeisterung für
die geheimnisvoll funkelnden Lichtpünktchen gewesen. Dieses Faible hatte er von
seinem Vater, Isaak Herschel, geerbt.
Dazu war Wilhelm wahnsinnig neugierig:
»Ich hatte mir vorgenommen, nichts aus
purem Glauben hinzunehmen, sondern

mich von allem, was andere vor mir gesehen hatten, mit eigenen Augen zu überzeugen«, schrieb er in sein Tagebuch.
Weil man im 18. Jahrhundert nicht einfach in ein Kaufhaus gehen und ein Fernrohr kaufen konnte, baute sich Wilhelm
Herschel in seiner Freizeit selber eines,
und dann noch ein zweites und ein

drittes, jeweils tatkräftig unterstützt von seiner Schwester Karoline und seinem Bruder Alexander. Beide lebten mittlerweile ebenfalls in England.

Während sich Herschel tagsüber mit Bach und Händel beschäftigte, tönten nachts die Geräusche von Spiegelschleifmaschine und Drehbank aus dem Haus des Musikers. Die Teleskope nahmen immer gewaltigere Ausmaße an. Im Jahr 1788 – Herschel hatte seine Stellung in Bath längst gekündigt und war durch die Entdeckung des Planeten Uranus ein weltberühmter Astronom geworden – konstruierte er sein größtes Fernrohr: ein Instrument mit einem Spiegeldurchmesser von 122 Zentimetern und einer Brennweite von mehr als 12 Metern. Der tonnenschwere Gigant hing in einer wuchtigen Holzkonstruktion. Er wurde mit starken Seilen und Flaschenzügen bewegt. Herschel hatte sich zum Ziel gesetzt, den gesamten von England aus sichtbaren

Himmel systematisch zu durchforsten. Nächtelang saß er, in einen weiten Mantel mit schwarzer Kapuze gehüllt, am Teleskop und durchmusterte das Firmament. Er teilte den Himmel in »Felder« ein und bestimmte in jedem dieser kleinen Planquadrate die Zahl der Sterne. Hätte man Herschel gefragt: »Weißt du, wieviel Sternlein stehen?«, dann hätte er geantwortet: »Ungefähr 20 Millionen!«.

Herschel wußte zwar schon vor Beginn seiner Arbeiten, daß die fernen Sonnen nicht gleichmäßig am Gewölbe verteilt sind, sondern sich vor allem in einer Region konzentrieren. Aber er fand noch etwas anderes heraus: »Daß die Milchstraße eine sehr ausgedehnte Schicht von Sternen verschiedener Größe ist, läßt nicht den geringsten Zweifel übrig; und daß unsere Sonne wirklich einer der Himmelskörper ist, die zur Milchstraße gehören, ist ebenso augenscheinlich.«

Die Beobachtungen Herschels bestätigten

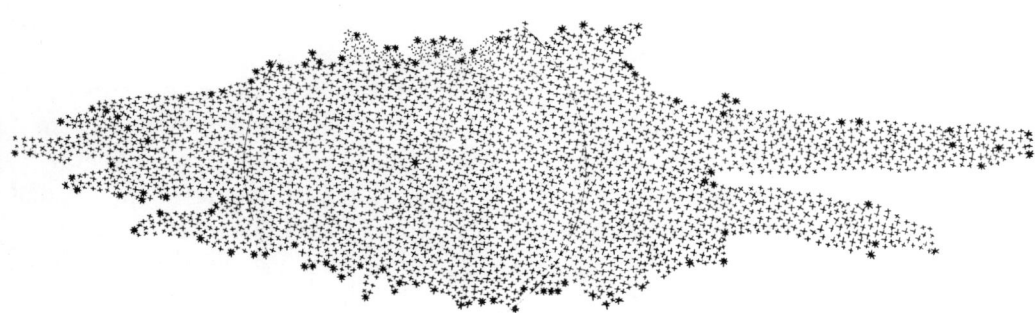

Wilhelm Herschel stellte unser Milchstraßensystem, die Galaxis, als ausgefranste Linse dar.

das, was einige andere vor ihm nur vermutet hatten: Mit dem Band der Milchstraße bildet sich am Firmament ein gewaltiges Sternsystem ab, zu dem auch unsere Sonne gehört.

Von der Seite betrachtet, besitzt diese Welteninsel die Gestalt einer ausgefransten Linse. Alle Sterne und Nebel, die wir am Himmel beobachten, gehören zu diesem Milchstraßensystem. Sie sind Teil der Galaxis.

Das schwarze Loch im Feuerrad

Wilhelm Herschel starb am 25. August 1822. Heute, 170 Jahre nach seinem Tod, kennen die Wissenschaftler den Bau der Galaxis viel genauer als der »Vater der Stellarastronomie«; sie mußten den Altmeister sogar ein wenig korrigieren.

Das moderne Bild des Milchstraßensystems zeigt im Querschnitt einen rund 100.000 Lichtjahre großen, in der Mitte nur 15.000 Lichtjahre dicken kosmischen Diskus. Von oben betrachtet, erscheint die Galaxis als spiralförmiges Feuerrad. Rund 28.000 Lichtjahre vom hell leuchtenden Zentrum entfernt, schwebt ein unscheinbares Lichtpünktchen mit neun Planeten innerhalb dieser Ansammlung von Staub, Gas und 100 bis 200 Milliarden Sternen – die Sonne.

Von unserem Beobachtungsstandort aus blicken wir auf den Orion-, den Perseus- und den Sagittarius-Spiralarm. Am Himmel zeigt sich diese unmittelbare kosmische Nachbarschaft der Erde als milchiges Band. Als die Milchstraße eben.

Die gesamte Welteninsel dreht sich gemächlich um ihre Achse. Am Ort der Sonne dauert ein Umlauf mit Tempo 250 (Kilometer pro *Sekunde*!) etwa 250 Millionen Jahre. Da unsere Sonne seit gut viereinhalb Milliarden Jahren lebt, hat sie den Kern der Galaxis zusammen mit dem gesamten Planetensystem bereits 18mal umrundet. Welche Sterne oder Gasnebel mögen während dieser Reise wohl schon am Himmel aufgeleuchtet sein? Wir werden es nie erfahren.

Die Forscher interessiert etwas ganz anderes: die Frage nämlich, wie es im Kern der Galaxis aussieht. »Das herauszufinden, kann doch gar nicht so schwer sein«, könntet ihr jetzt meinen, »die Astronomen müssen nur ihre großen Fernrohre auf den Mittelpunkt des Milchstraßensystems richten und nachschauen«. Wenn das nur so einfach wäre! Denn der Blick ist im wahren Sinn »vernebelt«. Ausgedehnte Gaswolken bevölkern die Galaxis. Viele von ihnen leuchten (wie der Orionnebel), viele bleiben aber auch schwarz. Diese *Dunkelwolken* sind besonders heimtückisch, da sie das Licht der hinter ihnen stehenden Sterne einfach verschlucken. Ein Astronom, der eine Dunkelwolke nicht bemerkt, glaubt, daß der Raum in der Beobachtungsrichtung sternenleer ist. Tatsächlich zeigt bereits ein Feldstecher in bestimmten Gebieten der Milchstraße solche »Löcher im Firmament«.

Das Paradebeispiel für eine derartige

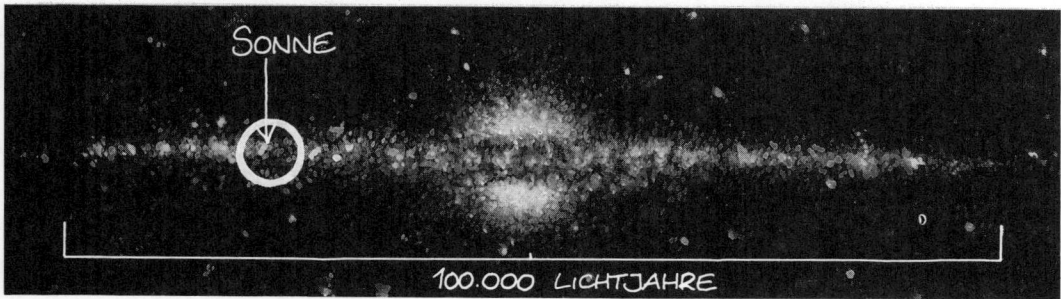

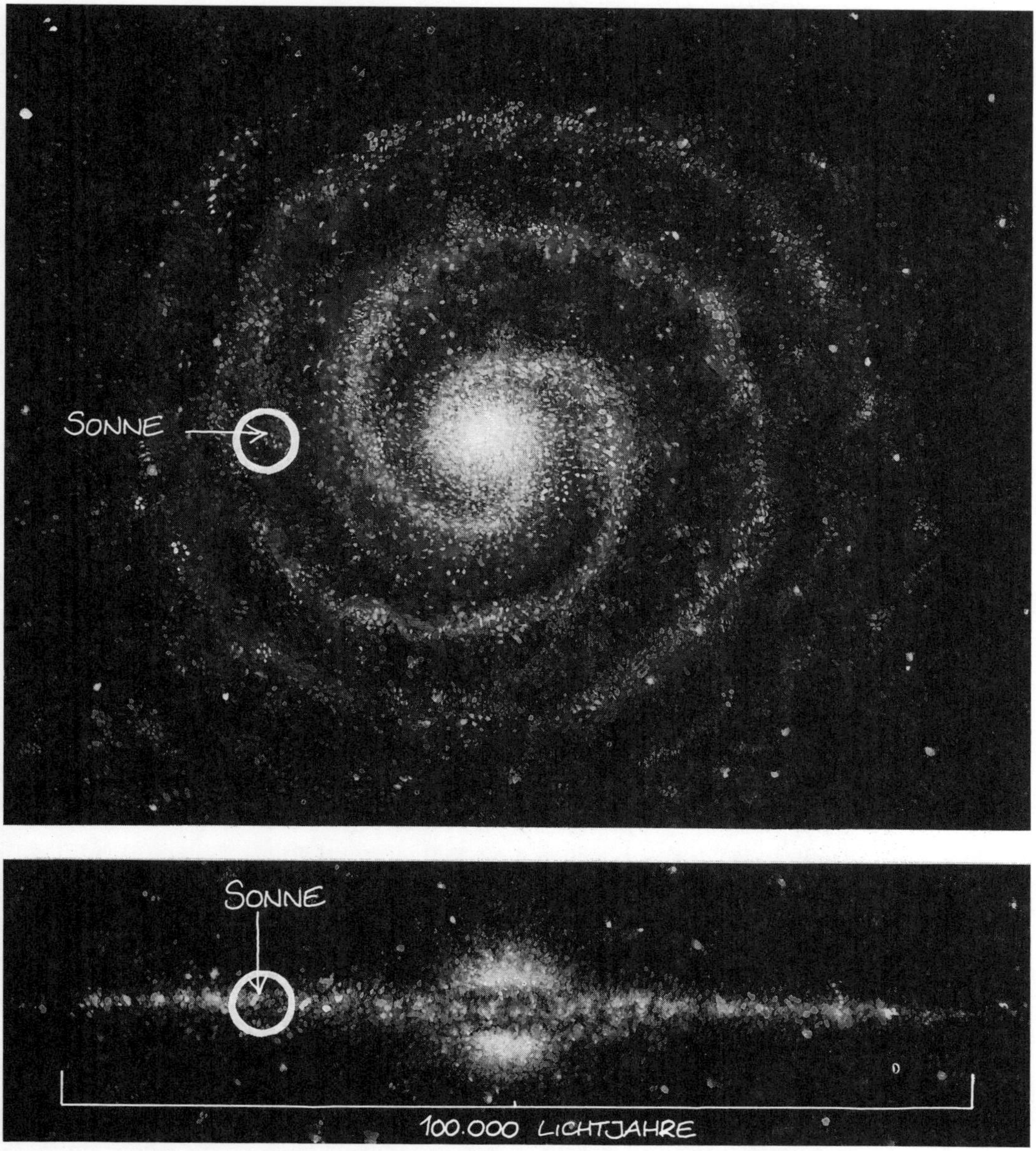

Nach modernen Vorstellungen ähnelt die Galaxis einem rund 100000 Lichtjahre großen Diskus. Von oben betrachtet hat sie die Gestalt eines Feuerrades. Unser Sonnensystem ist etwa 28000 Lichtjahre vom Zentrum entfernt.

Erscheinung läßt sich am Südhimmel aus-
machen und heißt *Kohlensack*. Da es zwischen uns und dem Nabel der
Milchstraße mehrere »Kohlensäcke« gibt,
kommen dort die Forscher nicht weiter.
Zumindest mit optischen Instrumenten.
Glücklicherweise passiert langwellige
Strahlung die galaktischen Nebel wesentlich problemloser. Daher verwenden die
Astronomen Infrarot- und Radioteleskope, um dem Geheimnis des Kerns auf
die Spur zu kommen; solche Geräte haben übrigens entscheidend dazu beigetragen, den exakten Bauplan der Galaxis
herauszufinden.
Wie also sieht ihr Zentrum aus? Da gibt
es in seiner unmittelbaren Nähe einige
sternähnliche Objekte. Eines davon leuchtet mehrere Millionen Mal heller als die
Sonne. Manche Wissenschaftler vermuten, daß es sich dabei um den eigentlichen Kern handelt.
Zwei Möglichkeiten kommen nach unserer Kenntnis in Frage, um eine derartige
Helligkeit zu erklären:
Entweder stehen mehrere Sterne auf engstem Raum dicht beisammen wie die einzelnen Scheinwerfer in der
Flutlichtanlage eines Fußballstadions.
Oder der Leuchtkraftriese befindet sich in
unmittelbarer Nähe eines schwarzen
Lochs, das ihm ständig Materie entreißt.
Wie wir schon gehört haben, strahlt diese
hell auf, bevor sie in dem Schlund verschwindet. Wäre diese Vermutung richtig,
säße im galaktischen Feuerrad, hinter Nebeln verborgen, in Form eines schwarzen
Lochs ein gewaltiger kosmischer Krake.

Der Katalog
des Kometenfrettchens

»Verdammt! Wieder kein Komet!«
fluchte Charles Messier leise vor sich hin
und preßte die Lippen zusammen. Sein
Meister, Joseph Nicolas Delisle (1685 bis
1768), würde auf ihn einmal mehr nicht
gut zu sprechen sein. Denn der berühmte
Astronom war eigensinnig und störrisch
geworden. Vor kurzem hatte er die Bahn
des Halleyschen Kometen falsch berechnet. Daher entdeckte nicht sein Beobach-
tungsgehilfe Messier, sondern – und das
brachte Delisle zum Kochen – ausgerechnet ein Bauer und Amateurastronom namens Johann Georg Palitzsch den
Kometen.
Glücklicherweise trat der alte Herr bald in
Ruhestand. Charles Messier (1730 bis
1817) wurde sein Nachfolger als Direktor
des Marineobservatoriums in Paris.
Der kleine Mann muß ein komischer
Kauz gewesen sein. König Ludwig XV.
nannte ihn sein »Kometenfrettchen«, weil
er sich auf die Beobachtung von Kometen
spezialisiert hatte. Zu Messier paßt auch,
daß er, in Gedanken verloren, bei einem
Spaziergang ein offenstehendes Eisentor
für den Eingang zu einer Grotte hielt,
forsch drauflosmarschierte – und sieben
Meter tief in einen Eiskeller stürzte.
Doch solches Mißgeschick brachte den
Forscher nicht aus der Ruhe. Als er nach
einem Jahr aus dem Krankenhaus entlas-
sen wurde, hielt er weiterhin beharrlich
nach »Haarsternen« Ausschau und är-
gerte sich grün und blau, wenn sich der

vermeintlich neue Komet als Nebel entpuppte, der schon immer da gestanden hatte. Um seine Nerven zu schonen, begann Messier damit, alle möglichen Wölkchen aufzulisten. So entstand ein Katalog mit rund 100 Objekten. Nach dem Anfangsbuchstaben des Verfassernamens erhielt jedes eine »M«-Nummer. Heute ist der *Messier-Katalog* eine Fundgrube für Amateurastronomen, die sich zum Beispiel M 42 (Orionnebel), M 57 (Ringnebel in der Leier), M 13 (Kugelsternhaufen im Herkules), M 45 (Plejaden) oder M 31 (Andromedanebel) anschauen wollen. In einem kleinen Fernrohr sehen all diese Objekte ähnlich verwaschen aus. Doch im großen Teleskop springen die Unterschiede ins Auge. Tatsächlich gehören zum Beispiel M 13 und M 31 völlig verschiedenen Klassen an. Messier war sich dessen jedoch kaum bewußt. Sein Kollege Herschel nahm mit seinen Fernrohrriesen die unterschiedlichen Gestalten dagegen sehr wohl wahr. Dennoch würde er staunen, wüßte er, was die Astronomen des 20. Jahrhunderts über die Nebel herausgefunden haben – und was heute selbst Amateure mit ihren modernen Instrumenten so alles sehen.

Schneebälle und Elefantenrüssel

Wollt ihr mich zur Sternwarte am Waldrand begleiten? Ja! Gut, dann folgt mir auf eine kleine Reise durch die Tiefen des Universums!

Die erste Station liegt in der Konstellation Herkules und heißt M 13. Nachdem sich unser Auge an die Dunkelheit gewöhnt hat, sehen wir einen »Schneeball« aus scheinbar Tausenden von Sternen. Im Zentrum zerfließen sie zu einer gleichförmigen, hellen Masse. Aber den Rand des Balls löst das Fernrohr deutlich in viele einzelne Lichtpünktchen auf.

Kein Wunder, daß Objekte wie M 13 als *Kugelsternhaufen* bezeichnet werden. Etwa 200 kennen die Astronomen bisher. Die Forscher wissen, daß sie zu den ältesten Objekten im Universum zählen und durchschnittlich an die 12 Milliarden Jahre alt sind. Der Anblick im Fernrohr täuscht nicht. In der Tat stehen sehr viele Sterne (bis zu einigen Millionen) auf engstem Raum zusammen. Wäre unsere Sonne Mitglied eines Kugelhaufens, dann wäre der irdische Nachthimmel gleichmäßig mit hellen Sternen übersät. Vielleicht sollten wir uns daran erinnern, daß wir 25.000 Jahre in die Vergangenheit zurückschauen. Denn M 13 ist 25.000 Lichtjahre von der Erde entfernt. Wie andere Kugelsternhaufen hält sich M 13 in einem Bereich auf, der das Zentrum unserer Milchstraße wie eine Kugel umhüllt. Die Fachleute sprechen vom *galaktischen Halo*. Die nächste Station liegt im Osten des Sternhimmels. Wir kennen sie bereits von einer unserer früheren Exkursionen. Damals waren uns im Sternbild Stier die acht Sterne der Plejaden (M 45) mit dem bloßen Auge aufgefallen. Mittlerweile haben wir sie mit dem Feldstecher angesehen. Aber ihr Bild im großen Fernrohr

*In Kugelstern-
haufen drängen
sich auf engstem
Raum bis zu einige
Millionen Sonnen.
M 13 im Herkules
gehört zu den
prächtigsten Ver-
tretern dieser
Klasse von
Objekten.*

schlägt alles: Dutzende von Sternen, eingebettet in einen hauchdünnen, bläulich
schimmernden Nebel.

Dieser zarte Schleier ist der Überrest jener Mutterwolke, aus der die Plejaden vor
nur 50 Millionen Jahren geboren wurden.
Offene Sternhaufen wie M 45 gehören
demnach zu den jüngsten Objekten im
Kosmos. Im Gegensatz zu den Kugelsternhaufen zählen sie im Durchschnitt
nur einige hundert Mitglieder. Die Kata-
loge der Astronomen verzeichnen heute
um die 1000 offene Sternhaufen.

Werfen wir noch einen letzten Blick auf
die funkelnde Pracht der Plejaden und visieren dann den Ringnebel in der Leier
(M 57) an. Dieses Rauchringlein haben
wir ebenfalls schon einmal angesehen.
Wir wissen, daß es in die Klasse der *planetarischen Nebel* (circa 1100 sind bekannt)
gehört und erinnern uns sogleich an den
Lebenslauf eines sonnenähnlichen Sterns,
von dessen Ende M 57 zeugt.
In diese Kategorie fällt auch das erste
Wölkchen, das Messier in seiner Liste verzeichnet hat: M 1 im Stier. Nachdem es

bereits weit nach Mitternacht geworden ist, steht dieser *Supernova-Überrest* in relativ günstiger Beobachtungsposition. Während wir den Krebsnebel betrachten, fällt uns die Geschichte mit Jocelyn Bell, den Pulsaren und dem Leuchtturm der grünen Männchen ein...

Doch zwei weitere Sehenswürdigkeiten sollten wir nicht vernachlässigen. Da ist zunächst ein alter Bekannter: der Orionnebel. Den in kräftigem Rot glänzenden inneren Teil der Wolke umgeben blaßblaue Gasschleier. In das bizarre Gebilde eingebettet ist ein markantes Trapez. Bei den Lichtpünktchen, die es bilden, handelt es sich um erst wenige Jahrhundert-tausende alte Sonnenbabys. Denn der Orionnebel ist nichts anderes als eine 1700 Lichtjahre entfernte Stern-Kinderstube. Die Strahlung der »Neugeborenen« regt das überwiegend aus Wasserstoff bestehende Gas zum Leuchten an und macht aus M 42 einen typischen *Emissionsnebel*. Aber weil sich in der Wolke auch Staubteilchen verstecken und diese das Licht nur reflektieren wie eine weiße Wand die Sonnenstrahlen, gehört M 42 außerdem zu den *Reflexionsnebeln*.

Außerdem zerfurchen dichte Materieschläuche das Objekt. Die Astronomen nennen sie im Fachjargon »Elefantenrüssel«; in der Milchstraße haben wir solche

Ein zarter Schleier aus Gas umhüllt die Plejaden. Der offene Sternhaufen zeigt sich als »Siebengestirn« bereits dem bloßen Auge.

schwarzen Zirren (mit einer Ausdehnung
von mehreren Grad) als *Dunkelwolken*
kennengelernt. Emissions- und Refle-
xionsnebel sowie Dunkelwolken sind verschiedene Erscheinungsformen der
interstellaren Materie und beweisen eindrucksvoll, daß der Raum zwischen den
Sternen keineswegs leer ist.

Nun schwenken wir das Teleskop zum
letztenmal über den Himmel, bis es fast
senkrecht nach oben zeigt. Hoch über unseren Köpfen glimmt ein diffuses Fleckchen, das sich im Okular als weiße
Spindel von beachtlicher Ausdehnung zu
erkennen gibt. Der persische Astronom
Al-Sufi hat diesen Andromedanebel im
Jahr 964 in seinem Sternkatalog verzeichnet. Charles Messier, Wilhelm Herschel
und der englische Adelige und Amateurastronom Lord Rosse (1800 bis 1867)
widmeten ihm große Aufmerksamkeit.
Denn das Objekt ist etwas ganz Besonderes. Bis vor rund 70 Jahren hielt es die
Forscher zum Narren. Solange wußten sie
nämlich gar nicht, was sie da eigentlich
beobachteten. Dies sollten wir bedenken,
wenn wir heute wie selbstverständlich sagen: »Der Andromedanebel ist ein Milchstraßensystem ähnlich dem unseren, eine
Spiralgalaxie in zwei Millionen Lichtjahren Entfernung.«

Im Reich der Galaxien

Das menschliche Auge ist ein phantastisches Organ. Im Alltag funktioniert es
perfekt. Nur bei bestimmten »Spezialauf-

gaben« stößt es, wie jedes andere optische
Gerät auch, an seine Grenzen. Licht von
schwachen Objekten vermag es beispielsweise nicht zu sammeln oder zu verstärken. So erfanden die Menschen das
Fernrohr und verbesserten es im Laufe
der Jahrhunderte immer mehr. Im
19. Jahrhundert hielt die Fotografie Einzug in der Astronomie und schob den
Horizont weiter hinaus. Das Gespann
Fernrohr/Kamera erwies sich für die Beobachtung schwacher Nebel als unschlag-
bar.

Dies galt im besonderen Maße für die
»Lichtkanone« vom Mount Wilson, einem
Spiegelteleskop mit zweieinhalb Metern
Öffnung. Im Jahr 1919 ging es auf dem
1740 Meter hohen Berg in Südkalifornien
in Betrieb. Nahezu drei Jahrzehnte blieb
es das größte astronomische Auge der
Welt.

Der Mann, der mit seiner Hilfe das Rätsel
des Andromedanebels lösen sollte, war
1,88 Meter groß, erfolgreicher Schwerge-
wichtsboxer und Inhaber einer Anwalts-
kanzlei. Aber irgendwann machte Edwin
Hubble (1889 bis 1953) das Wälzen von
Gesetzesbüchern und Paragraphen keinen
Spaß mehr. Er studierte die Wissenschaft
von den Sternen und ging als Astronom
an das Mount-Wilson-Observatorium.
Warum sich Hubble mit soviel Eifer gerade auf die Andromedagalaxie stürzte,
läßt sich einfach erklären. Erstens diskutierten die Astronomen die Frage, ob das
Objekt eine eigene Welteninsel ist oder
ein Nebel innerhalb der Milchstraße, immer heftiger; zweitens erschien das

Zweieinhalb-Meter-Teleskop ideal dafür geeignet, dieses Problem zu klären; und drittens würde derjenige, der die Lösung fand, in die Geschichte der Himmelskunde eingehen.

Der Schlüssel zur Wahrheit konnte allerdings nur der in Händen halten, der den Abstand zum Andromedanebel bestimmte. Aber wie sollte dies gelingen? Die Parallaxenmessung versagte. Demnach blieb lediglich die Suche nach Chepeiden, jenen wunderbaren Sternen, deren periodische Helligkeitsschwankungen indirekt die Entfernung verraten. Nach ihnen mußte der ehrgeizige Hubble suchen. Der junge Astronom beobachtete und fotografierte wie ein Besessener – und hatte schließlich Erfolg: »Sie werden sich freuen zu hören, daß ich im Andromedanebel einen Chepeiden gefunden habe«, schrieb Hubble am 19. Februar 1924 an seinen Kollegen Harlow Shapley. Shapley freute sich natürlich *nicht*. Denn er hatte jahrelang felsenfest behauptet, sämtliche elliptischen und spiralförmigen Nebel gehörten zur Milchstraße. Darüber hinaus hielt er die Galaxis für das einzige Sternsystem und damit für den Mittelpunkt des Universums. Auf einen Schlag war seine schöne Theorie zerplatzt wie eine Seifenblase. Aber so ist das in der Wissenschaft nun einmal.

Edwin Hubble zog nicht nur einen Schlußstrich unter die Debatte um die Welteninseln. Er gab dem Kosmos auch eine neue Dimension: Nach seinen Berechnungen war die Andromedagalaxie nämlich nicht weniger als eine Million

Lichtjahre entfernt. Aufgrund eines prinzipiellen Fehlers mußte diese Entfernung wie alle anderen Galaxien-Abstände im Jahr 1952 verdoppelt werden. Daher beträgt die Distanz zu unserem Nachbarn nach heutigen Vorstellungen rund zwei Millionen Lichtjahre.

Mit der Zeitmaschine zu fernen Milchstraßen

Der ehemalige Rechtsanwalt Hubble brachte einen Stein ins Rollen. Überall auf den großen Sternwarten fuhren die Astronomen mit ihren Zeitmaschinen ins All. Warum Zeitmaschinen? Ganz einfach. Die Milchstraßensysteme besitzen gewaltige Entfernungen zur Erde. Nur etwa zwei Dutzend von ihnen stehen sozusagen vor der Haustür; sie gehören, wie unsere Galaxis, zur *lokalen Galaxiengruppe*. Die nächstgelegenen Mitglieder dieses Haufens – die beiden Magellanschen Wolken – trennen nur rund 170.000 Lichtjahre von uns. Als ihr Licht auf die Reise ging, jagten auf der Erde Urmenschen Mammuts.

Umgekehrt blicken wir in die Vergangenheit ferner Objekte zurück. Im ersten Kapitel haben wir den Grund für diesen Zeitmaschinen-Effekt kennengelernt. Das Licht, der einzige Bote, der uns aus den Tiefen des Weltraums erreicht, ist mit einer Geschwindigkeit von 300.000 Kilometern in der Sekunde unterwegs. In einem Jahr legt es 9,46 Billionen Kilometer zurück. Daher sind die Nachrichten,

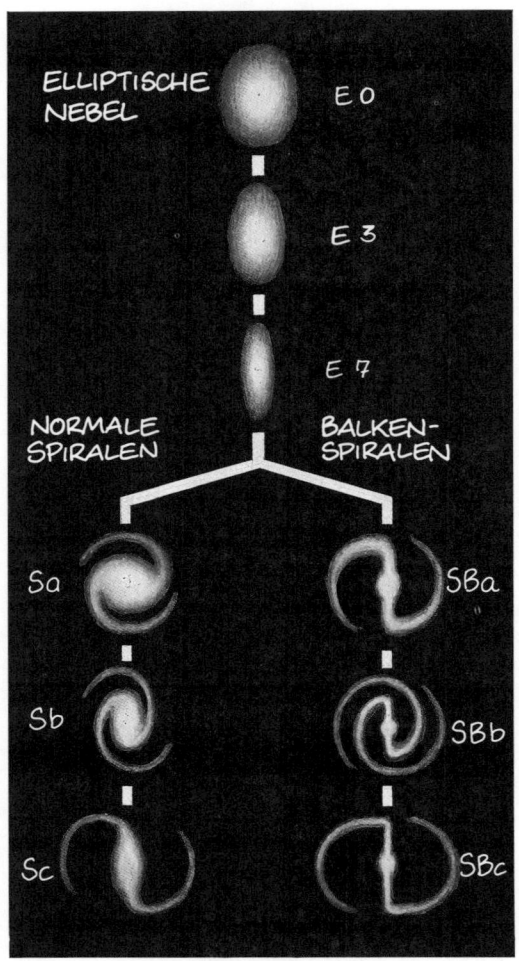

danebel erreichen, stets zwei Millionen Jahre alt.

In den zwanziger und dreißiger Jahren beschäftigten sich die Astronomen sehr intensiv mit den Galaxien. Wie Schmetterlingssammler seltene Falter, so studierten die Himmelsforscher ferne Milchstraßen. Den »Sternastronomen« vergleichbar, versuchten auch die »Galaxienastronomen«, Ordnung in die Welt zu bringen. Allerdings ließen sich die Nebel nicht nach Farben unterscheiden. Die Einteilung in Leuchtkraftklassen erschien ebenfalls wenig ergiebig.

Aber im Gegensatz zu den winzigen Pünktchen der Sterne traten die Galaxien in allen möglichen Gestalten auf. Da gab es große und kleine, runde und ovale, wohlgeformte und unregelmäßige. Edwin Hubble selbst ordnete die Vielfalt der Spindeln und Spiralen, Kreise und Ellipsen. Sein Galaxien-Zoo wurde im Laufe der Zeit zwar gelegentlich umgebaut, aber der Grundriß gilt noch heute:

- Da gibt es zunächst die *elliptischen Galaxien*. E 0 steht für kugelige, E 7 für längliche Nebel. E 1 bis E 6 bezeichnen Zwischenstufen. In dieser Klasse läßt sich jedes siebente Sternsystem unterbringen. Die elliptischen Galaxien scheinen recht alt zu sein und enthalten kaum Gas- oder Staubnebel, aus denen neue Sterne geboren werden könnten.

- Mehr als die Hälfte aller bekannten Nebel treten als *Spiralgalaxien* auf. An den entgegengesetzten Seiten eines relativ

Der amerikanische Astronom Edwin Hubble brachte Ordnung in die Formenvielfalt der Milchstraßen. Sein »Zoo« umfaßt elliptische Galaxien, Spiral- und Balkengalaxien sowie irreguläre Sternsysteme.

die uns vom 19 Trillionen Kilometer (eine 19 mit 18 Nullen!) entfernten Androme-

Die elliptische Riesengalaxie M 87.

kleinen, runden Kerns winden sich zwei
Spiralarme nach außen. Jenen Systemen, deren Arme eng gewickelt sind,
gab Hubble die Bezeichnung Sa, die mit
den weniger dichten Armen erhielten
den Namen Sb (in diese Kategorie fällt
der Andromedanebel und vermutlich
auch unsere eigene Milchstraße); die
weitgeöffneten Spiralen heißen Sc.

• Bei jedem neunten Nebel steht eine »Zi-
garre« im Mittelpunkt. In einem zigar-
renförmigen Bereich um das Zentrum
gruppieren sich besonders viele Sterne
und interstellare Wolken. Aus diesem
Grund taufte Hubble solche Spiralsy-
steme *Balkengalaxien.*

*Am Südhimmel steht die Spiralgalaxie
NGC 300.*

Die Balkengalaxie NGC 1365 präsentiert sich mit weit-geöffneten Armen.

Die irreguläre Galaxie NGC 1313 bietet einen ähnlichen Anblick wie die Große Magellansche Wolke.

• Schließlich fanden die Astronomen bei ihren Streifzügen ins Reich der Galaxien auch einige Sonderlinge, die sich beim besten Willen in keines der drei ge-nannten Schemen pressen ließen. Sie machten der Bezeichnung »Nebel« alle Ehre und wurden kurzerhand *irreguläre Galaxien* genannt. Zwei dieser Außensei-ter sind uns schon vertraut: die Große und die Kleine Magellansche Wolke.

»Achtung, Kannibalen!«

Als die Forscher den Galaxien-Zoo in den vergangenen Jahren renovierten, haben sie ihn außerdem um ein kleines Gehege erweitert. »Achtung, Kannibalen!« warnt ein Schild am Käfig.

Damals, als wir an Bord des Raumschiffes

Mehrere tausend Galaxien zählt der Virgohaufen (Ausschnitt) im Sternbild Jungfrau.

Intergalaxos eine Reise vom Planeten Formicolo durch das Weltall bis zur Erde unternommen haben, sind uns die Galaxien
als Irrlichter erschienen. Außerdem haben
wir bemerkt, daß nur ganz wenige als
einsame Schiffchen im weiten Ozean des
Kosmos treiben. Die meisten segeln wie
die Teilnehmer einer Regatta durch das
Universum.
Daß die Sternsysteme bevorzugt in *Galaxienhaufen* auftreten, hatte ein Gelehrter
schon in der Mitte des 19. Jahrhunderts
bemerkt. Jeder Amateurastronom kann

sich heute mit eigenen Augen davon
überzeugen. Er muß dazu sein Fernrohr
(15 Zentimeter Durchmesser sollte die
Optik allerdings schon besitzen) in einer
klaren, mondlosen Nacht auf eine Region
im nordwestlichen Teil des Sternbildes
Jungfrau (Virgo) richten. Im Gesichtsfeld
zeigt sich dem geschulten Auge dann
mindestens ein Nebelfleckchen. Bewegt
man das Teleskop in kleinen Etappen
über den Himmel, tauchen immer neue
Wölkchen auf, manchmal bis zu drei oder
vier gleichzeitig.

Galaxien auf Kollisionskurs: Die beiden Sternsysteme NGC 5426 und NGC 5427 sind einander zu nahe gekommen und verformen sich aufgrund der gegenseitigen Anziehungskraft.

Alle gehören sie zum *Virgohaufen*. Er braucht sich nicht zu verstecken, denn Fachleute schätzen die Zahl der »Boote«, die sich an dieser Regatta beteiligen, auf rund 20.000. Da müssen die einzelnen Teilnehmer höllisch aufpassen, daß sie nicht zusammenstoßen. Aber gelegentlich passiert es eben doch, zumal sich die Systeme auf komplizierten Bahnen um den Schwerpunkt des Haufens bewegen: Ge-

raten erst einmal zwei Galaxien auf Kollisionskurs, hält sie nichts mehr auf. Sie steuern unaufhaltsam aufeinander zu, prallen heftig zusammen und beginnen, sich zu durchdringen. Während die Sterne beider Galaxien nahezu heil bleiben, werden die interstellaren Materiewolken durchgeknetet wie ein Hefeteig. Nun kommt es darauf an, wer die größere Masse besitzt. Um ein Schlauchboot, das mit einem Ozeanriesen zusammenstößt, ist es schnell geschehen. Und so endet die Begegnung zwischen einer Riesen- und einer Zwerggalaxie für letztere ausgesprochen unerfreulich: Sie bleibt im Inneren des »Unfallgegners« stecken und wird von ihm förmlich aufgefressen. Während der »Ozeanriese« weiter seine Kreise zieht, ist das »Schlauchboot« von der Bildfläche verschwunden. Im Zentrum vieler Haufen stehen »fette Galaxien«; einige von ihnen scheinen sich ganz auf das »Verspeisen« ihrer Artgenossen spezialisiert zu haben. Kehren wir noch einen Moment in die Konstellation Jungfrau zurück. Da wir nur relativ wenige »Schiffe« mit großen Se-

geln (sprich: helle Sternsysteme) sehen, muß dieser Galaxienhaufen weit entfernt sein. Tatsächlich ist sein Abstand 35mal größer als der zum Andromedanebel, beträgt also 70 Millionen Lichtjahre. Trotzdem gehört die Virgo-Regatta zu jenen Sehenswürdigkeiten, die »nur einen Katzensprung« von uns entfernt stehen. Die Astronomen haben den gesamten Himmel nach Galaxienhaufen abgesucht. Die meisten verraten sich erst auf langbelichteten Aufnahmen großer Teleskope. Ihre Zahl geht in die Tausende. Ihre Abstände betragen hundert Millionen bis zu einigen Milliarden Lichtjahren! Eine Milliarde Lichtjahre entspricht der Strecke

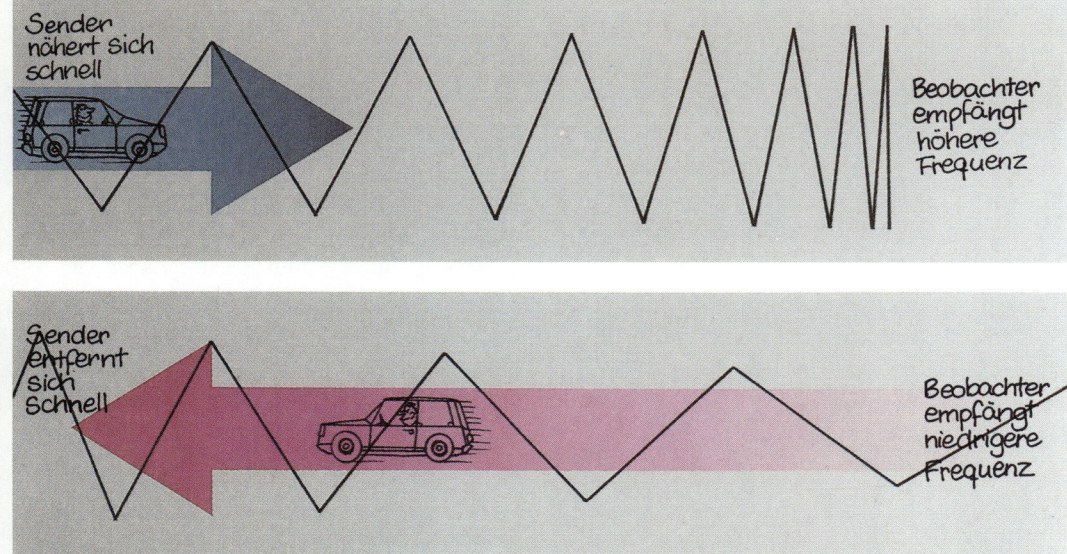

Braust ein Auto auf einen ruhenden Beobachter zu, steigt die Tonhöhe des Motors stetig an: Die Schallwellen werden gestaucht. Hat der Wagen den Beobachter passiert, sinkt die Tonhöhe: Die Schallwellen werden gedehnt. Das ist der Doppler-Effekt.

von fast zehn Trilliarden Kilometern (eine 1 mit 22 Nullen). Ein Düsenjet, der mit 1000 Stundenkilometern unterwegs ist, bräuchte für diese Distanz mehr als eine Billiarde Jahre!

Natürlich kann man solche Entfernungen, die unsere Vorstellungskraft weit übersteigen, nicht auf das Lichtjahr genau messen. Dennoch gibt es eine recht zuverlässige Methode. Sie funktioniert mit dem *Doppler-Effekt*.

Auf der Flucht

Die Wissenschaftler hatten das Licht vieler Sternsysteme in Regenbogen, in Spektren, zerlegt und darin alle möglichen dunklen Striche gefunden. Doch irgend etwas stimmte nicht! Die Fraunhoferschen Linien standen niemals dort, wo sie eigentlich hingehörten. Stets waren sie ein wenig verschoben – bei manchen Galaxien zu kürzeren, bei anderen zu längeren Wellenlängen. Die Forscher überraschte dies allerdings nicht, denn sie wußten, warum das so war. Schließlich hatte der österreichische Physiker Christian Doppler (1803 bis 1853) diesen Effekt genau beschrieben. Jedoch nicht speziell für Galaxien, sondern für Lichtwellen allgemein. Ja, er gilt sogar für den Schall. Mit ihm hatte Doppler experimentiert. Jeder kann sich übrigens von der Entdeckung des Physikers mit eigenen Ohren überzeugen. Neben jeder Straße oder Autobahn ist das Experiment möglich, man muß nur ein-

mal auf die Motorengeräusche der vorbeifahrenden Fahrzeuge achten: Von fern kommt gerade ein Sportwagen herangebraust. Das Motorengeräusch wird allmählich lauter, der Ton immer höher. Im nächsten Moment ist der Wagen vorbei; augenblicklich klingt der Ton tiefer. Warum hat sich die Tonhöhe des Motors geändert?

Als sich der Sportwagen mit hoher Geschwindigkeit näherte, wurden die Schallwellen zusammengepreßt, und dabei wurde ihre Wellenlänge verkürzt. Eine kurze Wellenlänge, also viele Schwingungen in der Sekunde, entspricht aber einem hohen Ton. Als sich das Auto wieder entfernte, dehnten sich die Wellen in die Länge und erzeugten einen tiefen Klang. So erklärte es Christian Doppler im Jahr 1845. Er stellte sich natürlich nicht an die Autobahn, sondern neben ein Bahngleis und ließ auf einem offenen Waggon einen Trompeter an sich vorbeifahren, der dabei ständig denselben Ton blasen mußte.

Diesem Doppler-Effekt folgt nicht nur der Schall, sondern auch die elektromagnetische Strahlung. Nun gibt es zwar kein »hohes« oder »tiefes« Licht, dafür aber blaues (kurzwelliges) und rotes (langwelliges). Kommt auf einen unbeweglichen Beobachter mit hoher Geschwindigkeit eine Lichtquelle zu, erscheint ihr Spektrum blau gefärbt; die Forscher nennen dies *Blauverschiebung*. Entfernt sie sich ebenso schnell wieder, leuchtet der Regenbogen rötlich; das ist die *Rotverschiebung*.

Dieses Farbenspiel erkennt man jedoch nur bei astronomisch hohen Geschwindigkeiten. So waren die Wissenschaftler verblüfft, daß einige Galaxien mit mehr als sechs Millionen Stundenkilometern davonrasen, während der Andromedanebel mit Tempo eineinhalb Millionen auf die Milchstraße zusteuert. Zu einem Zusammenstoß mit dem Nachbarn wird es in absehbarer Zeit allerdings nicht kommen!

Das Messen von Galaxien-Geschwindigkeiten aus Spektren machte den Astronomen großen Spaß. Als einer der eifrigsten auf diesem Gebiet erwies sich wieder einmal Edwin Hubble. Irgendwie besaß der

Mann den richtigen Riecher für das Ungewöhnliche. Denn im Jahr 1929 überraschte er seine Kollegen mit einer Meldung, die – ebenso einfach wie sensationell – lautete: *Je weiter eine Galaxie entfernt ist, mit um so größerer Geschwindigkeit rast sie davon.*

Auf einem Bild ist der Zusammenhang gut zu erkennen. Die senkrechte Achse gibt die *Fluchtgeschwindigkeit* an, die waagrechte die Distanz; sie mußte natürlich für mehrere Milchstraßen anhand der Chepeiden-Sterne bestimmt und auf diese Weise geeicht werden. Darüber hinaus haben die Astronomen die von Hubble gefundene Beziehung einige Male korri-

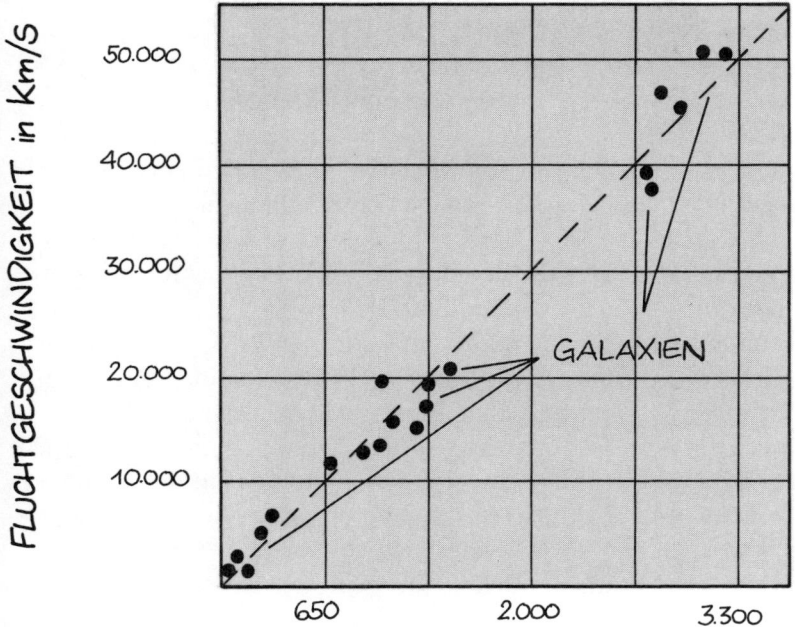

Edwin Hubble entdeckte, daß das Weltall expandiert. Das Hubble-Diagramm macht diesen Zusammenhang deutlich: Je weiter eine Galaxie entfernt ist, mit um so größerer Geschwindigkeit rast sie davon.

giert. Aber das soll uns nicht stören. Wichtiger ist der prinzipielle praktische Nutzen. Hat ein Wissenschaftler aus der Rotverschiebung die Fluchtgeschwindigkeit einer Galaxie abgelesen, liefert ihm der »Hubble-Fahrplan« nämlich sofort die dazugehörige Entfernung. Eine phantastische Sache!

Die Astronomen waren 1929 aber noch aus einem anderen Grund sprachlos. Hubble hatte entdeckt, daß das Weltall *auseinanderfliegt*. Dabei sieht es so aus, als würden alle Nebel (mit Ausnahme jener, die zur lokalen Gruppe gehören) vor unserer Galaxis fliehen. Befinden wir uns also doch im Mittelpunkt des Universums? Nein, der Schein trügt!

Stell dir vor, ein Klassenzimmer, in dem du dich aufhältst, beginnt plötzlich, sich um das Doppelte zu vergrößern. Dabei nimmt es die Stühle, auf denen die anderen Schüler sitzen, mit. »Alle Stühle bewegen sich von mir fort«, wirst du denken und bei näherem Hinsehen noch eine zweite Entdeckung machen: Dein Nachbar legt nur relativ langsam ein kleines Stückchen zurück, während Schüler in mehreren Metern Entfernung in derselben Zeit eine größerer Strecke schneller bewältigen müssen, um mit der Ausdehnung des Klassenzimmers Schritt zu halten. Im Weltraum geht es genauso zu. Die Stühle sind dabei die Galaxien.

Neben diesen Bewegungen haben die Astronomen noch anderes herausgefunden: Die Galaxienhaufen scheinen sich zu noch größeren Strukturen, zu sogenannten *Superhaufen* zusammenzuschließen.

Auch die lokale Gruppe, in der wir uns befinden, nimmt gemeinsam mit dem Virgohaufen an einer Riesenregatta teil. Solche gewaltigen Verbände treiben überall, soweit die Astronomen mit ihren Fernrohren in das Weltall vordringen können. Dabei haben Forscher vor einigen Jahren etwas Geheimnisvolles bemerkt. Die Superhaufen sehen nicht etwa kugelförmig oder elliptisch aus. Vielmehr reihen sich die Welteninseln aneinander und bilden lange Ketten. Diese wiederum umhüllen die Wände von gigantischen »Seifenblasen«. Der kosmische Ozean ist in Wirklichkeit ein »Schaumbad«!

Energiemonster, die es in sich haben

Wenn wir zum Himmel aufblicken, sehen wir nur das, was wir sehen *können*. Dies mag vielleicht komisch klingen. Dennoch ist es so. Wie wir gehört haben, nehmen unsere Augen ebenso wie gewöhnliche Fernrohre lediglich einen winzigen Ausschnitt aus dem elektromagnetischen Spektrum wahr. Als die Astronomen in den fünfziger Jahren Radioteleskope einsetzten – im nächsten Kapitel soll von diesen speziellen Empfängern ausführlich die Rede sein –, tat sich ein neuer Himmel auf. So entpuppten sich bereits bekannte Sternsysteme als extrem starke Radiostrahler. Daher erhielten sie den Namen *Radiogalaxien*. Die Experten spürten aber auch andere Quellen auf, die sich ebenfalls mit sichtbaren Objekten

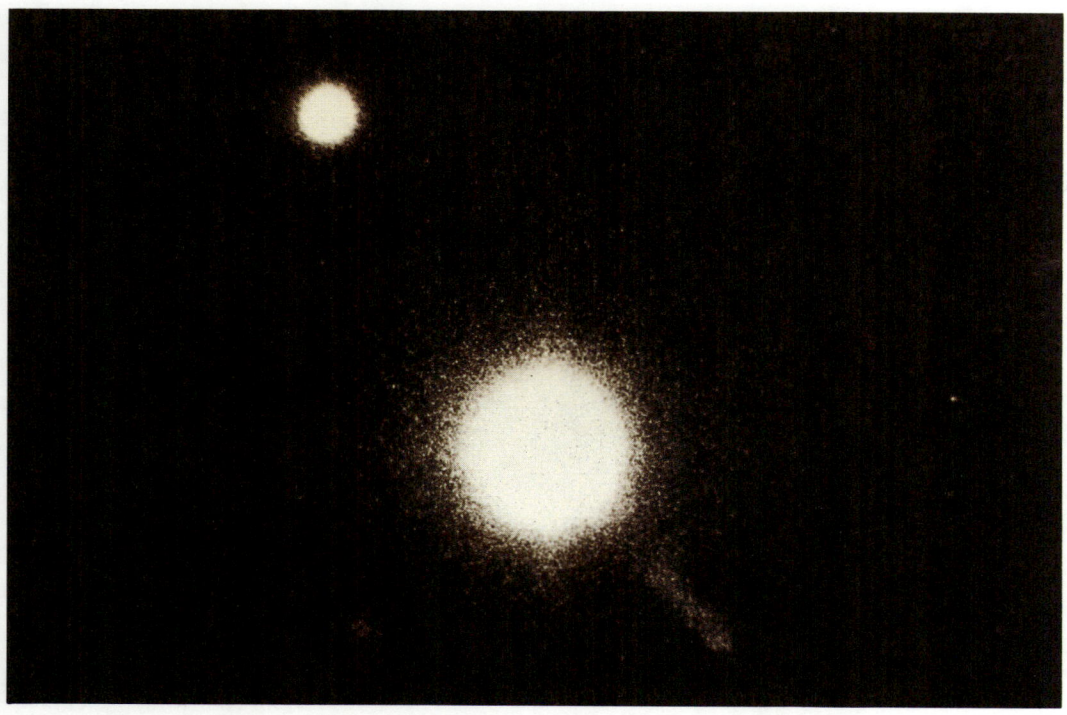

Grenzstein im Universum: Astronomen halten Quasare für die ältesten und damit am weitesten entfernten Objekte. 3 C 273 (unteres Fleckchen) gehört mit einer Distanz von eineinhalb Milliarden Lichtjahren zu den relativ nahen Quasaren.

identifizieren ließen. Diese ähnelten jedoch keinen Galaxien, sondern sie sahen aus wie Sterne.

Der holländische Wissenschaftler Maarten Schmidt (geboren 1929) untersuchte das Spektrum eines solchen Radiosterns und zerbrach sich wochenlang den Kopf, wie er es deuten sollte. Da konnte Schmidt ein noch so cleverer Detektiv sein, die »Fingerabdrücke im Regenbogen« schienen zu keinem der bekannten Elemente zu gehören.

Maarten Schmidt überlegte, diskutierte den Fall mit Kollegen und fand eines Tages im Jahr 1963 die Lösung. Es handelt sich auch hier um den Doppler-Effekt. Nur trat er in einer ungewöhnlichen »Verkleidung« auf. Er war nämlich extrem groß und verschob die Spektrallinien der bekannten Elemente bis zur Unkenntlichkeit in den roten Bereich. Gemäß der Hubble-Beziehung mußte der Radiostern 3 C 273 mit einer Fluchtgeschwindigkeit von 160 Millionen Kilome-

tern pro Stunde in die Tiefen des Alls rasen und rund eineinhalb Milliarden Lichtjahre entfernt sein. Aber mit welcher
immensen Energie müßte ein Stern strahlen, um über diese Distanz noch derart
kräftig zu leuchten! Das Objekt sah nur
so aus wie ein Stern, war *quasi* stel*lar*, war
ein *Quasar*.

Rund 1500 Quasare haben die Astronomen bisher in ihren Katalogen vermerkt.
Manche entfernen sich mit mehr als
970 Millionen Stundenkilometern oder
270.000 Kilometern in der Sekunde. Das
entspricht 90 Prozent der Lichtgeschwindigkeit (300.000 km/s) und einem Abstand von vielleicht 15 Milliarden
Lichtjahren! Welches Geheimnis steckt
hinter den Quasaren? Wir wissen es nicht.
Wir wissen nur, daß diese Meilensteine
am Ende von Raum und Zeit mit einigen
Lichttagen sehr kleine Durchmesser besitzen. Die Experten nehmen daher an, daß
sie in den Quasaren die außergewöhnlich
aktiven Kerne von jungen Galaxien beobachten.

Man sollte nicht vergessen, daß eine Entfernung von 15 Milliarden Lichtjahren ein
Alter von 15 Milliarden Jahren bedeutet.
Im Inneren der Milchstraßensysteme geht
es bestimmt turbulent zu, wirbeln Wolken
aus Gas und Staub durcheinander, werden in jeder Sekunde Tausende oder Millionen Sterne geboren. Dieser »Baby-
boom« könnte die extremen Strahlungs-
mengen verursachen. Vielleicht sitzt im
Zentrum eines jeden Energiemonsters ein
schwarzes Loch, gieriger und mächtiger,
als wir es uns vorzustellen vermögen.

Astro-Tip 5

Um es gleich vorweg zu sagen: Galaxien-
Suchen ist eigentlich etwas für fortge-
schrittene Amateure. Denn der Anfänger
darf nicht erwarten, daß ihm die Milchstraßensysteme ins Auge springen wie
helle Sterne oder der Mond. Sämtliche
Objekte glimmen nur als schwache nebe-
lige Lichter am Firmament. Mit Ausnahme des Andromedanebels und der
beiden Magellanschen Wolken geben sie
sich erst in einem lichtstarken Feldstecher
zu erkennen. Besser geeignet ist natürlich
ein Fernrohr.

Vielleicht habt ihr einmal Gelegenheit,
die beschriebenen Galaxien mit dem großen Teleskop einer Volkssternwarte zu
beobachten. Sie gehören zum Standard-
Programm der meisten »Sternführun-
gen«. Trotzdem wollen wir auf das Vergnügen, selbständig etwas zu entdecken,
nicht verzichten. Machen wir uns also mit
dem Fernglas auf die Suche. Soll das Unternehmen erfolgreich werden, müssen
wir

- einen sehr klaren Abend ohne störendes
  Mond- und Streulicht abwarten,
- das nebenstehende Aufsuche-Kärtchen
  sorgfältig studieren und
- nicht etwa hell leuchtende Spiralen oder
  Ellipsen erwarten, sondern schwache,
  farblose Lichtfleckchen.

Zum »Warmwerden« richten wir unser
Glas zunächst auf den vertrauten Nebel
im Sternbild *Andromeda*. Den hellen Kern

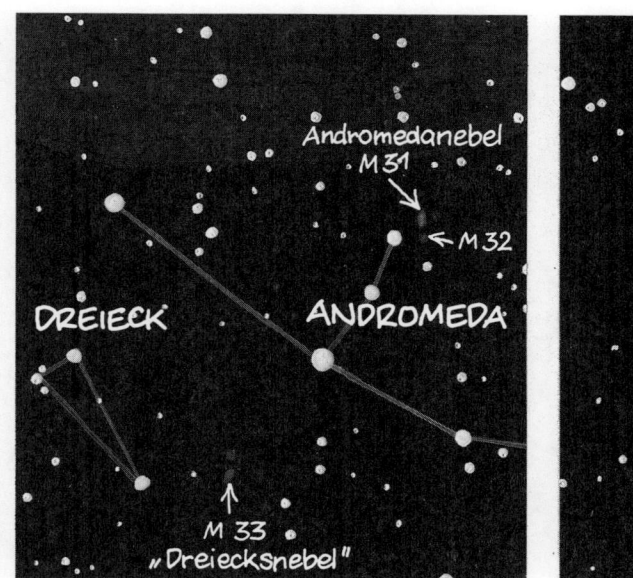 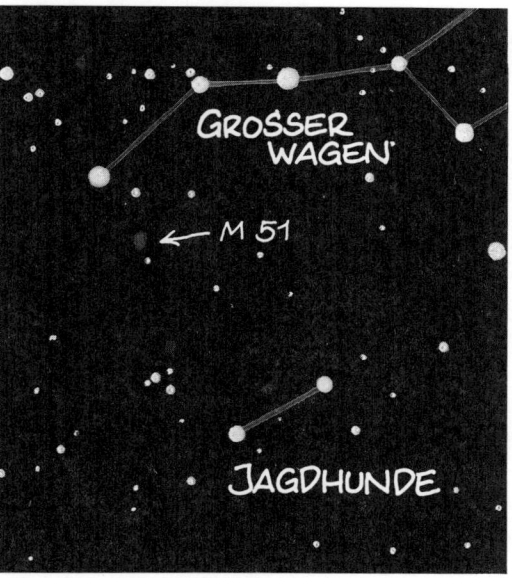

Dieses Kärtchen erleichtert das Auffinden der im »Astro-Tip 5« beschriebenen Galaxien.

und die schwächeren Ausläufer der Arme von *M 31* können wir gar nicht übersehen. Mit dem Instrument einer Volkssternwarte könnt ihr außerdem die beiden Begleiter *M 32* und *NGC 205* aufspüren; sie verraten sich als winzige Wölkchen. Diese eigenständigen Sternsysteme flankieren die Andromedagalaxie oberhalb und unterhalb ihrer Längsachse. *NGC* steht übrigens für *New General Catalogue*, ein Verzeichnis, das zusammen mit zwei Ergänzungen mehr als 13.000 Galaxien, Gasnebel und Sternhaufen enthält.

Ebenso wie die Andromeda ist auch die benachbarte Konstellation *Dreieck* am besten im **Herbst** und im **Winter** zu sehen.

Das kleine, unscheinbare Bild hält eine prächtige Galaxie bereit, den »Dreiecksnebel« *M 33*. Die volle Schönheit dieser rund zweieinhalb Millionen Lichtjahre entfernten Spirale, auf die wir fast von oben blicken, kommt allerdings erst auf Astroaufnahmen so richtig zur Geltung. Aber das zarte Fleckchen sollte man einmal mit eigenen Augen gesehen haben. Dies gilt auch für ein Milchstraßensystem, das im **Frühling** und im **Sommer** eine günstige Position am Firmament bezieht. Es gehört zum Sternbild *Jagdhunde*, obwohl es relativ nahe an der Deichsel des Großen Wagens steht. Charles Messier nahm dieses Feuerrad als 51. Objekt in seine Liste auf. Wegen seines Aussehens erhielt *M 51* im Englischen den Beinamen »Whirlpool«.

Tatsächlich ähnelt diese Galaxie einem gigantischen »Wasserstrudel«. Das Fernglas zeigt davon zwar nichts, läßt das Objekt aber immerhin wie einen verwaschenen, schwachen Doppelstern erscheinen. Das hat auch seine Richtigkeit. Die Astronomen glauben nämlich, daß M 51 vor einigen hundert Millionen Jahren an dem kleineren System *NGC 5195* vorbeigerast ist. Beide Galaxien haben sich seither noch nicht allzuweit voneinander entfernt und bilden ein bemerkenswertes Milchstraßenpaar. Etwa 13 Millionen Jahre reist ihr Licht zu uns.

Wer noch weiter in Raum und Zeit blicken will, muß das Fernglas in das Sommer-Sternbild *Jungfrau* richten und den Virgo-Haufen in Augenschein nehmen – keine leichte Aufgabe für den Unerfahrenen. Daher tretet den Ausflug lieber unter fachkundiger Anleitung auf einer Volkssternwarte an! Wenn diese Galaxien-Flotte gerade nicht zum Beobachtungsprogramm gehört, dann bittet den »Sternführer« trotzdem um einen kurzen Abstecher.

Die Atmosphäre schützt alles Leben auf unserem Planeten vor der tödlichen Strahlung aus dem All. Nur Licht und Radiowellen läßt die Lufthülle ungehindert bis zum Erdboden dringen.

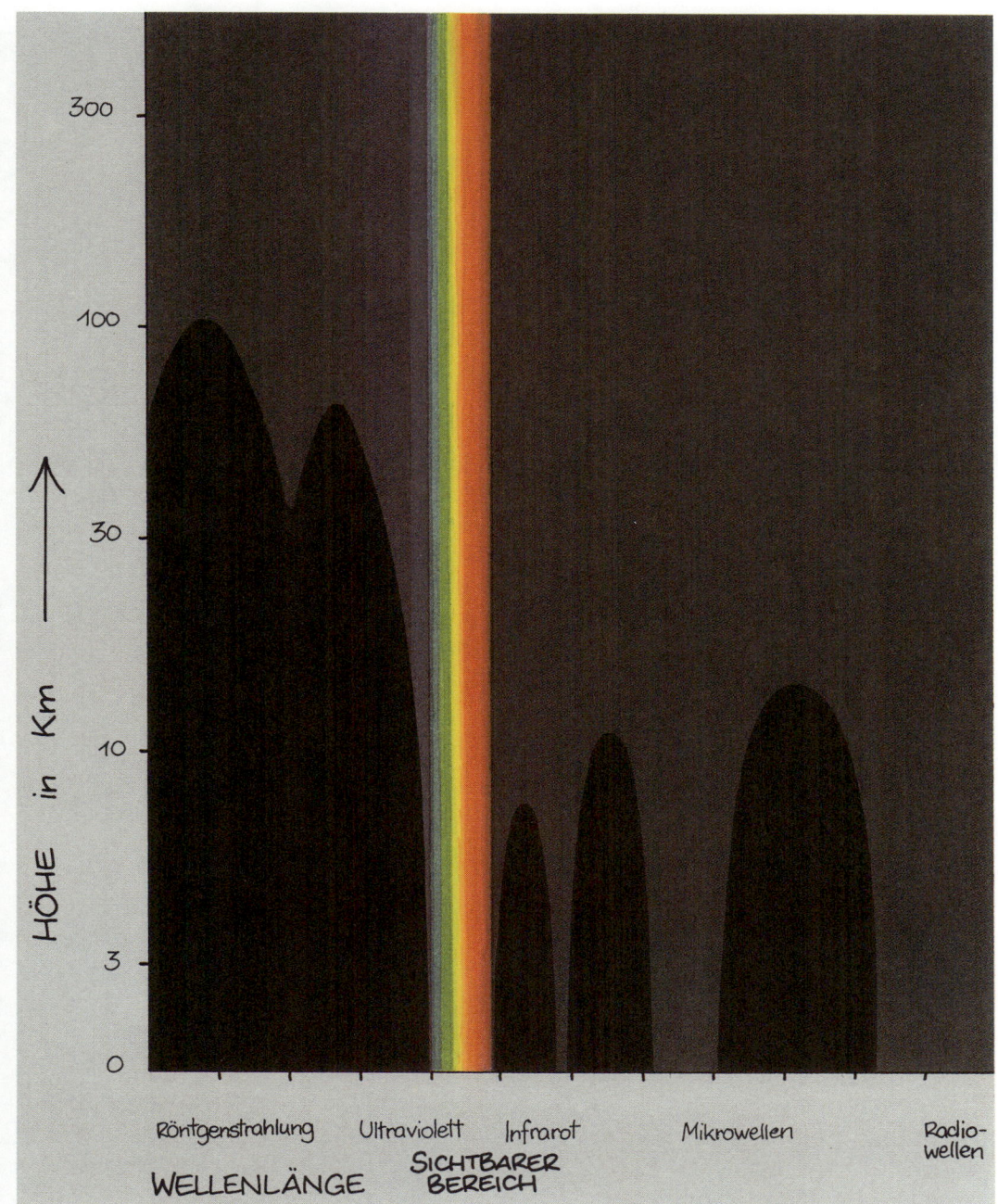

HÖHE in Km

300

100

30

10

3

0

Röntgenstrahlung   Ultraviolett   Infrarot   Mikrowellen   Radio-
                                                                            wellen

WELLENLÄNGE   SICHTBARER
                   BEREICH

6. Der Himmel als Labor

Löcher im Schutzanzug

Um die Mittagszeit herrschte eine unerträgliche Hitze. Wer eine oder zwei Stunden am Strand gelegen hatte, war krebsrot. Da nutzte es auch nichts, sich immer wieder mit starker Sonnenschutzcreme einzureiben. Die Arztpraxen und Krankenhäuser waren überfüllt, die Helfer im Dauereinsatz: Die Menschen litten an Hautausschlägen, Sonnenbränden oder Kreislaufzusammenbrüchen. Seit ein paar Wochen ging das jetzt schon so. Die VRWO (Vereinte Regierungen der westlichen und östlichen Welt) erließen ein Gesetz, wonach Kinder bis zu sechs Jahren überhaupt nicht mehr ins Freie gehen durften, Erwachsene zwischen Sonnenauf- und Sonnenuntergang nur noch eine Stunde. »Das Loch in der Atmosphäre weitet sich aus!«, »Wer rettet uns vor dem Inferno?« lauteten die Schlagzeilen.

Im Jahr 2245 starben in Europa hunderttausend Menschen an Verbrennungen und Hautkrebs, fünf Jahre später waren es schon mehr als eine Million. Dazu kam jetzt die Hungersnot. Mitten im Hochsommer warfen die Bäume ihre Blätter ab, die Wiesen wurden braun, das Getreide verdorrte. Obst, Gemüse und Milch gab es nicht mehr, Fleisch war Mangelware. Große Unternehmen schlossen ihre Tore, darunter auch Firmen, die Strahlenanzüge hergestellt und damit zunächst das große Geschäft gemacht hatten. Die Weltwirtschaft brach zusammen. Innerhalb der folgenden zwei Jahrzehnte verringerte sich die Weltbevölkerung auf zehn Millionen. Irgendwann im Winter 2299 starb der letzte Mensch an den Folgen der unerträglichen Strahlung, die aus dem Weltall auf die Erde gelangte.

So könnte es sich eines Tages abspielen, wenn wir weiterhin schädliche Abgase in die Lufthülle des (noch) blauen Planeten blasen. Denn das Leben kann ohne Atmosphäre nicht existieren. Seit Jahrmillionen umgibt die Lufthülle wie ein Schutzanzug die Erde. Sie hält den größten Teil der Strahlung ab, die ununterbrochen von der Sonne und aus den Tiefen des Universums auf uns niederprasselt. Nur unter diesem Mantel konnten sich die ersten primitiven Mikroorganismen entwickeln und daraus schließlich der Mensch. Als er zu den Sternen aufsah, nahm er sie gleichsam wie durch ein Filter wahr, denn seine Augen waren nur für jenen Teil der Strahlung empfindlich, den die Atmosphäre ungehindert bis zum Boden dringen läßt.

Dem sogenannten *optischen Fenster* entsprechen Wellenlängen zwischen vier Zehntausendstel und sieben Zehntausendstel Millimeter.

Diesen winzigen Ausschnitt des elektromagnetischen Spektrums nennen wir Licht, genauer *sichtbares Licht*. Denn es gibt jede Menge Licht, das vom Erdboden aus unsichtbar ist, weil es in der Lufthülle aufgehalten wird: das langwellige *infrarote* (IR) zum Beispiel oder das kurzwellige *ultraviolette* (UV). Mit dem UV betreten wir bereits den für das Leben gefährlichen Bereich.

Glücklicherweise hält die Atmosphäre diese energiereiche Strahlung ab (wie lange noch?), ebenso wie die noch gefährlicheren *Röntgen-* und *Gammastrahlen*. Auf der anderen Seite des Spektrums schließen sich an das IR die *Radiowellen* an.

Für Menschen, Tiere und Pflanzen harmlos, fallen sie bis zu einer Länge von 30 Metern ungehindert durch ein »Loch im irdischen Schutzanzug«.

Erst seit rund 50 Jahren betrachten die Forscher mit besonderen Instrumenten, die wie überdimensionale Suppenschüsseln aussehen, den Kosmos auch durch dieses *Radiofenster*.

Bleiben wir zunächst beim sichtbaren Licht. Trotz ausgeklügelter Geräte, trotz Satelliten, die außerhalb der Lufthülle das All mit Infrarot- oder Röntgenaugen mustern, gehört das optische Teleskop, das vor mehr als 380 Jahren das Tor zu fernen Welten weit aufgetan hat, noch längst nicht zum alten Eisen.

Das Rätsel des Teleskops

Die Geburtsstunde des Teleskops liegt im Dunkel der Geschichte, obwohl es die Kenntnisse vom Kosmos erhellt hat wie kaum ein anderes Instrument. Der Zeitpunkt seiner Taufe ist dagegen sehr genau bekannt. Am 14. April 1611 erhielt ein unscheinbares, schmales Röhrchen den Namen *Teleskop*. Erfunden hatte das Wort – es leitet sich von *tele* (weit weg) und *skopein* (blicken) ab – ein griechischer Mathematiker. Taufpate war der italienische Fürst Federico Cesi, der an diesem Tag ein Bankett zu Ehren seines Freundes Galileo Galilei veranstaltete. Der geniale Physiker und Astronom wußte, welche phantastischen Eigenschaften in dem Gerät zum »Weitwegblicken« stecken. Er hatte sich selbst mehrere Teleskope gebaut und damit in den vergangenen zwei Jahren die sichelförmige Gestalt der Venus, vier Satelliten des Jupiter, Berge und Täler auf dem Mond, die Sonnenflecken sowie Myriaden Sterne in der Milchstraße entdeckt. Aber erfunden hat Galilei das Fernrohr nicht.

Wem aber gelang diese geniale Entdeckung? War es vielleicht der englische Mönch Rogerius Baco (1214 bis 1294)? Bereits Mitte des 13. Jahrhunderts experimentierte er mit Glaslinsen für Brillen. »Da muß Hexerei im Spiel sein. Das geht nicht mit rechten Dingen zu«, tuschelten seine Mitbrüder, wenn sich Pater Rogerius wieder einmal in seiner feuchten Klosterzelle eingeschlossen hatte, im Schein einer flackernden Kerze seine Linsen be-

trachtete und magische Figuren auf ein
Stück Pergament kritzelte.

Das geheimnisvolle Treiben währte nicht
lange, dann wurde der Mönch tatsächlich
als Hexer verurteilt und in den Kerker geworfen. Nach seinem Tod erschien eine
Schrift, in der Rogerius Baco beschreibt,
wie er Kinder als Riesen gesehen und
Sonne und Mond herangezogen habe.
Hatte Baco das Geheimnis des Teleskops
mit ins Grab genommen? Niemand vermag das zu sagen. Ebensowenig läßt sich
die Frage klären, ob der Italiener Hiero-
nymus Fracastorius (1483 bis 1553) das
erste Fernrohr gebaut hat. Wenn ja, so hat
er es aber sicher nicht für seinen Beruf
eingesetzt. Das spricht nicht gerade für
ihn, immerhin war er Arzt, Dichter und –
Astronom!

Wer also hat den Schlüssel zum Tor in
ferne Welten angefertigt? Waren es vielleicht die Kinder des holländischen Bril-
lenmachers Zacharias Jansen (? bis 1619)?
Der Legende nach sollen sie mit Papas
Linsen gespielt und sie dabei so hintereinander gehalten haben, daß sie einen Turm
näher und größer sahen. Aufgeregt hol-
ten die Kinder ihren Vater, der erkannte,
was diese zufällige Entdeckung bedeutete.
Dennoch war Jansen nicht der erste, der
ein Sehrohr zum Patent anmelden wollte.
In einer alten holländischen Schrift, da-
tiert auf den 2. Oktober 1608, lesen wir
zum erstenmal von einem »Instrument,
um weit zu sehen«, das ein gewisser Jan
Lippershey (? bis 1619) vorgelegt hatte.
Wie Jansen war auch Lippershey Brillen-
macher, und wie dieser kam er aus Mid-

delburg. Nicht aus diesem Städtchen, dafür ebenfalls aus Holland stammt Jakob
Metius (1571 bis 1635), der dritte im
Bunde. Er meldet seine Entdeckung am
17. Oktober 1608. Noch heute streiten
sich die Gelehrten, wem denn nun die
Ehre gebührt, das Fernrohr erfunden zu
haben. Die meisten glauben, daß es Jan
Lippershey ist, vielleicht aber auch Zacharias Jansen oder Jakob Metius . . .

Die Kunde von dem neuen Wunderin-
strument verbreitete sich schnell über Europa und erreichte im Laufe des Jahres
1609 auch die beiden großen Astronomen
Galileo Galilei und Johannes Kepler.
Während der Italiener mit dem Fernrohr
sofort auf Entdeckungsreise ging, interessierte sich der Deutsche mehr für den
optischen Hintergrund. Auf dem Papier
rechnete und zeichnete er so lange, bis er
etwas völlig Neues erfand, das *astronomische Fernrohr*. Es besteht aus einer *konvexen Objektiv-* und einer *konvexen
Okular*linse und liefert Bilder, die auf dem
Kopf stehen (was in der Astronomie keine
Rolle spielt). Das holländische Teleskop
dagegen hatte sich aus einer *konvexen*
Objektiv- und einer *konkaven* Okularlinse
zusammengesetzt.

Objektiv heißt jene Linse, die dem Gegenstand zugewandt ist, den man betrachten möchte; dabei sieht man durch
eine kleinere Linse, das *Okular*. Eine
Linse kann nach außen gewölbt sein,
dann ist sie *konvex*, oder nach innen ein-
gebeult, dann heißt sie *konkav*. Da man
sich das offensichtlich nicht leicht merken
kann, gibt es mehr oder weniger dumme

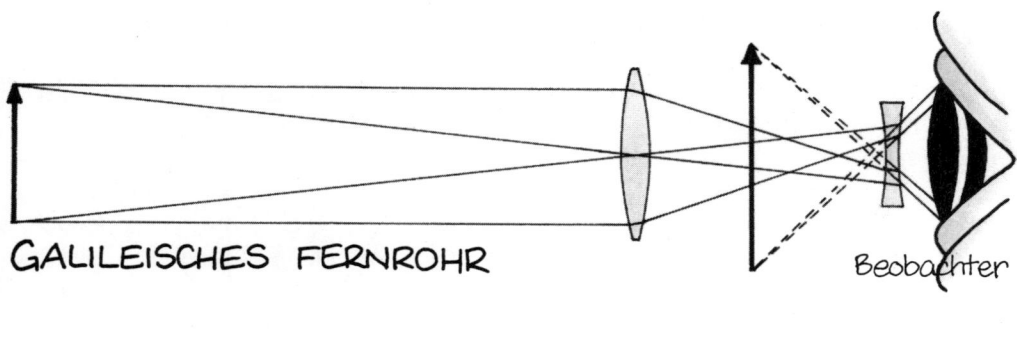

GALILEISCHES FERNROHR

Beobachter

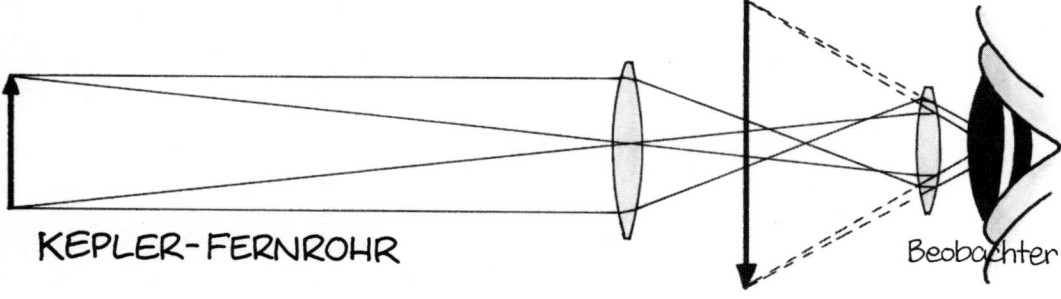

KEPLER-FERNROHR

Beobachter

Das holländische oder Galileische Fernrohr (oben) besteht aus einer konvexen Objektiv- und einer konkaven Okularlinse; es liefert aufrechte Bilder. Das astronomische oder Keplersche Teleskop (unten) besitzt im Prinzip nur konvexe Linsen und stellt die Bilder auf den Kopf.

Merkhilfen wie »Der dicke Dir*ex* ist kon*vex*« oder »In die kon*kave* Linse kann man *Kaffee* eingießen«.

Besuch aus dem Jenseits

Das war wieder einmal ein anstrengender Tag für Michael gewesen. Zuerst hatte er in Physik eine Schulaufgabe über Optik geschrieben, am Nachmittag mit seinen Freunden Sabine und Thomas über die Pläne zum Kauf eines Fernrohrs diskutiert und am Abend auf der Volkssternwarte einen Vortrag über die Entwicklung des Teleskops gehört. Als er sich ins Bett gelegt hatte und gerade einschlafen wollte, zupfte ihn jemand am Ärmel seines Schlafanzuges.

»Hallo, Michael«, flüsterte eine Stimme in gebrochenem Deutsch. Augenblicklich war Michael hellwach und blickte in das Gesicht eines bärtigen Mannes, der ihn freundlich ansah.

»Aber . . . Herr Galilei«, sagte Michael voller Verwunderung und Ehrfurcht.

»Woher kennst du mich denn«, fragte der Fremde nicht ohne Stolz.

»Ich habe doch heute abend in dem Vortrag über Fernrohre ein Bild von Ihnen gesehen«, sagte Michael und gewann allmählich die Fassung wieder.

»Das trifft sich gut«, sagte Herr Galilei, »ich bin nämlich deshalb auf einen Sprung vorbeigekommen, weil ich dachte, es interessiert dich, einmal selbst durch mein Teleskop zu gucken.«

»Au ja, das ist echt toll«, rief Michael, »ich zieh mir nur schnell was drüber!«

Der Junge kletterte aus dem Bett, holte ein Paar Strümpfe, Jeans und einen warmen Pullover aus dem Schrank und stand zwei Minuten später neben Galilei.

Der große Naturforscher hatte das Fenster geöffnet und visierte, am Boden kniend und die Arme auf das Fensterbrett gestützt, den Mond an. Nach einer Weile reichte er das Instrument an Michael und sprach feierlich: »Da, mein Junge, laß dir ruhig Zeit beim Beobachten. Ich habe das Sehrohr selbst gebaut, es vergrößert 30fach.«

Voller Neugierde nahm Michael das Fernrohr und richtete es ebenfalls auf den Mond.

»Ist das nicht ein phantastischer Anblick«, schwärmte Galilei.

»Aäh, sagenhaft«, stotterte Michael. Der Astronom nickte zufrieden.

Ich darf mir nichts anmerken lassen, dachte Michael und tat so, als sei er restlos begeistert. Dabei war er maßlos enttäuscht. Der Halbmond schien wie in einen Schleier gehüllt, so matt und nebelig sah er im Okular aus. Darüber hinaus hatten die Krater blaue und grüne Ränder. Überhaupt waren auf der Oberfläche nicht gerade viele Details zu erkennen. Jedes noch so winzige Fernrohr auf der Volkssternwarte zeigte ein ungleich schärferes, kontrastreicheres Bild.

»Nun schau dir mal den hellen, ruhig leuchtenden Stern da oben an«, unterbrach Galilei die Stille.

»Sie meinen den Saturn«, erwiderte Michael fachmännisch und schwenkte das Teleskop auf den Planeten. Doch anstelle der von einem dünnen Ring umgebenen Kugel sah er nur ein etwas in die Länge gezogenes Lichtfleckchen.

»Wo ist denn der Ring«, rutschte es Michael heraus.

»Welcher Ring? Du sprichst in Rätseln, mein Junge«, sagte Galileo Galilei und fuhr sich nachdenklich durch seinen Bart. Aber für Michael gab es kein Zurück mehr.

»Na, der Saturnring halt. Sie können ja nichts von ihm wissen, denn er wurde erst nach Ihrem . . . hmm . . . Tod entdeckt. Aber das wundert mich nicht, schließlich gibt Ihr Fernrohr ganz miserable Bilder«, sagte der Amateurastronom voller Eifer.

»Moment mal, junger Mann, wie willst *du* das beurteilen.« Herr Galilei klang gar nicht mehr so sanft.

»Na ja, in den vergangenen Jahrhunderten hat sich in der Entwicklung des Teleskops eben einiges getan. Soll ich Ihnen ein wenig davon erzählen«, antwortete Michael mutig.

»Heute nicht«, erwiderte Galileo Galilei schon wieder versöhnlich. »Ich muß nämlich bald zurück. Vielleicht ein andermal.«

»Gut, ich werde mir inzwischen einige Bücher über Fernrohre besorgen und ein kleines Referat zusammenstellen.«

»Tu das, mein Junge«, sprach der Gelehrte, zupfte seine mächtige Halskrause zurecht, klemmte das Fernrohr unter den Arm und verschwand lautlos durch die Wand.

Das Wunderinstrument wächst

»Was du alles zusammenträumst«, kommentierte Sabine, nachdem Michael am nächsten Tag in der Schule ausführlich von seiner unheimlichen Begegnung berichtet hatte.

»Ich kann mir schon vorstellen, woher der Traum kommt«, meinte Thomas. »Zunächst hast du den Vortrag gehört und dich dann freiwillig gemeldet, in unserer Jugendgruppe auf der Sternwarte selbst ein kleines Referat über die Geschichte des Teleskops zu halten. Übrigens mußt du dich ganz schön beeilen, wenn du bis

zum nächsten Dienstag alles vorbereitet haben willst.«

»Keine Panik. Gleich heute nach der Schule durchstöbere ich die Bibliothek der Sternwarte.«

»Und was ist mit den Hausaufgaben?« fragte Sabine.

»Die mach ich entweder am Abend – oder schreibe sie morgen früh von dir ab. Für die Wissenschaft muß man eben Opfer bringen«, antwortete Michael mit einem breiten Grinsen.

In der Bibliothek der Volkssternwarte fand Michael gleich mehrere Bände zum Thema Fernrohr. Schon mit dem ersten Buch, das er aufschlug, war er im 17. Jahrhundert. Er las über die damaligen Versuche, die schlechte Qualität des Fernrohrs zu verbessern.

Da lebte in Danzig Johannes Hevelius (1611 bis 1687). Wenn er nicht gerade Bier braute oder an einer Sitzung des Stadtrates teilnahm, schaute er in die Sterne. Sein Interesse galt dabei einem besonderen »Stern«, nämlich dem Mond. Denn von seiner pockennarbigen Oberfläche wollte Hevelius eine Karte anfertigen. Doch dafür brauchte er gute Fernrohre. Nun hatten einige Forscher herausgefunden, daß schwach gekrümmte Linsen bessere Bilder liefern als stark gekrümmte. Das bedeutete aber gleichzeitig eine lange *Brennweite*, einen großen Abstand also zwischen der Linse und dem Ort, an dem sich parallel einfallende Strahlen in einem Punkt *(Brennpunkt)* vereinigen. Die ersten Teleskope des Johannes Hevelius hatten Brennweiten zwischen zweieinhalb und dreieinhalb Metern.

Jetzt ist er übergeschnappt, dachten sich seine Ratskollegen wohl, als Hevelius eines Tages vor den Toren seiner Heimatstadt ein riesiges Kreuz aufstellte. Dabei hatte der begeisterte Amateurastronom lediglich ein Teleskop mit besonders schwach gekrümmter Linse konstruiert. Dieses als »Danziger Himmelsmaschine« berühmt gewordene Holzungetüm erreichte die beachtliche Länge von 46 Metern.

Trotz dieser astronomischen Dimensionen blieben die Bilder der *Refraktoren*, der Linsenfernrohre also, unbefriedigend. Den Wissenschaftlern wurde es im wahren Sinn des Wortes zu bunt. Glas besitzt nämlich die Eigenschaft, Licht unterschiedlicher Wellenlänge unterschiedlich stark zu brechen und in kleine Spektren zu zerlegen.

In der Mitte des 18. Jahrhunderts entdeckten Optiker, daß Linsen, die aus verschiedenen Glassorten zusammengesetzt sind, diesen Fehler kaum zeigen. Das war die Geburtsstunde der sogenannten achromatischen *Linsen* oder kurz *Achromate*. Jetzt endlich konnten die Teleskope beweisen, was in ihnen steckte. Einen, der auch noch das Letzte aus den Linsenfernrohren herausholte, kennen wir schon: Joseph von Fraunhofer. Mit ihm begann das Zeitalter der großen Refraktoren. Im 19. Jahrhundert ersannen die Nachfolger des Münchner Optikers immer bessere Objektive. Die Techniker bauten präzise und stabile Montierungen für die mehrere Meter langen Sehrohre.

Alvan Clark, der Entdecker des Siriusbegleiters, war ein Künstler im Umgang mit Glas. Aus seiner Werkstatt stammte auch die mit einem Meter Durchmesser größte jemals geschliffene Linse, die tadellose Abbildungen lieferte. Clark fertigte das Riesenobjektiv vor mehr als hundert Jahren für den Refraktor des amerikanischen Yerkes-Observatoriums. Noch heute kann man diese »Himmelsmaschine« bewundern. Neben ihr erscheint ein Fernrohr Galileis wie die Maus neben einem Elefanten.

Die Verwandlung

Auf den kargen Holzbänken drücken sich fünf Gestalten. Zwei schlafen, die anderen schauen gelangweilt umher. Vorne am Pult steht ein Mann. Die langen, strähnigen Haare seiner ungepflegten Perücke hängen in seine Stirn. Während er über seine Experimente mit Prismen berichtet und erzählt, wie er in einem abgedunkelten Raum Sonnenlicht auf die Gläser gelenkt und dabei einen Regenbogen erzeugt hat, verlieren sich seine kleinen Augen irgendwo im Leeren. Als der Vortrag immer konfuser und unverständlicher wird, beschließen die drei wachen Studenten, in Zukunft die Vorlesung von Professor Newton zu schwänzen.

Isaac Newton war ein Genie. Er fand zum Beispiel heraus, wie und warum sich die Planeten um die Sonne bewegen. Besessen von der Erforschung der Natur, arbeitete er häufig drei oder

Isaac Newton erfand ein Teleskop, bei dem ein Hohlspiegel die Lichtstrahlen reflektiert und bündelt. Bevor sie sich im Brennpunkt treffen, lenkt sie ein kleiner Planspiegel seitlich aus dem Rohr.

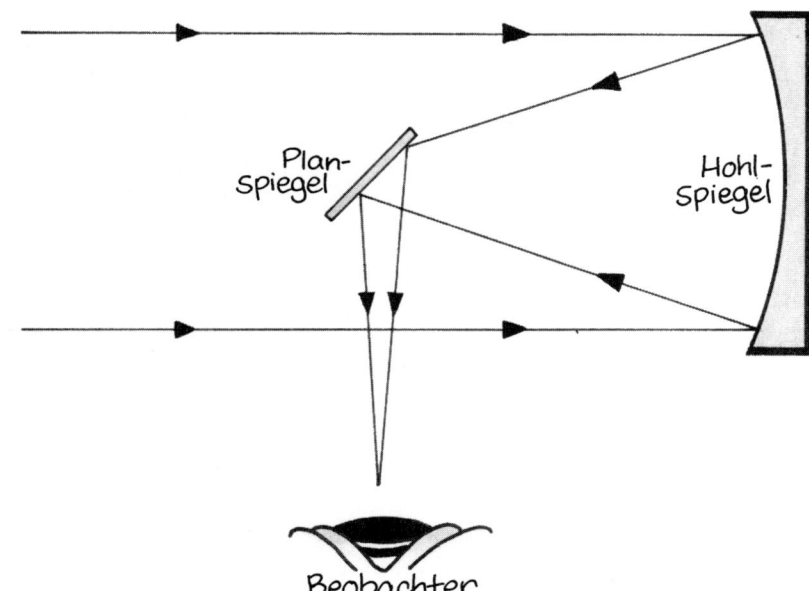

vier Tage und Nächte lang, ohne zu schlafen. Überhaupt kümmerte er sich wenig um den Alltag und konnte seine Gedanken auch nicht verständlich an den Mann bringen. Daher versagte Newton als »zerstreuter Professor« an der altehrwürdigen englischen Universität Cambridge völlig und hatte keine oder nur sehr wenige Studenten. Aber das störte ihn nicht weiter. Seine privaten Studien waren ihm viel wichtiger.

So beschäftigte auch er sich unter anderem mit dem Refraktor, weil er dessen Qualität verbessern wollte. »Diese verflixten Farbsäume werde ich wohl niemals los«, dachte er sich nach kurzer Zeit – und verwandelte das herkömmliche Fernrohr in ein *Spiegelteleskop*. Bei diesem In-

strument fällt das Licht nicht durch eine Linse, sondern auf einen nach innen gekrümmten, konkaven Spiegel. Dieser reflektiert die Strahlen (daher heißen solche Fernrohre *Reflektoren*); bevor sie im Brennpunkt zusammentreffen, lenkt sie ein zweiter, sehr kleiner und eben geschliffener Spiegel am vorderen Ende seitlich aus dem Rohr. Das dort entstehende Bild wird mit dem Okular betrachtet.

Newtons Idee aus dem Jahr 1668 ist genial einfach und hat die Jahrhunderte überlebt. Vielen modernen Fernrohren liegt dieses Prinzip zugrunde, und zahlreiche Amateurastronomen wissen ihren Newton-Reflektor zu schätzen. Ja, das neue Werkzeug für die Wissenschaft trat sogar erst im 20. Jahrhundert seinen wirklichen Siegeszug an.

Zwar hatte Wilhelm Herschel mit einem Spiegelteleskop den Himmel durchforstet, und auch Lord Rosse begab sich mit einem derartigen Gerät von 180 Zentimetern Öffnung auf Entdeckungsreise durchs All. Alle diese Instrumente besaßen jedoch einen großen Nachteil: Die Spiegel bestanden aus poliertem Metall und reflektierten nur einen verhältnismäßig geringen Teil der auftreffenden Strahlen. Die gescheitesten Köpfe grübelten darüber nach, wie sie diese Licht*schlucker* in Licht*sammler* umfunktionieren könnten. Dazu mußte der Spiegel richtig spiegeln, so wie ein Stückchen Silber in der Sonne. Silber? Kam nicht in Frage! Wer konnte sich schon einen Spiegel aus diesem teuren Edelmetall leisten. Nun, reichte es nicht, nur seine Oberfläche mit Silber zu bedecken? Schon, aber man konnte das Metall ja schlecht breitklopfen und anschließend aufkleben. Doch wozu gab es Chemiker. Die erfanden ein Verfahren, um Glas mit einer hauchdünnen, stark reflektierenden Silberschicht zu überziehen. Das war die Lösung!

Nach anfänglichen Fehlschlägen mit großen Spiegeln ließen sich allmählich auch eingefleischte »Linsenfans« überzeugen. Zu Beginn unseres Jahrhunderts war dann schließlich der Weg frei für die behäbigen Sternkanonen, die vor allem im Auftrag der neuen nordamerikanischen Observatorien gebaut wurden. Vom Zweieinhalb-Meter-Riesen von Mount Wilson, mit dem Hubble die Welt der Galaxien und die Flucht der Milchstraßen entdeckte, haben wir schon gehört. Das Instrument blieb bis 1948 das größte Teleskop der Welt. Dann löste es der Fünf-Meter-Gigant auf dem ebenfalls in Kalifornien gelegenen Mount Palomar ab. Sein Spiegel sammelt 500.000mal mehr Licht als das menschliche Auge.

Wer nun glaubt, die Astronomen würden sich mit diesem Riesenauge begnügen, der irrt. Die Optiker entwickelten für spezielle Aufgaben nicht nur besondere Instrumente wie den *Schmidt-Spiegel* zur Fotografie großer Himmelsareale. Sie bemühten sich auch darum, die Teleskope ständig zu verbessern. Schließlich hielt auch die Elektronik Schritt für Schritt Einzug im Fernrohrbau. Dank modernster Techniken erreichen heute schon Drei-Meter-Spiegel die Qualität der Kanone von Mount Palomar – ja, übertreffen sie sogar.

Ein Netz großer Observatorien umgibt heute die Erde. Viele sind in den vergangenen Jahren vor allem auf der Südhalbkugel entstanden, denn die Astronomen hatten das südliche Firmament lange Zeit eher stiefmütterlich behandelt.

So wurde 1962 das *European Southern Observatory (ESO)* gegründet. Zahlreiche Abbildungen im vorliegenden Buch stammen übrigens von dieser Organisation. Im Jahr 1976 nahm die *ESO* auf dem 2400 Meter hohen Berg La Silla in den chilenischen Anden ein 250 Tonnen schweres Teleskop mit 3,6 Meter Spiegeldurchmesser in Betrieb. Mittlerweile untersuchen mehr als ein Dutzend Fern-

Zu den größten »Lichtkanonen« der Erde gehört das Fünf-Meter-Spiegelteleskop auf dem kalifornischen Berg Mount Palomar.

rohre den Himmel über La Silla. Dem großen Teleskop ist ein harter Konkurrent erwachsen: ein Fernrohr gleicher Öffnung, aber mit völlig neuer Technik. Dieses *New Technology Telescope (NTT)* ist vielleicht das schärfste Auge, das jemals zu den Sternen geblickt hat.

Gemütlich bei einer Tasse Kaffee im Warmen zu sitzen und dabei Milliarden Lichtjahre entfernte Milchstraßensysteme zu beobachten, das war schon immer der Traum der Astronomen. Das *NTT* macht's möglich. Denn europäische Forscher, die zu den Sternen reisen wollen, müssen

*Mit dieser Batterie aus vier Acht-Meter-Fernrohren werden Forscher um die Jahrtausendwende
das Universum durchmustern. Das Riesenteleskop des European Southern Observatory (ESO)
soll auf einem Berg in den chilenischen Anden stehen.*

nicht mehr einen zwanzigstündigen Flug
nach Chile in Kauf nehmen, sondern nur
noch eine Fahrt nach Garching bei München.

Dort steht das *ESO*-Hauptquartier. Es be-
herbergt unter anderem einen kleinen
Raum, der es in sich hat. Wie auf der
Kommandobrücke von *Intergalaxos* sieht
es darin aus. Aber die Computer steuern
kein Raumschiff, sondern das 12.000 Ki-

lometer entfernte *NTT*. Der Astronom
muß nur auf den richtigen Knopf drük-
ken, und schon nimmt das Fernrohr in
Südamerika vollautomatisch die Große
Magellansche Wolke auf – Astronomie
2000.

Das alles reicht den Wissenschaftlern
noch nicht. Sie planen bereits für Ende
der neunziger Jahre in Chile eine Batterie
aus vier Acht-Meter-Teleskopen. Mit ihnen

werden vier Forscher gleichzeitig unterschiedliche Objekte studieren können. Zusammengeschaltet entsprechen die Spiegel der gebündelten Kraft eines 16-Meter-Fernrohrs. Welche kosmischen Tiefen wird dieses »Überriesenauge« ausloten? Welche Geheimnisse wird es dem Universum wohl entreißen?

Fasziniert sah Michael von seinem Buch auf. Die Zeiger der alten Wanduhr standen auf kurz vor sieben. Allerhöchste Zeit, nach Hause zu gehen. Für sein Referat hatte er längst genügend Material beisammen. Bevor er das Buch aus der Hand legte, fiel sein Blick auf das nächste Kapitel. »Schüsseln für das Unsichtbare« stand darüber geschrieben. Was mag damit wohl gemeint sein? dachte er bei sich und blickte abwechselnd auf die Uhr und in das Buch. »Das Kapitel ist eigentlich nicht sehr lang«, murmelte Michael nach einer Weile – und schon wanderten seine Augen über die Zeilen.

Schüsseln für das Unsichtbare

»Stellen Sie sich vor«, so begann der Abschnitt, »Sie entdecken etwas wirklich Sensationelles und keiner interessiert sich dafür! Zum Verzweifeln! So ist es Karl Jansky (1905 bis 1949) ergangen.

Der junge Radioingenieur sollte im Auftrag seiner Firma nach unerwünschten Geräuschen bei der Übertragung von Sendungen fahnden. Denn in den frühen dreißiger Jahren steckte der Rundfunk noch in den Kinderschuhen, und oftmals ertönte ein fürchterliches Knacken und Knistern aus den Lautsprechern und begleitete die Nachrichten oder die Trompetensoli des berühmten Musikers Louis Armstrong.

Mit einem 30 Meter langen Ding aus Holz und Draht, das einem Zaun mehr ähnelte als einer Antenne, untersuchte Jansky im Sommer 1931 den Äther und machte den Störenfried tatsächlich nach kurzer Zeit ausfindig: Gewitter. Eigentlich hätte Jansky jetzt zufrieden sein können – wäre da nicht noch ein merkwürdiges Zischen gewesen, das sich nicht erklären ließ. Es schien von einer Quelle auszugehen, die sich innerhalb eines Tages mit ›Sterngeschwindigkeit‹ (also in 23 Stunden, 56 Minuten und 4 Sekunden) über den Himmel bewegte. Im Frühjahr 1933 stand für den Ingenieur fest, daß dieses Zischen nur aus den Tiefen des Universums stammen konnte.

Die Berichte der großen amerikanischen Zeitungen rissen die Leser nicht gerade vom Hocker. Die eben überstandene Wirtschaftskrise beschäftigte die Leute mehr als irgendwelche Signale aus dem All. Karl Jansky dagegen blieb hartnäckig und hatte Erfolg. ›Strahlung wird immer dann empfangen, wenn die Antenne auf die Milchstraße gerichtet ist‹, schrieb er 1935. Spätestens in diesem Jahr erblickte die *Radioastronomie* das Licht der Welt. Aber nicht einmal die Astronomen selbst nahmen von dieser Geburt Notiz.

Nur einer hatte die Veröffentlichungen Janskys aufmerksam gelesen: Grote Reber (geboren 1911). Für 2000 Dollar bastelte der Funkamateur eine fast zehn Meter große, voll bewegliche Schüssel, plazierte sie im Garten seines Hauses und richtete sie in jeder freien Minute auf die Milchstraße. Dazu mußte er nicht etwa klaren Himmel abwarten. Außerdem beobachtete er auch tagsüber. Denn Radiowellen lassen sich durch Wolken nicht aufhalten; und das helle Sonnenlicht überstrahlt sie nicht. Was aber kommt da eigentlich aus dem Weltraum zu uns?

Nun, die Radiostrahlung ist nichts anderes als eine langwellige Version des sichtbaren Lichts und schließt sich als Submillimeter- und Millimeterwellen nahtlos an das Infrarot an. Wie das ›normale‹ Licht legt sie in jeder Sekunde 300.000 Kilometer zurück. Die Radiowellen im Weltall besitzen ›Väter‹ und ›Mütter‹ mit unterschiedlichen ›Berufen‹. Sind zum Beispiel der ›Vater‹ ein starkes Magnetfeld und die ›Mutter‹ ein Elektron, das sich in Spiralbahnen entlang des Magnetfeldes dreht, heißt das ›Kind‹ *Synchrotronstrahlung*. In heißen Gasnebeln dagegen stoßen die Elektronen-Mütter häufig mit Vätern zusammen, die als Atomkerne arbeiten. Daraus wird die *thermische Strahlung* geboren. Fachleute können die beiden unterschiedlichen Radioarten recht gut auseinanderhalten und wissen, daß die Milchstraße im Synchrotron-Licht leuchtet.

Als Grote Reber mit seiner Antenne ins Weltall horchte, war er sich nicht so recht im klaren, was er da eigentlich erlauschte. Erst nach dem Zweiten Weltkrieg erkann-

ten die Wissenschaftler allmählich, welche Möglichkeiten ihnen das Radiofenster bot. Immer mehr Astronomen gingen daran, mit überdimensionalen Suppenschüsseln die Botschaften aus dem Universum zu entschlüsseln.

Dieser Sturm auf das Unsichtbare bescherte der Astronomie eine reiche Ernte. So untersuchten die Forscher Supernova-Überreste und Neutronensterne, Gasnebel und das Herz der Milchstraße, Galaxien und Quasare. Alle Objekte, die ihnen im guten alten Fernrohr so vertraut vorkamen, präsentierten sich im Radioteleskop in völlig neuem Licht. Die Abbildung verdeutlicht dies auf eindrucksvolle Weise. Sie zeigt die Gegend um die Quelle *Cassiopeia A*, eine vermutlich um das Jahr 1680 explodierte Supernova. Während die Aufnahme im Optischen nicht eben spannend aussieht, enthüllt das Radiobild die große Gasschale des gestorbenen Sterns.

Weil Radiowellen gerne dort entstehen, wo es turbulent zugeht, haben die Astronomen zahlreiche Nachrichten von außergewöhnlichen Objekten empfangen. Nicht umsonst wurden ja die Pirouetten drehenden Pulsare und die Energie verschleudernden Quasare in diesem Bereich des Spektrums gefunden. Bis es soweit war, mußten die Techniker Schwerstarbeit leisten. Denn es ist gar nicht so leicht, die nicht sehr starke Radiostrahlung aufzufangen, zu verstärken und die Signale – sie zeigen sich lediglich als kurvige Linien auf endlosen Papierstreifen – in Bilder zu verwandeln.

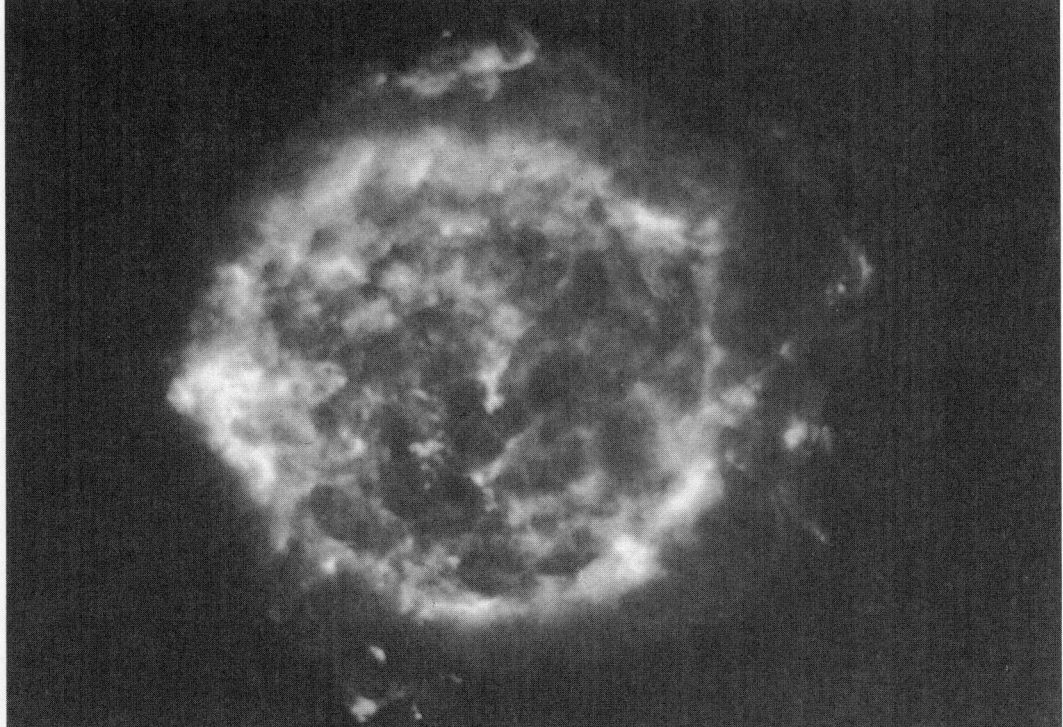

Die Radioastronomie bringt es an den Tag: Das optische Bild (oben) verrät nichts von der Explosionswolke im Sternbild Cassiopeia. Bei einer Wellenlänge von sechs Zentimetern tritt die Hülle dieser Supernova jedoch deutlich hervor (unten).

Das mit 100 Metern Durchmesser größte voll bewegliche Radioteleskop steht bei Effelsberg in der Nähe von Bonn.

Die für die Radioastronomie typischen großen Schüsseln sind notwendig, um ein brauchbares *Auflösungsvermögen* zu erzielen. Stellen wir uns vor, ein in der Sonne glänzendes Fünfmarkstück würde nicht nur Licht, sondern auch Radiowellen aussenden. Wir befestigen die wundersame Münze an der Spitze eines drei Kilometer entfernten Kirchturms. Natürlich sehen wir sie mit dem bloßem Auge nicht. Aber bereits ein kleines Fernrohr mit 60 Millimeter Öffnung zeigt sie deutlich.

Nun wiederholen wir das Experiment mit einem Radioteleskop. Mit einer gleichgroßen Schüssel, die die Wellen sammelt wie ein Spiegel, haben wir überhaupt keine Chance. Erst eine Antenne von fast sieben Kilometern Durchmesser (!) würde das Geldstück bei einer Wellenlänge von fünf Zentimetern sichtbar machen. Das ist der Grund, weshalb die Radioastronomen stets mit mächtigen Schüsseln umgehen müssen. Das mit 100 Metern Durchmesser größte voll bewegliche Radioteleskop der Erde steht bei Effelsberg in der Nähe von Bonn. Bei einer Wellenlänge von sechs Zentimetern sieht es zweieinhalbmal weniger scharf als das bloße Auge. Irgendwann gaben sich die Fachleute mit dem Auflösungsvermögen nicht mehr zufrieden. Das Gewicht setzte der Konstruktion noch größerer Radioteleskope eine natürliche Grenze. Aber die Techniker wußten sich zu helfen. Nach dem Grundsatz ›zwei Augen sehen mehr als eines‹ koppelten sie einfach zwei Teleskope in mehreren hundert Metern Abstand aneinander. Dadurch wirkten sie wie *eine einzige Antenne*, deren Durchmesser dem Abstand der beiden Teleskope entsprach. Damit ließ sich schon etwas anfangen! Und was, wenn man die Entfernungen der Antennen weiter vergrößerte? Dann mußte auch das Auflösungsvermögen zunehmen. Warum nicht gleich die ganze Erde als Radioteleskop nutzen!

Diese Idee klingt so, als stamme sie aus einem Science-fiction-Roman. Aber sie ist längst verwirklicht und funktioniert. Gelegentlich werden Antennen, die in verschiedenen Erdteilen stehen, auf ein und dasselbe Objekt gerichtet und dann miteinander kombiniert. Wir könnten unser Fünfmarkstück ruhig in 6000 Kilometern Distanz befestigen, das weltweite *Interferometer* würde es ohne weiteres aufspüren.«

Michael sah auf die Uhr: zwanzig nach sieben. »Aber jetzt ist es sowieso schon egal. Außerdem hat der letzte Abschnitt nur noch ein paar Seiten.«

Michael ließ das Papier durch die rechte Hand gleiten. Das Kapitel hieß:

An den Grenzen des Lichtes

»Auf dem Monitor baut sich ein Bild aus blauen Punkten auf, zuerst Dutzende, dann Hunderte, Tausende. Am unteren Rand des Bildschirms erscheint plötzlich ein sichelförmiges, weißes Gebilde. Die Wissenschaftler am Max-Planck-Institut für Extraterrestrische Physik jubeln. Zum erstenmal haben sie den Mond im Röntgenlicht fotografiert. Die Kamera befindet sich jedoch nicht auf unserem Planeten – die Atmosphäre verschluckt dieses extrem kurzwellige und energiereiche Licht vollständig –, sondern in einem Satelliten 580 Kilometer über der Erdoberfläche. Im Sommer 1990 war dieser unbemannte künstliche Himmelskörper ins All geschossen worden. An Bord sorgte ein besonderes Augenpaar für eine kleine Revolution in der Astronomie: Zwei Teleskope nahmen das Universum im Röntgenlicht unter die Lupe und entdeckten dabei eine Fülle neuer Quellen, die Milliarden Grad heiß oder von starken Magnet- und Schwerkraftfeldern umgeben sind. Eines der beiden Augen von *ROSAT*, wie Forscher den Satelliten nannten, ist mit 83 Zentimetern Öffnung das größte je gebaute Röntgenfernrohr und steht sogar im *Guinness-Buch der Rekorde*. Weil sich Röntgenstrahlen nicht ohne weiteres einfangen und bündeln lassen, konstruierten die Wissenschaftler vier röhrenförmige Zylinder und schoben sie ineinander. Diese neun Quadratmeter große Spiegeloberfläche bedampften sie mit Gold und polierten sie so genau, daß

Der Satellit ROSAT spürte Zehntausende neuer Röntgenquellen auf.

die ›Rauhigkeit‹ weit unter einem Millionstel Millimeter liegt.

ROSAT läutete eine neue Ära in der erst 30 Jahre alten Röntgenastronomie ein. Damals, am 18. Juni 1962, wurde sie geboren – ganz aus Versehen. Die Fühler an Bord einer amerikanischen Forschungsrakete hätten an diesem Tag eigentlich den Mond ins Visier nehmen sollen. Wegen einer Panne zielten sie daneben und registrierten statt dessen ein unbekanntes helles Objekt im Sternbild Skorpion. Sie hatten die erste Röntgenquelle außerhalb des Planetensystems gefunden; schließlich gibt die Sonne einen Teil ihrer Energie auch in diesem Licht ab. Die Himmelsforscher schickten von nun an regelmäßig Satelliten in den Weltraum, um weitere Strahler zu suchen; bevor *ROSAT* kam, der Star unter diesen Spähern, waren rund 5000 bekannt.

Um sich an der kurzwelligen Grenze des Lichtes weiter entlangzutasten, planen die Astronomen für die nächsten Jahre neue

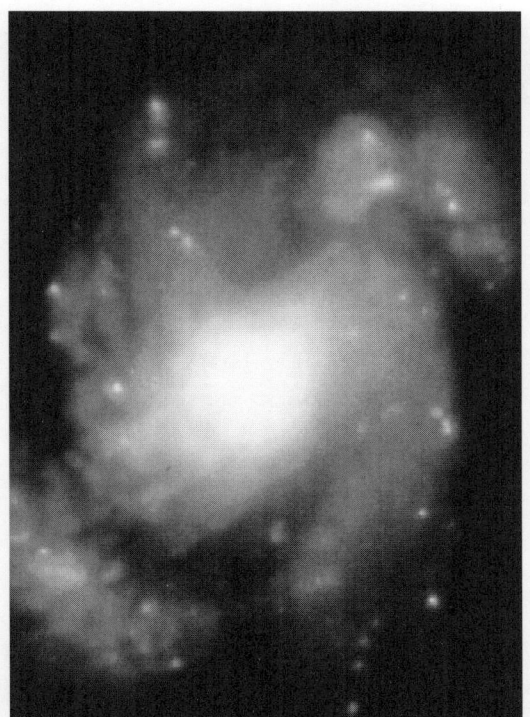

Das Herz der Galaxie M 100, aufgenommen von »Hubble« vor (links) und nach der Reparatur.

Röntgensatelliten. Darüber hinaus sollen automatische Observatorien außerhalb der Atmosphäre nach noch kürzeren Wellen Ausschau halten und den Weltraum im *Gammalicht* sehen.

Seien wir gespannt, welche rätselhaften Botschaften diese kurzen Wellen zu uns tragen!

Aber auch auf der anderen Seite des Spektrums tut sich etwas. Antennen auf den Gipfeln hoher Berge haben die Lücke zwischen Radio- und Infrarot-Bereich ge-schlossen. Weil das Infrarot selbst an der irdischen Atmosphäre abprallt, müssen die Astronomen wiederum Fernrohre auf die Reise um die Erde schicken. Der amerikanische *IRAS* gehörte zur Flotte dieser Fernrohr-Satelliten. Im Jahr 1983 studierte er kosmische Urwolken und Stern-Kinderstuben, die überwiegend im langwelligen Licht leuchten.

In bisher unübertroffener Schärfe wird *ISO* beobachten.

Das europäische Infrarot-Flaggschiff soll

im Herbst 1995 starten und einen Blick in das eisige Universum werfen. Denn Sonnen vor ihrer Geburt und kosmischer Staub besitzen Temperaturen um die 250 Grad minus.

Wenn *ISO* seine Kreise zieht, hat das *Hubble-Weltraumteleskop* vielleicht schon eine Fülle neuer Erkenntnisse gebracht. Von dem Zweieinhalb-Meter-Fernrohr, das seit 1990 die Erde umläuft, erhofften sich die Experten ungeahnte Einblicke in die Tiefen des Universums. Doch seine Konstrukteure hatten einen Fehler in der Optik übersehen, der den Blick zu den Sternen trübte. Im Dezember 1993 fing die Besatzung einer amerikanischen Raumfähre *Hubble* ein und reparierte das Teleskop im All.

In einer spektakulären Aktion tauschten die Astronauten hoch über der Erde zwei Solarzellen-Segel sowie eine Kamera aus und verpaßten der Optik einen Satz ›Kontaktlinsen‹. Die Mission war ein voller Erfolg. Das Fernrohr nimmt seitdem ferne Sterne, Gasnebel oder Galaxien schärfer unter die Lupe als jedes andere Teleskop zuvor.

Denn *Hubble* muß sich nicht mit den Tücken der Erdatmosphäre herumschlagen, die alle Strahlen kosmischer Objekte arg beutelt. Als Folge davon flimmern und funkeln die Sterne und erscheinen im Okular nicht als Punkte, sondern verschmieren zu wabernden Scheibchen.

Das ›gesunde‹ *Hubble-Teleskop* wird wohl das tun, was seine Erbauer von ihm erwarten: den Weltraum bis in den hintersten Winkel ausleuchten und so manche Überraschung zu Tage fördern.

Kundschafter im Garten der Sonne

Den Ausflug zum roten Planeten Mars hat bisher noch niemand gewagt. Außer auf dem Mond ist kein Mensch auf einem anderen Himmelskörper herumspaziert, hat Steine und Sand aufgesammelt und sie zur Untersuchung in ein irdisches Labor gebracht.

Dennoch wissen sich die Forscher zu helfen. Da sie selbst nicht auf die Reise gehen können, schicken sie einfach Vertreter los.

Diese Kundschafter fliegen ganz nahe an den fremden Welten vorbei (manche landen sogar auf ihnen) und betrachten sie mit Kameraaugen.

Sie speichern die Bilder und funken sie auf die Erde, wo Fachleute die Aufnahmen in aller Ruhe studieren. Das funktioniert wegen der langen Reisewege natürlich nur im ›Garten der Sonne‹, also innerhalb des Planetensystems.

Im Jahr 1961 entsandten russische Wissenschaftler die Raumsonde *Venera 1* zur Venus und legten damit den Grundstein zur Erkundung unserer Geschwister im All.

Bis heute traten mehr als 50 Raumsonden den Weg zu den Planeten Merkur, Venus, Mars, Jupiter, Saturn, Uranus und Neptun an.

Sogar der Komet Halley erhielt mit *Giotto* Besuch von der Erde, genauer, aus Europa.

Zu den erfolgreichsten Missionen gehö-

Die erfolgreichsten Späher im Sonnensystem waren die amerikanischen Voyager-Sonden. Hier das Modell eines der beiden »Reisenden«.

ren zweifellos die amerikanischen *Viking*- und die *Voyager*-Sonden. Mehr als 50.000 Fotos haben die beiden *Vikings* vom Mars aufgenommen. Beide waren dort im Sommer 1976 gelandet und hatten mit automatischen Greifarmen den Boden nach Spuren von Leben untersucht.

Die zwei *Voyagers* rasten am Gasriesen Jupiter (1979) und am Ringplaneten Saturn (1980 und 1981) vorbei. *Voyager II* setzte die Reise fort und passierte 1986 den Uranus und 1989 den Neptun.

Noch heute sind Experten in aller Welt damit beschäftigt, jene Zehntausende von Fotos auszuwerten, die während dieser Stippvisiten entstanden sind. Der Infor-

mationsstrom wird so schnell nicht verebben.

Raumsonden wie *Galileo* (Jupiter), *Cassini* (Saturn) und *Ulysses* (Sonne) sollen die Astronomen in den kommenden Monaten und Jahren mit weiteren Nachrichten versorgen.

Das All ist eine Welt voller Geheimnisse. Ein Häuflein Neugieriger auf einem Staubkorn sammelt fleißig die Strahlen auf, die den gesamten Kosmos durchdringen oder schickt Sonden zu den Planeten los, um immer neue Wunder zu ergründen.

Die Astronomen haben den Himmel in ein Labor verwandelt.«

Astro-Tip 6

Vor nicht allzulanger Zeit habe ich die Hörer eines Astronomiekurses an der Volkshochschule in meine Sternwarte eingeladen. Nach der Begrüßung wollte ich damit beginnen, die Optik zu erklären, als einer der Teilnehmer fragte: »Wie stark vergrößert denn Ihr Fernrohr?« Das kam mir wie gerufen.

»Wenn Sie wollen, 100.000fach«, antwortete ich gelassen.

»Sie nehmen mich wohl auf den Arm?«

»Genau!«

Diese »Schocktherapie« hatte ihre Wirkung nicht verfehlt. Schon war das Interesse der Besucher geweckt. Für den Laien erscheint die Vergrößerung eines Teleskops tatsächlich als das wichtigste. Der Fachmann lächelt darüber. Für ihn kommt es darauf an, wieviel Licht die Optik auffängt und wie gut sie sieht. Beides hängt vom Durchmesser der Linse oder des Spiegels ab (und natürlich von der Qualität).

Zu den beliebtesten Fernrohren für Anfänger gehören 60-Millimeter-Refraktoren und 100-Millimeter-Reflektoren. Sie sammeln 74- beziehungsweise 200mal mehr Strahlung als die Pupille. Auf diese Weise bringen sie Licht ins Dunkel des Firmaments und zeigen Sterne oder Nebel, die sich dem bloßem Auge verbergen. Gerade diese Fähigkeit, in unbekannte kosmische Abgründe einzudringen, macht das Fernrohr so interessant. Nicht von ungefähr suchen die Astronomen nach immer größeren Instrumenten.

Wie hell das Bild eines Sterns im Okular tatsächlich erscheint, hängt noch von etwas anderem ab. Wer von euch den »Astro-Tip 2« in die Tat umgesetzt hat, weiß, daß Zahlen auf einem Fotoobjektiv die sogenannte Blende angeben – »1,8«, »5,6« oder gar »22«. Was bedeutet das? Ganz einfach. Im ersten Fall ist die Brennweite 1,8mal größer als die Öffnung, im zweiten 5,6mal und im dritten Fall 22mal. Diese Beziehung gilt auch für Fernrohre, die ja im Grunde überdimensionalen Objektiven ähneln. Allerdings sprechen die Astronomen nicht von Blende, sondern von *Öffnungsverhältnis* und setzen meist eine »1:« vor den Blendenwert. Newtonteleskope besitzen aus optischen Gründen meist Öffnungsverhältnisse zwischen »1:6« (sprich: »eins zu sechs«) und »1:10«, ihre Brennweiten sind also sechs- und zehnmal größer als der Durchmesser des Spiegels. Bei Refraktoren findet man dagegen Öffnungsverhältnisse zwischen »1:10« und »1:15«.

Betrachten wir einen Stern abwechselnd mit zwei Fernrohren derselben Öffnung, sagen wir 100 Millimeter, so erscheint er im Gerät mit 600 Millimeter Brennweite (»1:6«) heller als in dem mit 1500 Millimeter (»1:15«). Die *Lichtstärke* eines 1:6-Spiegels ist grundsätzlich höher als jene eines 1:15-Objektivs. Daher eignen sich kurzbrennweitige Newtonreflektoren besser für die Jagd nach schwachen Nebeln oder Galaxien als langbrennweitige Refraktoren.

Allerdings läßt sich auch ein Lichtriese in ein trübes Licht verwandeln – und da

Die Privatstern-
warte des Autors:
Ein spezielles
Newton-Teleskop
mit 200 Milli-
metern Öffnung.
Das Instrument
wird von einer
abfahrbaren Holz-
hütte (nicht im
Bild) vor der Witte-
rung geschützt.

kommt endlich die *Vergrößerung* ins Spiel.
Sie errechnet sich aus der Brennweite der
Linse (des Spiegels) geteilt durch die
Brennweite des Okulars. So vergrößert
ein 15-Millimeter-Okular an einem Refraktor mit 1500 Millimetern Brennweite
100fach, an einem Reflektor mit 600 Millimetern Brennweite 40fach. Um euch vor
Enttäuschungen zu bewahren, empfehle
ich als *maximale Vergrößerung* eine, die
dem *eineinhalbfachen Wert der Öffnung in*
Millimetern entspricht. Wer also an seinem
100-Millimeter-Newton wesentlich mehr
als 150fach vergrößert, wird wenig Ver-

gnügen haben: Das Bild erscheint zwar »aufgeblasen«, zeigt aber keine weiteren Einzelheiten. Im Gegenteil wird es unscharf und lichtschwach. Darüber hinaus verstärkt eine solche *leere Vergrößerung* die Turbulenzen in der Atmosphäre. Ein Anfänger, der seinen kleinen Refraktor auf den Mond richtet und 400fach vergrößert, erblickt nur einen dunkelbraunen »Wackelpudding«.

Die stets vorhandene Luftunruhe beeinträchtigt übrigens auch die Eigenschaft, eng zusammenstehende Lichtquellen zu trennen. Vor allem jene Amateure, die es auf Doppelsterne abgesehen haben, interessieren sich für dieses *Auflösungsvermögen*. Es wird stets in Bogensekunden angegeben und läßt sich für jede Optik leicht berechnen. Dazu müssen wir nur die Zahl 115 durch die Öffnung (in Millimetern) teilen. Ein 60-Millimeter-Refraktor zum Beispiel macht theoretisch noch zwei Sterne sichtbar, die 1,9 Bogensekunden (1",9) voneinander entfernt sind.

Michael hat sich gemeinsam mit seinen beiden Freunden auch ein Fernrohr gekauft: ein Newton-Teleskop von 100 Millimeter Öffnung (1:10) auf einer *parallaktischen Montierung* mit elektrischer Nachführung. Sicherlich keine schlechte Wahl.

Und wie steht es mit dir? Hast du keine Lust auf eine eigene Sternwarte? Sie muß ja nicht gleich mit einem 200-Millimeter-Fernrohr ausgerüstet sein wie meine eigene. Für den Anfang reicht ein 60-Millimeter-Refraktor oder ein Gerät, wie es Michael und seine Freunde gekauft haben. Der nebenstehende Merkzettel soll dir helfen, selbst ein geeignetes Fernrohr zu finden. Doch zuvor möchte ich erklären, was es mit einer *parallaktischen Montierung* auf sich hat.

Als Folge der Erddrehung wandern alle Gestirne im Laufe eines Tages von Osten nach Westen um den Pol und ändern dabei ständig ihre Höhe über dem Horizont. Um einen Stern, einen Planeten oder eine Galaxie im Visier zu behalten, bedienen sich die Astronomen einer parallaktischen Montierung. Bei ihr zeigt eine Achse genau zum Himmelspol. Das bedeutet, daß sich das Fernrohr stets parallel zum Himmelsäquator bewegt – genau wie die Gestirne. Ein Objekt, einmal ins Gesichtsfeld gebracht, bleibt auch dort, sofern sich das Teleskop mit »Sterngeschwindigkeit« langsam von Osten nach Westen dreht. Diese *Nachführung* geschieht bei einfachen Amateur-Montierungen über eine biegsame Welle. Wer nicht ständig »kurbeln« will, sollte sich einen passenden Elektromotor anschaffen, der diese Handarbeit übernimmt.

MERKZETTEL FÜR DEN FERNROHRKAUF

1. Seid skeptisch gegenüber Herstellern, die etwa angeben »Öffnung 60 Millimeter, Vergrößerung bis 400fach«.

2. Beobachtet vor dem Kauf (wenn möglich) mit dem Fernrohr entfernte Gegenstände, zum Beispiel eine Antenne. Besonders beim Linsenteleskop sollte das Bild keine Farben zeigen, also keinen bläulichen oder grünlichen Saum. Betrachtet ein geradliniges Objekt (Antennenmast, Hauskante) am Rand des Gesichtsfeldes; es muß immer noch scharf und darf nicht gekrümmt sein.

3. Überprüft bei Spiegelfernrohren die Justierung: Wenn ihr gerade in den leeren Okularauszug schaut, müßt ihr exakt in der Mitte des hellen Hauptspiegel-Bildes das Spiegelbild des Auges sehen.

4. Beim Refraktor sollte das Objektiv gleichmäßig vergütet sein. Ihr erkennt das an einem leichten, farbigen Schimmer, wenn ihr die Linse seitlich betrachtet. Der Haupt- und Umlenkspiegel eines Reflektors müssen gut auspoliert sein, also überall schön spiegeln und keine trüben Stellen zeigen.

5. Prüft die Montierung. Sie sollte einigermaßen stabil sein. Die Achsen dürfen kein allzugroßes Spiel haben. Tippt während des Beobachtens das Fernrohr kurz mit dem Finger an. Das betrachtete Objekt beginnt dann normalerweise zu tanzen. Nach einer Sekunde sollte es aber wieder zur Ruhe kommen; andernfalls ist die »Wacklizität« der Montierung zu groß.

7. Unser Muttergestirn, die Sonne

Was geschah am 11. Juli 1978?

Der 11. Juli 1978 war ein Dienstag. Bereits am frühen Vormittag strahlte die Sonne mit aller Kraft von einem tiefblauen, wolkenlosen Sommerhimmel. Gegen zehn Uhr hatte ich mein Fernrohr im Garten plaziert, vor das Okular ein starkes Filter geschraubt und das Objektiv auf die Sonne gerichtet. So konnte ich unser Tagesgestirn gefahrlos betrachten. Es zeigte sich als weiße Kugel, die nahezu das gesamte Gesichtsfeld ausfüllte. Anfangs waberte die Luft ziemlich heftig und ließ den Sonnenrand erzittern. Doch nach einiger Zeit beruhigte sich die Atmosphäre. Ich begann, mit den Augen über den Gasballon zu spazieren. Unbeweglich stand er jetzt im Okular.
Die Oberfläche war nicht etwa glatt wie ein runder Bogen weißes Papier. Bei genauem Hinsehen löste sie sich in eine Unmenge winziger Körnchen auf. Sie übersäten die Sonne wie feiner Sand. An den Rändern der Scheibe erkannte ich ein dünnes Gewebe aus zartgesponnenen hellen Fasern. Schließlich fesselten dunkle Flecken meine Aufmerksamkeit: Während einige nur als Pünktchen erschienen, ähnelten andere ausgedehnten tiefschwarzen Seen, von grauen Uferzonen umsäumt.
Einem erfahrenen Beobachter sind diese Phänomene wohlvertraut. Denn seit mehr als 350 Jahren beschäftigen sich die Wissenschaftler mit der Sonne und studieren sie nach allen Regeln der Kunst. So erhielt der Sand den Namen *Granulation*, die hellen Fasern heißen *Fackeln*, und die Pünktchen und Seen sind die *Sonnenflekken*.
Die Sonne ist keineswegs nur ein Stern, der mit schöner Regelmäßigkeit auf- und untergeht, die Nacht zum Tage macht und uns wärmt. Nein, die Sonne brodelt und kocht und schwingt hin und her, spuckt lodernde Gaszungen empor und schleudert Materie in den Weltraum. Die Forscher haben über den tobenden Feuerball Filme in Zeitraffer gedreht. Als ich zum erstenmal einen solchen sah, lief es mir eiskalt den Rücken hinunter. Ich erschauderte angesichts dieser kosmischen Urgewalten, die 150 Millionen Kilometer von der Erde entfernt am Werk sind. Am 11. Juli 1978 gaben diese unermeßlichen Kräfte eine besonders eindrucksvolle Vorstellung. Zufällig sollte ich ihr Zeuge werden.
Lange betrachtete ich das Bild der gefleckten Sonne. Schließlich wurde die Luft wieder unruhig. Dennoch beschloß

ich zu fotografieren, um ein Filter auszuprobieren. Das ging auch mit weniger scharfen Aufnahmen. Ich legte einen Film in meine Spiegelreflexkamera, befestigte sie mit einigen Handgriffen am Okularauszug und richtete das Fernrohr auf den großen Sonnenfleck. Gegen halb zwölf drückte ich auf den Drahtauslöser. Die Testreihe konnte beginnen. Jetzt folgte Aufnahme um Aufnahme. Vor jedem Foto stellte ich den Fleck scharf, so gut es eben ging.

Es war genau zwölf Minuten vor zwölf – ich hatte gerade auf meine Armbanduhr gesehen –, als mir der Atem stockte: In Sekundenbruchteilen flammten in dem Fleck zwei Blitze auf. Die gleißend hellen Punkte nahmen rasch an Größe zu und überdeckten bald ein recht ausgedehntes Gebiet. Die Szenerie sah so aus, als ob jemand auf der Sonne zwei starke Scheinwerfer angeknipst hätte. Ich rieb mir die Augen, weil ich glaubte, sie seien übermüdet und ich würde mir alles nur einbilden. Aber das Ganze schien keine Halluzination zu sein. Außerdem hatte ich einen Verdacht...

Geistesgegenwärtig drückte ich auf den Auslöser. Die Minuten erschienen mir wie Stunden. Ohne Unterbrechung starrte ich auf das Spektakel. Nach knapp zehn Minuten war der Spuk vorüber. Friedlich lag der schwarze »Sonnensee« vor mir. Nichts erinnerte mehr an die beiden Blitze. War alles vielleicht doch nur eine Täuschung gewesen? Nein! Der entwickelte Film zeigte die Erscheinung deutlich. Meine Vermutung bestätigte sich

schließlich: Ich hatte einen äußerst seltenen *Weißlichtflare* beobachtet, eine gigantische Explosion auf der Sonne.

Der Tempel von Cuzco

»Am Anfang schuf Gott Himmel und Erde. Und die Erde war wüst und leer, und es war finster auf der Tiefe... Und Gott sprach: Es werden Lichter an der Feste des Himmels, die da scheiden Tag und Nacht... Und Gott machte zwei Lichter: ein großes Licht, das den Tag regiere, und ein kleines Licht, das die Nacht regiere...

Und Gott sprach: Die Erde bringe hervor lebendiges Getier, ein jedes nach seiner Art: Vieh, Gewürm und Tiere des Feldes... Und es geschah so...«

Mit diesen Worten beginnt das Alte Testament, aufgeschrieben vor Tausenden von Jahren. Die Menschen, die damals lebten, hatten eben erst angefangen, die Welt zu begreifen. Obwohl sich selbst die »zivilisierte« Gesellschaft des 20. Jahrhunderts Gewalten wie Erdbeben oder Flutkatastrophen beugen muß, erlebten unsere Ahnen die Natur viel unmittelbarer. Hilflos waren sie verheerenden Unwettern oder eisigen Stürmen ausgeliefert. Weil sich die frühen Menschen vieles nicht erklären konnten, legten sie das Schicksal der Erde und ihr eigenes in die Hände von übernatürlichen Wesen, von Gottheiten.

In den meisten uralten Religionen und Sagen spielt die Sonne eine wichtige

Rolle. Mochten die Menschen vor Jahrtausenden nach heutigen Vorstellungen auch »primitiv« sein. Daß die gleißend helle Scheibe, die in steter Wiederkehr ihre Kreise über das Firmament zieht, Leben bedeutet, das hatten sie längst erkannt. Der Autor der biblischen Schöpfungsgeschichte drückt dies ganz deutlich aus: Zuerst schuf Gott Himmel und Erde, dann die Sonne (und den Mond), schließlich Menschen, Tiere und Pflanzen.

Die Sonne! Ohne sie gäbe es kein Leben. Ohne sie würde die Erde gar nicht existieren. Denn unser Planet und sein Mutterstern wurden beide aus ein- und derselben Urwolke geboren. Davon jedenfalls sind die Astronomen heute überzeugt.

In alter Zeit ahnten die Weisen sehr wohl, welch enge Bande die Erde mit dem glühenden Feuerball am Himmel verknüpfen. Versetzen wir uns nun in eine Epoche, in der noch Götter am Himmel regierten:

Das spärliche Licht der Dämmerung vermag kaum die milchigen Nebelschleier zu durchdringen. Dennoch zeichnen sich im Dunst die verschwommenen Konturen eines gewaltigen Steinquaders ab. Die Szene sieht unwirklich aus. Für wenige Augenblicke unterbricht das Krähen eines Hahns die Stille. Allmählich lichten sich die Schwaden und geben den Blick frei auf den steinernen Würfel. Er mißt vielleicht 15 mal 30 Meter und ist mehrere Meter hoch.

In der Ferne tauchen mit einem Mal tanzende Lichter auf und bewegen sich auf die Südseite des tempelähnlichen Gebäudes zu. Langsam kommen sie näher und entpuppen sich dabei als lodernde Fackeln. Getragen werden sie von prächtig gekleideten Gestalten, etwa 30 an der Zahl. Ihnen folgen schweigend Hunderte von Menschen in einfacheren Gewändern. Nach wenigen Minuten hat der eigentümliche Zug die äußerste Westseite des Tempels erreicht und gelangt durch ein Tor in sein Inneres.

Einer der vornehmen Männer, die offensichtlich alle Priester sind, tritt hervor und löscht seine Fackel. Die anderen tun es ihm gleich. Als es nahezu vollständig dunkel ist, hebt ein leiser Gesang an. Nach und nach stimmen die Versammelten darin ein. Immer lauter ertönen die rhythmischen Klänge.

Plötzlich dringt ein Lichtstrahl in den Raum. Schlagartig verstummt die Menge. »Inti«, flüstern die 30 Priester im Chor. Ehrfurchtsvoll wiederholen die Menschen das Wort, wieder und wieder: »Inti, Inti. . .« Mehr und mehr Licht fällt von einer goldenen Scheibe durch das Tor. Immer heller wird es im Tempel. Jetzt erst kann man erkennen, daß seine Wände aus purem Gold sind. Die mit Smaragden und Rubinen besetzten Ornamente beginnen in phantastischem Glanz zu schimmern.

Die Zeremonie erreicht ihren Höhepunkt. »Inti, Inti, Inti. . .« Auf ein Zeichen des Oberpriesters fallen alle zu Boden und verbergen ihre Köpfe unter den Armen. Der Oberpriester streckt würdevoll seine

Vor 5000 Jahren bauten Menschen die geheimnisvollen Steinkreise von Stonehenge in Südengland. Das Observatorium diente wahrscheinlich der Beobachtung von Sonne und Mond sowie der Vorhersage von Finsternissen.

Hände zum Himmel und murmelt ein Dankgebet. Wiederum hat »Inti« sein Volk nicht enttäuscht. Pünktlich hat der Sonnengott es erleuchtet.

Das geschilderte Schauspiel mag sich jedes Jahr zur Wintersonnenwende wiederholt haben – hoch oben in den peruanischen Anden. Denn dort lebten von 1200 bis zur Mitte des 15. Jahrhunderts die Inka; dann wurde ihr Reich von den Spaniern zerstört. Noch heute besichtigt jeder Tourist die Ruinen, die von der Baukunst dieser südamerikanischen Hochkultur zeugen.

Viele Reisende führt der Weg auch nach Cuzco, der einstigen Hauptstadt des mächtigen Reiches. In Cuzco befand sich der berühmteste aller Tempel zur Verehrung der Sonne. Er muß mit geradezu unbeschreiblichem Prunk ausgestattet gewesen sein. Die Archäologen glauben, daß an seiner Westseite eine riesige Goldscheibe stand. Sie war so ausgerichtet, daß sich das Licht der aufgehenden Sonne einmal im Jahr in ihr spiegelte und das Innere des Tempels in blendend helles Licht tauchte. Dies geschah stets zur Zeit der Wintersonnenwende, auf der südlichen Halbkugel also im Juni.

Die Inka waren mit dem Lauf von Sonne, Mond und Planeten gut vertraut. Auf Anweisung der Priester richteten Architekten die monumentalen Bauten nach astronomischen Gesetzmäßigkeiten aus. Einige dienten wohl auch als Observatorien. Diese enge Verknüpfung von Astronomie und Architektur läßt sich vielerorts beobachten. In Europa gehören die Steinkreise von Stonehenge zu den bekanntesten Zeugen der erwachenden Sternenkunde. Schon lange beschäftigen sich Experten mit der im dritten Jahrtausend v. Chr. errichteten Anlage; aber welchen Zwecken die acht Meter hohen und bis zu 50 Tonnen schweren Steine dienten, wissen sie immer noch nicht genau.

Mit der Sonne beteten die Inka den Gott Inti an. Die Azteken in Mexiko sahen in dem Glutball den Kriegs- und Sonnengott Huitzilipochtli. Die Indianer Nordamerikas huldigten der Sonne in wilden Tänzen. Eine besondere Blüte entfaltete der Sonnenkult im alten Ägypten. Ebenso wie die Tempel der Inka bergen die Pyramiden am Nil noch viele Geheimnisse. Allerdings hingen auch die mächtigen Grabkammern der Pharaonen mit den Vorgängen am Firmament zusammen. Der Sonnenkult spielte dabei eine ganz wichtige Rolle. Pharao Amenophis IV. machte im 14. Jahrhundert v. Chr. die Sonnenscheibe selbst zu einem Gott, nannte ihn Aton und sich selbst Echnaton, »dem Aton wohlgefällig«.

Jeden Tag spannt der Sonnengott Helios seine vier feuerschnaubenden Rösser vor einen Wagen und rast von seinem Palast am Ostrand der Erde über den Himmel nach Westen, ins dunkle Land der Hesperiden. Wer sich so etwas ausgedacht hat? Natürlich die Griechen! Ihr erinnert euch sicher noch an die Schleuderfahrt des Sonnenwagens. Der unglückliche Phaeton war mit ihm verunglückt und hatte dabei die Milchstraße erzeugt.

Der Philosoph Anaxagoras (496 bis 428 v. Chr.) wollte von solchen Geschichten jedoch nichts wissen. Er wagte es zu behaupten, daß es den erhabenen Helios gar nicht gibt. Vielmehr sei die Sonne ein glühender Stein so groß wie der Peloponnes, die südliche Halbinsel Griechenlands. Für diese ketzerische Verleumdung wurde er aus seiner Heimat gejagt.

Heute mögen wir über die abenteuerliche Erklärung des guten alten Anaxagoras lächeln. Aber immerhin hatte er zum erstenmal versucht, die Sonne als materiellen Gegenstand zu betrachten. Denn was es mit unserem Muttergestirn eigentlich auf sich hat, darüber machte sich damals niemand Gedanken.

Auch die Chinesen nicht. Aber ihre Astronomen beobachteten den gelben Ball mit bloßem Auge offensichtlich sehr aufmerksam, vor allem bei seinen Auf- und Untergängen. Denn dann schwächt oftmals horizontnaher Dunst das grelle Licht der großen Scheibe, und man kann sie beobachten, ohne geblendet zu werden. Irgendwann vor mehr als 2300 Jahren fiel einem chinesischen Sternkundigen Seltsames auf: Ein dunkles Etwas verunstaltete die aufgehende Sonne. Der unbekannte Astronom hatte die *Sonnenflecken* entdeckt.

Umstrittene Schönheitsfehler

»Sei ruhig mein Sohn und vertraue Gott. Ich versichere Dir, daß die Flecken nichts

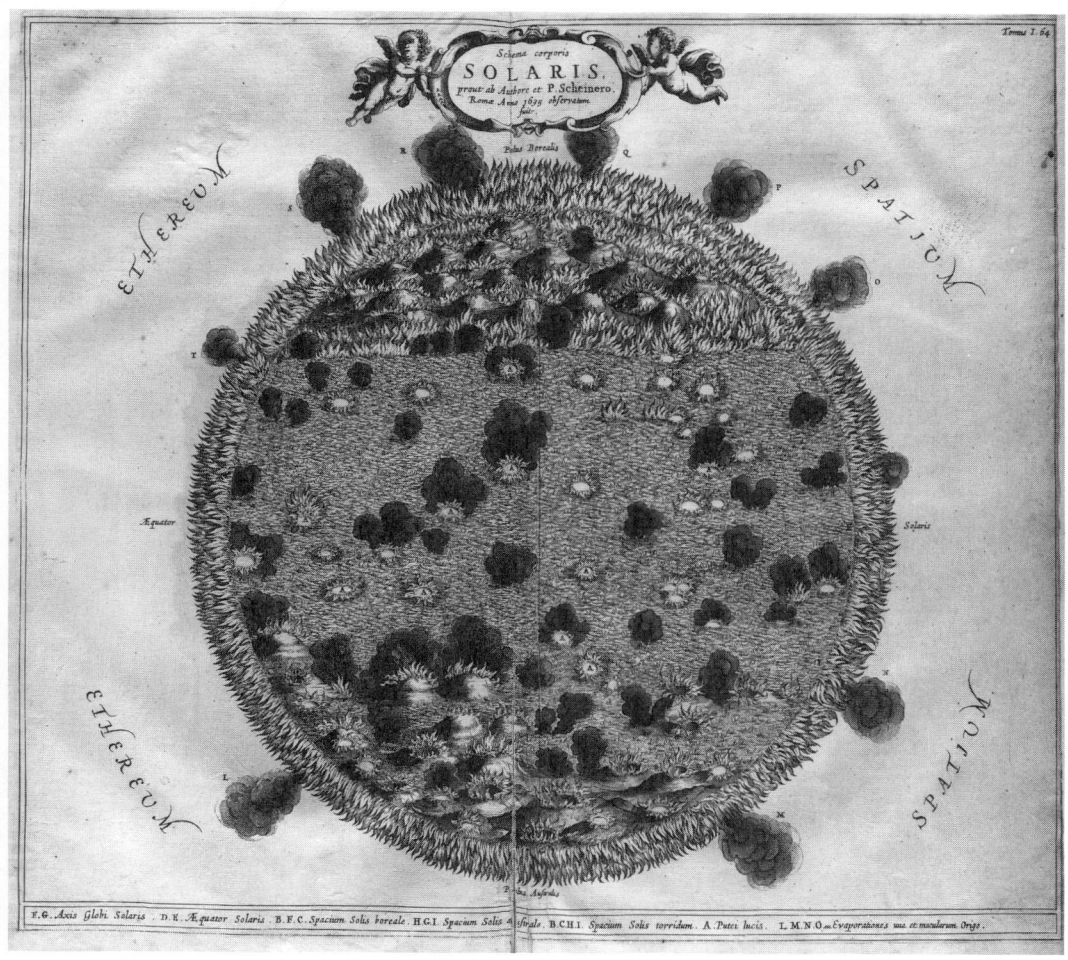

Im 17. Jahrhundert glaubte der Astronom Christoph Scheiner, die dunklen Flecken auf der Sonne seien Rauchfahnen.

anderes sind als Fehler in Deinen Gläsern.« Was mag Christoph Scheiner (1575 bis 1650) wohl gedacht haben, als er diese Zeilen seines Vorgesetzten las? Sicher befand sich der Ingolstädter Jesuitenpater in

einem fürchterlichen Zwiespalt: Zum einen wußte er ganz genau, daß die schwarzen Regionen keineswegs Fehler in seinem Fernrohr waren; andererseits hatte Gott die Sonne als reines und makelloses

Licht geschaffen. Sollte die Bibel unrecht haben? Niemals! Aber dennoch, die Flecken waren eine Tatsache...

Noch ehe ein gelehrter Disput über diese himmlische Erscheinung begann, entbrannte ein durchaus irdischer und handfester Zwist darüber, wer sie als erster gesehen hatte; daß die Chinesen sie längst kannten, wußte damals niemand. Neben Scheiner daran beteiligt waren: Galileo Galilei, italienischer Universalgelehrter, Johannes Fabricius (1587 bis 1615), ältester Sohn des ostfriesischen Landpfarrers und Mira-Entdeckers David Fabricius, Thomas Harriot (1560 bis 1621), englischer Mathematiker und Philosoph. Sie alle hatten zwischen 1610 und 1611 ihre Teleskope auf die Sonne gerichtet und die Flecken wahrgenommen. Mittlerweile steht fest, wer der eigentliche Sieger in diesem Flecken-Streit ist: Thomas Harriot. Die Historiker fanden allerdings erst im 19. Jahrhundert den Beweis dafür: eine schriftliche Beobachtungsnotiz vom 8. Dezember 1610.

In den folgenden Jahren mußten sich die Kirchenmänner wohl oder übel damit abfinden, daß die Sonne nur ganz selten »rein« erscheint. Immer mehr Astronomen musterten gewissenhaft die Schönheitsfehler. Scheiner selbst veröffentlichte 1630 ein Werk mit dem Titel *Rosa Ursina*. Darin beschreibt er unter anderem die Wanderung der Flecken vom Ost- zum Westrand. »Die Sonnenkugel muß sich also um ihre Achse drehen«, folgerte der Pater und leitete die Rotationszeit zu rund 25 Tagen ab.

Erst im Jahr 1862 bemerkte der begeisterte englische Amateurastronom Richard Christopher Carrington (1826 bis 1875), daß die Sonne keineswegs rotiert wie eine Christbaumkugel, sondern am Äquator schneller (25 Tage) als an den Polen (knapp 31 Tage). Fachleute sprechen von einer *differentiellen Rotation*. Sie beweist, daß unser Muttergestirn kein starrer Körper ist, sondern eine Gaskugel. Das hatten die Astrophysiker Mitte des 19. Jahrhunderts anhand der dunklen Linien im Spektrum herausgefunden.

Wie aber lassen sich die schwarzen Flecken erklären? Handelt es sich bei ihnen vielleicht um Rauchfahnen, wie Christoph Scheiner glaubte? Oder hatte etwa Wilhelm Herschel recht, der meinte, sie seien Löcher in der Sonnenatmosphäre, durch die man auf die darunterliegende, von eigentümlichen Lebewesen bewohnte Oberfläche blickt?

Eine Schale mit Flecken

Wir wissen bereits, daß die Sonne keine feste »Schale« besitzt. Was die Astronomen als Oberfläche bezeichnen, ist jene nur etwa 350 Kilometer dünne Schicht, aus der das für uns sichtbare Licht stammt. Sie heißt *Photosphäre* und ist angesichts der gewaltigen Dimensionen des Sonnenballs geradezu lächerlich dünn. Immerhin besitzt die Sonne einen Durchmesser von 1,39 Millionen Kilometern und könnte damit 1,3 Millionen Erden verschlukken. Mit einer Masse von 2000 Quadrillionen Tonnen ist sie zwar 330.000mal schwerer als unser Planet, im Vergleich zu den anderen Sternen jedoch eher ein Zwerg. Dies noch einmal zur Erinnerung. Die Sonnenflecken scheinen in der Photosphäre zu schwimmen. Bereits im 17. Jahrhundert erkannten die Forscher, daß zumindest die größeren unter ihnen einen dunklen Kern besitzen, die *Umbra* (lateinisch: Schatten). Die Umbra umgibt ein heller »Halbschatten«, der *Penumbra* genannt wird. Man sollte sich übrigens davor hüten, die Größe eines Sonnenflecks zu unterschätzen. In einer typischen Umbra hätten nämlich knapp zwei Erden Platz. Der Durchmesser der schwarzen Region liegt bei rund 20.000 Kilometern. Aber keine Regel ohne Ausnahme: Die Fachleute haben schon Fleckengruppen mit einer Gesamtausdehnung von mehr als 300.000 Kilometern gesehen. Das entspricht weit mehr als zwei Drittel des Abstandes zwischen Erde und Mond.

Habt ihr schon einmal etwas von einem Sonnenglobus gehört? Nein? Ich auch nicht! Zwar stehen in Museen oder Planetarien maßstabsgerechte Modelle des Sterns, aber keines zeigt die Oberfläche so, wie sie aussieht. Das hat seinen guten Grund: Das Gesicht der Sonne ändert sich ständig. Anders als bei der Erde gibt es auf ihr weder Ozeane noch Kontinente. Und nach Kratern oder Gebirgen wie auf dem Mond sucht man ebenfalls vergeblich. Woran sollen sich die Astronomen also orientieren? An den Flecken vielleicht? Nein, das funktioniert nicht.

Das hat aber nichts damit zu tun, daß sie aufgrund der Rotation niemals stillhalten, was sich mit einem drehbaren Globus leicht imitieren ließe. Vielmehr tauchen an den verschiedensten Stellen mal große Seen auf, mal kleine Pickel. Zu bestimmten Zeiten verunstalten viele Flecken die Schale, dann wieder überhaupt keine. Ein Sonnenglobus wäre also unsinnig.

Sinnvoll erschien es den Wissenschaftlern dagegen, die Flecken genau zu untersuchen. Einer gab dafür sogar seinen Beruf als Apotheker auf und widmete sich ausschließlich dem Studium der Astronomie. Heinrich Samuel Schwabe (1789 bis 1875) wurde in jenem Jahr geboren, in dem die Französische Revolution ausbrach. 1826 begann der Privatgelehrte, die Sonne zu erforschen. Als er nach 17 Jahren seine Aufzeichnungen durchsah, machte er eine faszinierende Entdeckung: Die Flecken kamen und gingen nicht nach Belieben, sondern folgten einer »inneren Uhr«. Innerhalb von rund elf Jahren lief sie einmal ab. Schwabe hatte den elfjährigen *Sonnenfleckenzyklus* gefunden.

Alle elf Jahre leidet die Sonne sozusagen unter Masern. Dann bedecken besonders viele Flecken ihr Gesicht. Zum letztenmal war dies im Frühjahr 1990 der Fall. Den nächsten »Anfall« erwarten die Experten um die Jahrtausendwende.

Jeder Amateur kann heute selbst mit einem kleinen Teleskop einen wertvollen Beitrag zur Forschung leisten. Er muß dazu nur die Sonne regelmäßig beobachten und zum Beispiel die jeweils sichtba-

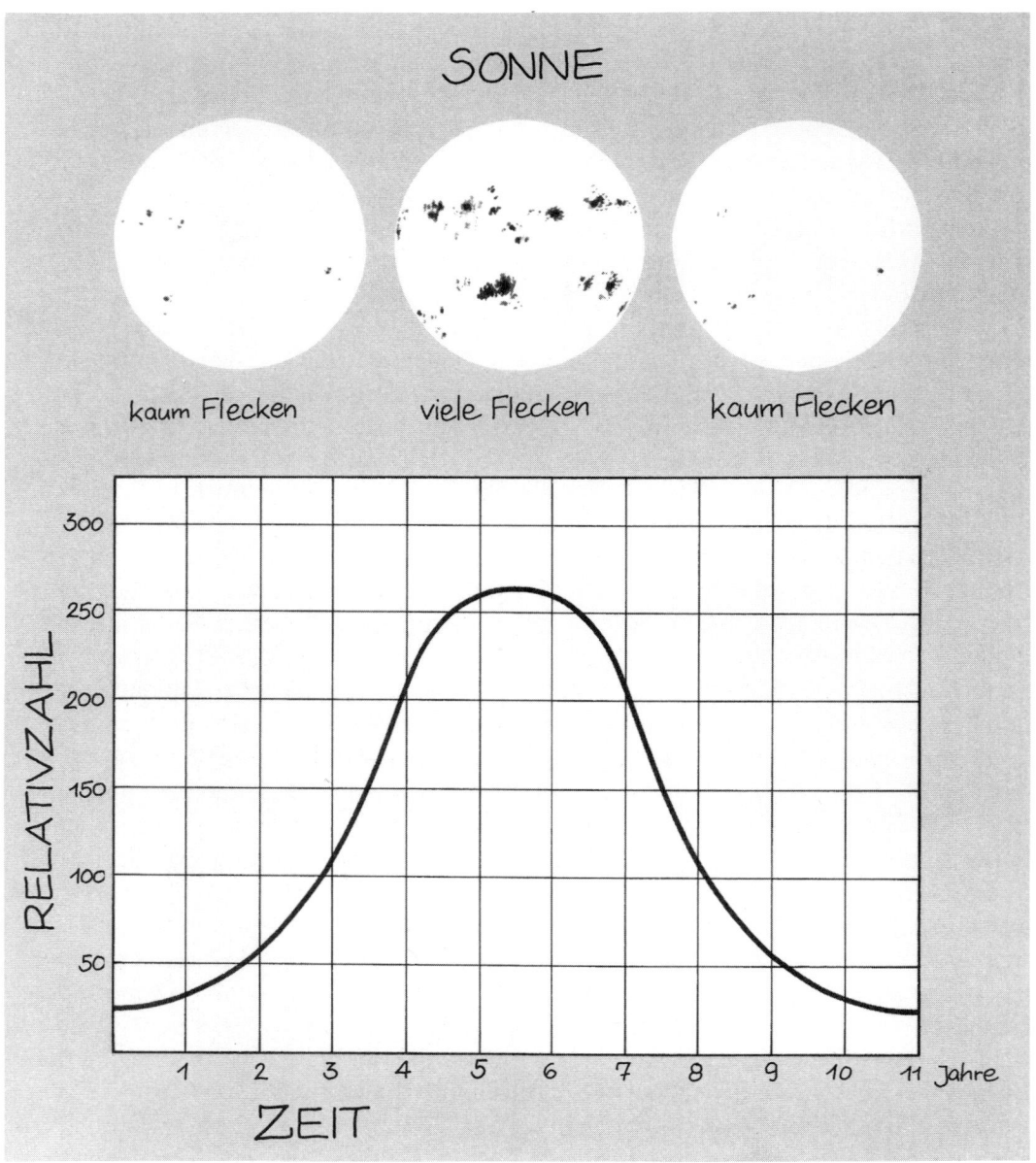

Der elfjährige Rhythmus der Sonnenaktivität spiegelt sich in der Relativzahl wider. Sie gibt an, wie viele Flecken die Sonne gerade »verunstalten«.

ren Flecken zählen. Im »Astro-Tip 7« werde ich erklären, wie ihr diese sogenannte *Sonnenfleckenrelativzahl* selbst bestimmen könnt.

Der Schweizer Astronom Rudolf Wolf (1816 bis 1893) hat diese Zahl im 19. Jahrhundert eingeführt. Die Relativzahl gibt Aufschluß darüber, wie sich die Sonne gerade »fühlt«: Bei großer Aktivität bedecken ganz viele Flecken die Oberfläche; die Relativzahl ist hoch. Eine ruhige Sonne mit makellosem Äußeren erscheint bei geringer Relativzahl dagegen ziemlich langweilig.

Über die Flecken selbst haben die Wissenschaftler Aufregendes herausgefunden. Natürlich handelt es sich bei ihnen nicht um Löcher in der Photosphäre, durch die das Volk der Sonnenmännchen ins Weltall blickt. Das ist schon deshalb unmöglich, weil auf dem Tagesgestirn eine Temperatur von 5700 Grad Celsius herrscht! Bei dieser Temperatur kann kein Leben existieren. Selbst Steine oder ein Stück Eisen würden sofort verdampfen. Daher schweben die Elemente als Gase in der Photosphäre.

Was der Sonne so kräftig einheizt, wissen wir schon. Es ist das Atomkraftwerk in ihrem Inneren. Dort liegen die Temperaturen bei knapp 15 Millionen Grad. Die in dem Reaktor erzeugte Energie versorgt die Oberfläche mit Licht und Wärme. Der Transport dieser Energien quer durch den Sonnenball verläuft nicht immer so reibungslos, wie er eigentlich sollte. Dabei passiert es gelegentlich, daß manche Stellen der Photosphäre zu kurz kommen.

Dann beginnen sich die Gase abzukühlen. Als »kühl« im alltäglichen Sinn lassen sich diese Bereiche auf der Sonne allerdings nicht bezeichnen. Mit 4200 Grad sind sie immer noch sehr heiß. In Kontrast zur intakten Photosphäre erscheinen sie jedoch merklich dunkler. Solche defekten Regionen verraten sich als Sonnenflecken.

Schmetterlinge im Sonnensand

Bei der Frage nach dem »Warum« fangen die Probleme an. Bisher fehlt nämlich eine Erklärung für den elfjährigen Fleckenzyklus. Ebensowenig wissen die Astrophysiker, wie der Schmetterling in die Sonne kommt. In diesem Buch habe ich die Astronomen öfter mit Insektenforschern verglichen. Tatsächlich macht das Sammeln, Ordnen und Einteilen der Beobachtungen bei Biologen und Sternkundlern einen wesentlichen Teil der Arbeit aus. Dies erfordert viel Zeit.

Der reiche Engländer Richard Cristopher Carrington hatte genügend davon. Von seinem eigenen Observatorium aus nahm er die Sonne über Jahre hinweg ins Visier. Dabei stieß er schließlich auf den Schmetterling. Natürlich sitzt in der Photosphäre kein Falter und schlägt mit den Flügeln. Trotzdem ist er zu sehen. Es dauert aber elf Jahre, bis er klar hervortritt, nicht auf der Sonne, sondern auf einem Stück Papier.

Jeder Amateur kann den Schmetterling

herbeizaubern. Wie Carrington muß er dazu elf Jahre lang das Tagesgestirn beobachten. Darüber hinaus benötigt er eine »Landkarte« der Sonne. Sie darf nur aus zwei Achsen bestehen: einer waagerechten mit Jahreszahlen und einer senkrechten, die den Abstand vom Sonnenäquator in Grad angibt. In dieses Diagramm muß man während eines gesamten Zyklus die Positionen sämtlicher Flecken eintragen. Nach getaner Arbeit – in Wirklichkeit ist sie etwas komplizierter als hier beschrieben – wird man mit dem gepunkteten Insekt belohnt.

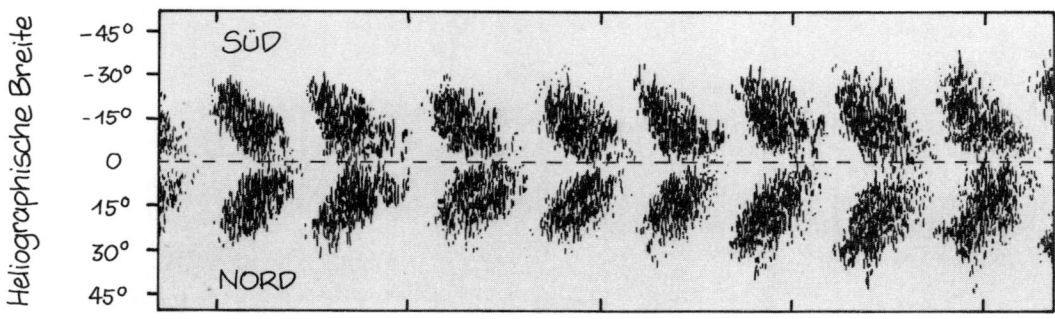

Schmetterlinge auf dem Tagesgestirn: Im Laufe eines Sonnenzyklus ordnen sich die Flecken in unterschiedlichen Breiten an.

Könnt ihr dieses *Schmetterlingsdiagramm* deuten? Es ist eigentlich ganz leicht. Nach einem Minimum tauchen die ersten Flecken in Breiten von circa 35 Grad südlich und nördlich des Äquators auf. Mit fortschreitendem Zyklus wandern sie immer mehr in Richtung Äquator und erscheinen im Maximum rund 15 Grad nördlich und südlich davon. Im Minimum nähern sie sich ihm noch weiter, bis in hohen Breiten wiederum die Flecken des nächsten Zyklus auftreten.

Die Sonne gilt nicht nur als der Stern, von dem wir leben, sie lebt selbst. Die Flecken, die rhythmisch erscheinen und verschwinden, sind bei weitem nicht das einzige sichtbare Zeichen dieser Aktivität. Natürlich macht es mehr Spaß, die Flecken auf der Sonne während eines Maximums zu beobachten, als krampfhaft nach schwarzen Pünktchen zu suchen. Trotzdem mustern die Astronomen die Sonne auch im Minimum. Da sieht die Scheibe auf den ersten Blick zwar »blankgeputzt« aus, aber offensichtlich wurde vergessen, sie zu »polieren«: Die Oberfläche wirkt rauh und von feinen Körnchen überzogen. Dieser Sonnensand ist die *Granulation* (lateinisch: *granulum*, das Körnchen).

Wegen der stets unruhigen Luft wogt der Sonnensand mehr oder weniger stark hin

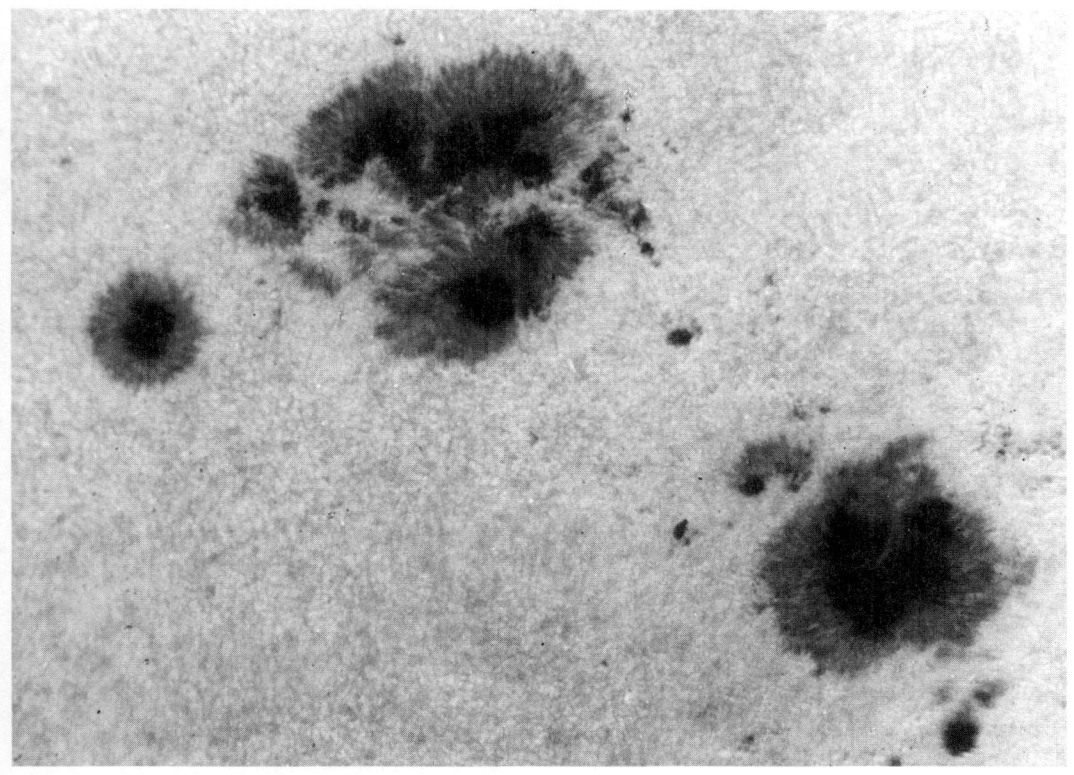

Wie schwarze Seen schwimmen Sonnenflecken in der körnigen Granulation. Dieses Bild der Photosphäre entstand an einem Amateurfernrohr.

und her. Ihn im Bild einzufrieren fordert jeden Astrofotografen heraus. Die besten Resultate liefern Ballon- oder Satellitenteleskope außerhalb der störenden Atmosphäre. Die Aufnahmen geben ein Netzwerk von meist eckigen Granulen wider, die schmale dunkle Zwischenräume voneinander trennen.

Kein einziges Körnchen bleibt für längere Zeit an Ort und Stelle. Nach jeweils einer Viertelstunde löst es sich auf und macht einem anderen Platz. Das Mosaik aus den rund 1500 Kilometer großen Gaspaketen erneuert sich ständig. Mit Hilfe des Doppler-Effektes (s. Kapitel 5) konnten die Forscher das Geheimnis um den Sonnensand ein wenig lüften.

So steigen die heißen Granulen mit einer Geschwindigkeit von mehr als 3000 Stundenkilometern an die Spitze der Photosphäre, kühlen sich nach kurzer Zeit ab und sinken wieder nach unten. Auf diese

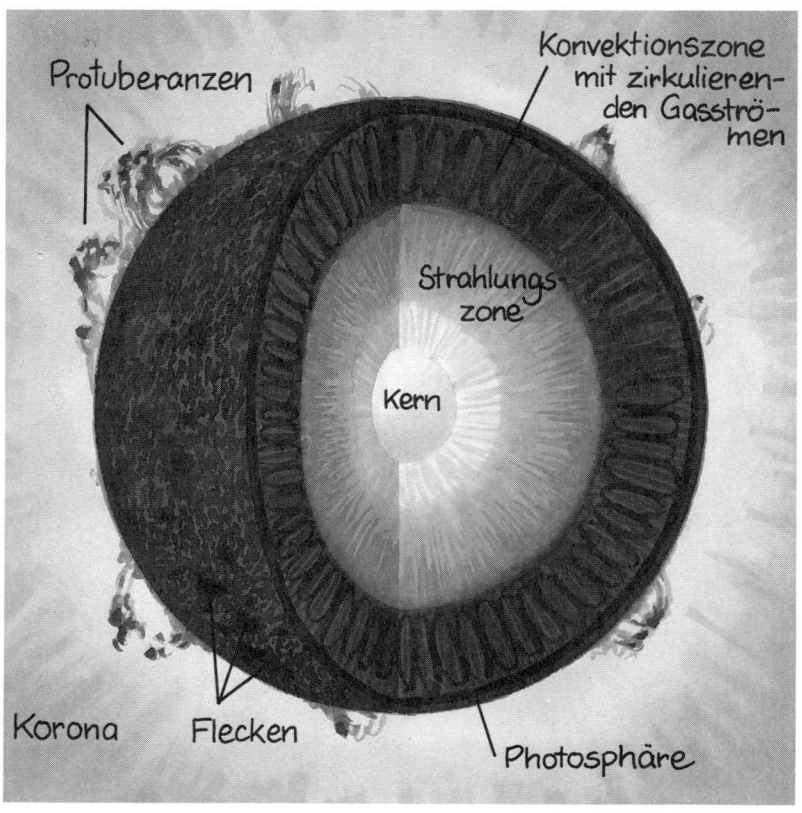

Protuberanzen

Konvektionszone
mit zirkulieren-
den Gasströ-
men

Strahlungs-
zone

Kern

Korona   Flecken

Photosphäre

So stellen sich Astronomen den Aufbau der Sonne vor. Herzstück ist der Fusionsreaktor tief im Inneren des Gasballs.

Weise transportiert die Granulation ununterbrochen Energie an die Oberfläche. An bestimmten Stellen tut sie manchmal zuviel des Guten. Dann erhöht sich die Temperatur um einige hundert Grad gegenüber der benachbarten Photosphäre. Die betroffenen Gegenden leuchten als helle *Fackeln*. Im weißen Licht lassen sie sich vor allem am Rand der Scheibe gut beobachten. Fackeln und Flecken, Schmetterlinge und Sonnensand beweisen, daß unser Muttergestirn nicht nur eine langweilige Gaskugel ist.

Magnetische Kräfte

Um den »Lebensnerv« der Sonne zu untersuchen, müßte man sie aufschneiden. Tief im Inneren sitzt der gigantische Fusionsreaktor. In jeder Sekunde verbrennt er 564 Millionen Tonnen Wasserstoff zu 560 Millionen Tonnen Helium. Dies läuft nach einem Stück ab, dessen Handlung wir aus Kapitel 4 bereits kennen. Die kugelförmige Bühne besitzt einen Durchmesser von etwa 280.000 Kilometern. Die Fusion erzeugt gewaltige Energien.

Zwischen den Polen eines Magneten ordnen sich Eisenfeilspäne entlang der Feldlinien an.

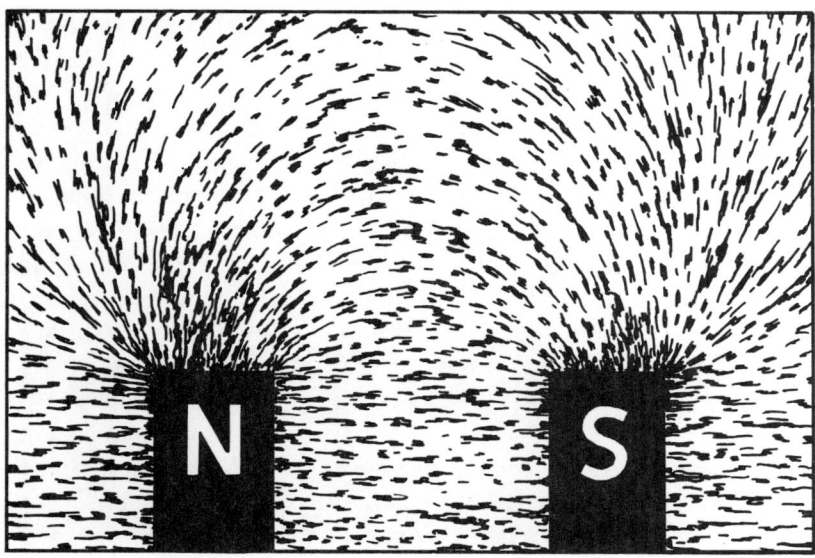

Sofort machen sich Lichtteilchen auf die Reise und schaffen die Strahlung an die Oberfläche. Ein mühevolles Unterfangen. Ununterbrochen versperren andere Teilchen den Weg. Atome und Elektronen lenken sie ständig um. Millionen Jahre dauert es, bis sich die Photonen halbwegs durchgesetzt haben und nur noch 100.000 Kilometer von der Oberfläche entfernt sind. Weiter kommen sie nicht, denn das Licht rennt gegen diese kühlere Schicht wie gegen eine Mauer.

Wo die Strahlung versagt, greift die *Konvektion* ein. Diese Bezeichnung klingt komplizierter als das, was dahinter steckt. Ihr braucht nur einmal die Hand über den Ofen zu halten. Sogleich spürt ihr, wie die heiße Luft die Haut erwärmt. Jetzt setzen wir in Gedanken eine Spezialbrille auf, welche die Luft in einem beheizten Zimmer sichtbar macht. Da ist von Ruhe keine Spur. Ohne Pause schweben warme Luftmassen an die Decke, während kühlere zu Boden sinken. Dieses turbulente Auf und Ab erinnert an die Granulation. Ob im Zimmer, in der Atmosphäre der Erde oder auf der Sonne, stets hat die Konvektion ihre Hand im Spiel.

Dieser Motor »rührt« die Oberfläche seit Jahrmilliarden »um«. Aber störungsfrei arbeitet er nicht. Es gibt etwas, das ihn immer wieder drosselt: *Magnetfelder.* Hier betreten wir ein Gebiet, auf dem selbst Sonnenphysiker recht unsicher sind.

Mit einem kleinen Magneten lassen sich beispielsweise Stecknadeln wunderbar »fernsteuern«. Jeder Magnet besitzt einen Nord- und einen Südpol. Gleiche Pole stoßen sich ab. Ungleiche Pole dagegen ziehen sich an. Zwischen den Polen wirkt eine unsichtbare Kraft, die durch ein magnetisches Feld übertragen wird.

Auch Wissenschaftlern fällt es schwer, sich etwas vorzustellen, was gar nicht zu sehen ist. Um die Wirkung eines Magneten plastisch vor Augen zu führen, haben sie die *Magnetfeldlinien* ersonnen. Daß diese kleine Denkhilfe nicht völlig aus der Luft gegriffen ist, beweist, wie sich Eisenfeilspäne entlang der Feldlinien eines Hufeisenmagneten aufreihen. Denn das geheimnisvolle Feld zieht alle eisenhaltigen Gegenstände in seinen Bann. Daher »fliegen« Stecknadeln geradezu auf Magneten.

Wahrscheinlich nutzten schon die alten Chinesen diese unwiderstehliche Anziehung und konstruierten den Kompaß. Auch den Wikingern wies dieses einfache Instrument auf hoher See die Nordrichtung. Die Kraft, die eine Kompaßnadel ausrichtet, geht von einem gewaltigen Magneten aus. Sein Durchmesser beträgt fast 13.000 Kilometer und heißt – Erde. Ihr Magnetfeld reicht weit in den Weltraum hinaus.

Unser Planet bildet keine Ausnahme. Auch die anderen Planeten hüllen sich ebenso in magnetische Felder wie die Sonne und alle Sterne. Dicke Stränge durchziehen die himmlischen Feuerkugeln, verlaufen in Tiefen von einigen 10.000 Kilometern unter ihren Oberflächen. Die Sternmaterie hält die Magnetfeldlinien gefangen. Sie müssen jede Bewegung der Materie mitmachen.

Mit diesem Wissen untersuchten die Astronomen die Sonne. Aber wie stellen sich die Experten das aktive Innenleben dieses Gestirns vor? Weil die Sonne nicht regelmäßig rotiert, wirbelt das Gas am Äquator schneller herum als an den Polen. Mit der Zeit verschieben und verdrillen sich die eingeschlossenen magnetischen Feldlinien, verlaufen in nördlichen Breiten zum Beispiel von links nach rechts, in südlichen von rechts nach links. Unter der Photosphäre befinden sich mächtige Feldlinien, und bei ihnen kann man eine erstaunliche Entdeckung machen: Magnetisiertes Gas ist leichter als nichtmagnetisiertes. Aus diesem Grund treibt die Materie mit den eingeschlossenen »Magnetschläuchen« immer weiter nach oben. Eines Tages durchbricht sie die Photosphäre wie ein Taucher die Oberfläche eines Sees. Immer höher steigen die Linien. Sie durchlöchern die Photosphäre an zwei Stellen und formen darüber schließlich einen Bogen. Dort, wo die »Schläuche« die Oberfläche der Sonne durchstoßen, beeinträchtigen sie die Energieversorgung. Die betreffenden Regionen erhalten nur noch geringen Nachschub und kühlen ab. Astronomen in aller Welt – Amateure und Profis – freuen sich über einen neuen Sonnenfleck.

Nach dieser Theorie müßten eigentlich zwei Flecken entstehen, der eine mit positiver, der andere mit negativer magnetischer Ladung. Dies beobachten die Forscher tatsächlich. Das Modell vermag außerdem zu erklären, weshalb die Flecken auf der nördlichen Hälfte der Sonne eine entgegengesetzte Polung besitzen als Flecken auf der südlichen. Das liegt an der »Fließrichtung« der Feldlinien. Ist

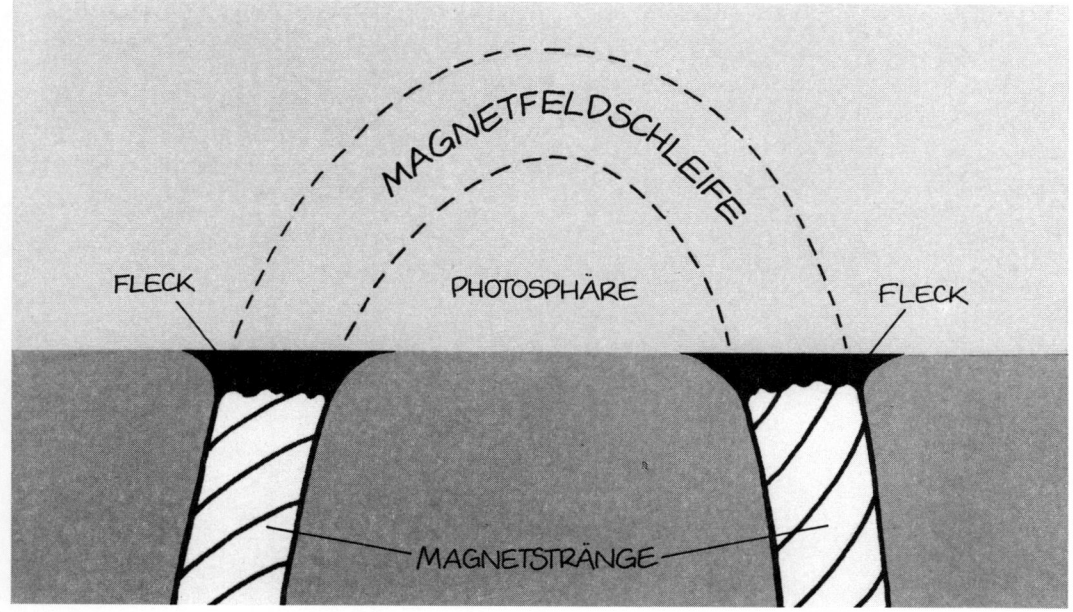

*Dort, wo »Magnetschläuche« die Sonnenoberfläche durchbrechen, behindern sie die
Energieversorgung. Die Photosphäre kühlt ab, Flecken entstehen.*

zum Beispiel im Norden der östliche
Fleck ein Pluspol, dann ist der westliche
ein Minuspol; im Süden ist es gerade umgekehrt. Nach jeweils einem elfjährigen
Sonnenfleckenzyklus kehren sich die Verhältnisse um. Der *magnetische Sonnenzyklus* dauert also insgesamt 22 Jahre.
Warum, darauf gibt es zur Zeit noch
keine Antwort.
Überhaupt birgt die Sonne noch heute
viele Rätsel. Die Erklärungen der Astronomen mögen sich einfach anhören. In
Wirklichkeit ist alles fast so verwickelt
wie die solaren Magnetfelder. Trotz raffi-
nierter Beobachtungsverfahren und ver-

trackter Rechnungen begreift der Mensch
bisher nur sehr wenig von dem Stern,
dem er sein Leben verdankt.

Unheimliche Schattenspiele

».. .Endlich wurden auch auf Erden die
Wirkungen sichtbar, und immer mehr, je
schmäler die am Himmel glühende
Scheibe wurde; der Fluß schimmerte
nicht mehr, sondern war ein taftgraues
Band, matte Schatten lagen umher, die
Schwalben wurden unruhig, der schöne
sanfte Glanz des Himmels erlosch, als

liefe er von einem Hauche matt an, ein kühles Lüftchen hob sich und stieß gegen uns, über den Augen starrte ein unbeschreiblich seltsames, aber bleischweres Licht... der Mond stand mitten in der Sonne, aber nicht mehr als schwarze Scheibe, sondern gleichsam halb transparent wie mit einem leichten Stahlschimmer überlaufen, rings um ihn kein Sonnenrand, sondern ein wundervoller schöner Kreis von Schimmer, bläulich, rötlich, in Strahlen auseinanderbrechend, nicht anders, als gösse die oben stehende Sonne ihre Lichtflut auf die Mondeskugel nieder, daß es rings auseinanderspritzte... mit eins war die Jenseitswelt verschwunden und die hiesige wieder da, ein einziger Lichttropfen quoll am oberen Rande wie ein weißschmelzendes Metall hervor... siegreich kam Strahl an Strahl, und wie schmal, wie winzig schmal auch nur noch erst der leuchtende Zirkel war, es schien, als sei uns ein Ozean von Licht geschenkt worden... Das Wachsen des Lichtes machte keine Wirkung mehr, fast keiner wartete den Austritt ab, die Instrumente wurden abgeschraubt, wir stiegen hinab... Und ehe sich noch die Wellen der Bewunderung und Anbetung gelegt hatten, ehe man mit Freunden und Bekannten ausreden konnte, wie auf diesen, wie auf jenen, wie hier, wie dort die Erscheinung gewirkt habe, stand wieder das schöne, holde, wärmende, funkelnde Rund in den freundlichen Lüften, und das Werk des Tages ging fort...«
Wohl keinem anderen Autor ist es bisher gelungen, Stimmung und Gefühle während einer *totalen Sonnenfinsternis* besser zu beschreiben als Adalbert Stifter (1805 bis 1868). Der österreichische Dichter würde staunen, welchen Rummel ein derartiges Schauspiel im Zeitalter der Düsenflugzeuge auslöst. Ob sich die Sonne in Florida oder in Mexiko verfinstert, in Indien oder Mauretanien, Tausende und Abertausende Touristen fliegen selbst in die entlegensten Winkel der Erde, stehen mit der Kamera bereit und warten voller Ungeduld auf das Schattenspiel. Sie wollen am eigenen Leib spüren, wie es kribbelt, wenn der Tag zur Nacht wird und die umkränzte Scheibe der fahlen Sonne drohend am Firmament steht.
Wie kommt es überhaupt zu einer totalen Sonnenfinsternis? Drei kosmische Schauspieler agieren zusammen: Sonne, Mond und Erde. Aber die drei dürfen nicht irgendwie »herumstehen«, sondern müssen sich hintereinander aufreihen. Dabei hat der Mond zwischen unseren Planeten und seinen Mutterstern zu treten. Von der Erde aus gesehen herrscht Neumond. Aber müßten wir nicht jeden Monat eine Sonnenfinsternis bestaunen können? Schiebt sich der Erdbegleiter denn nicht alle 29 Tage an der Sonne vorbei? Nein! Vor undenklichen Zeiten ist der Mond auf die »schiefe Bahn« geraten, das heißt, die Ebene seines Umlaufs bildet mit der Ekliptik einen Winkel von rund fünf Grad. Gewöhnlich zieht der Mond daher oberhalb oder unterhalb der Sonnenscheibe vorbei. Nur wenn er in unmittelbarer Nähe der Erdbahnebene steht, kommt es zu einer Bedeckung.

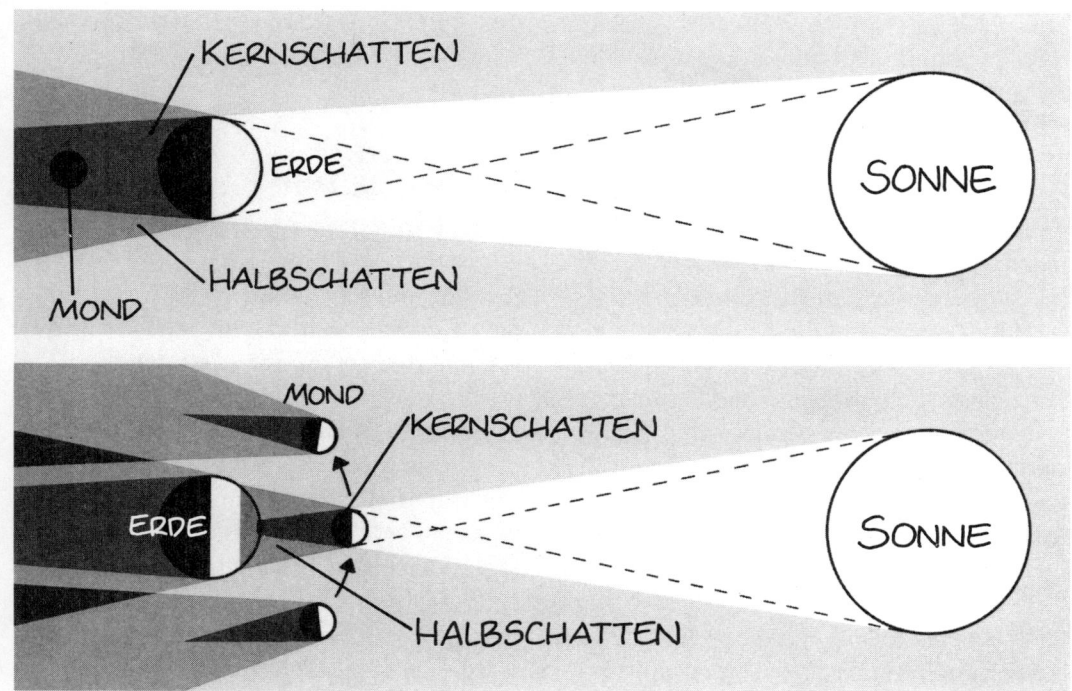

Bei einer Mondfinsternis (oben) tritt die Erde zwischen Sonne und Vollmond, der von ihrem Schatten verfinstert wird. Zieht der Neumond zwischen unserem Planeten und der Sonne vorbei und trifft sein Schatten dabei die Erde, sehen wir eine Sonnenfinsternis (unten).

Der auf diese Weise erzeugte Kernschatten erreicht eine Breite von maximal 300 Kilometern und rast mit einer Geschwindigkeit von 2000 Stundenkilometern über die Erdoberfläche. Nur wer sich innerhalb dieses Streifens aufhält, erlebt eine totale Finsternis. Sie dauert höchstens siebeneinhalb Minuten. An den schmalen Schattenkegel schließt sich eine mehrere tausend Kilometer breite Zone an, in der unser Mond die Sonne nur teilweise »verschluckt«; die Astronomen sprechen von einer *partiellen Sonnenfinsternis*. Manche Finsternisse kommen über die partielle Phase gar nicht hinaus, bei anderen ist der Mond so weit entfernt, daß sein Schattenkegel die Erdoberfläche nicht mehr berührt. Bei diesen *ringförmigen Finsternissen* bleibt auf der Sonnenscheibe stets ein blendend heller Lichtsaum übrig.

Weil der Kernschatten sehr schmal ist, ereignet sich eine totale Sonnenfinsternis für einen bestimmten Ort seltener als eine *totale Mondfinsternis*. Dieses Schatten-spiel geht nämlich überall dort über die Bühne, wo der Mond gerade am Firma-ment steht. Eine Vorstellung dauert im günstigsten Fall 100 Minuten. Die Abbil-dung zeigt, daß sich der Vollmond nur dann in eine dunkle, meist kupferrot leuchtende Scheibe verwandelt, wenn er auf seinen unermüdlichen Kreisen zufäl-lig durch den etwa eine Million Kilometer langen Erdschatten wandert. Vorausset-zung dafür ist wiederum, daß Mond und Erde sozusagen eine gemeinsame Ebene finden. Gelingt dies nur ungenügend, werden wir Zeuge einer *partiellen Mond-finsternis*.

Den 11. August 1999 sollte sich jeder im Kalender rot anstreichen. An diesem Tag ereignet sich die nächste von Deutschland aus sichtbare totale Sonnenfinsternis. Si-cher werden die Zeitungen mit dicken Schlagzeilen von dem »Jahrhundertspek-takel« berichten. Nicht nur Astronomie-, sondern vor allem auch Astrologiebücher werden weggehen wie die warmen Sem-meln. So mancher selbsternannte Hellse-her wird das Ende der Welt prophezeien. Darüber könnt ihr nur müde lächeln: Eine schwarze Sonne mag unheimlich aussehen, um das Schicksal des winzigen blauen Planeten kümmert sie sich aber beim besten Willen nicht.

Dennoch haben Sonnenfinsternisse die Menschen beeinflußt, zumindest jene, die beruflich mit den Sternen zu tun haben. Wenn der Mond den Feuerball zu bedek-ken beginnt, wenn die Scheibe Stück für Stück abbröckelt und zuletzt nahezu völ-lig verschwindet, dann erst setzt die Sonne eine Krone auf und gibt ihr Ge-heimnis preis.

Die Krone mit den Flammenzungen

Fast auf den Tag genau 18 Jahre, nach-dem Adalbert Stifter »von Schauer und Erhabenheit erschüttert« auf der Stern-warte in Wien zusah, wie die Sonne ihr Licht verlor, reisten zwei Forscher durch das sommerliche Spanien. Man schrieb das Jahr 1860. Wieder einmal hatten die Experten eine totale Finsternis vorausge-sagt. Die beiden, die unter der glühenden Hitze stöhnen, sind der englische Papier-fabrikant und Hobbyastronom Warren de la Rue (1818 bis 1889) und unser alter Bekannter Angelo Secchi, der Pionier der Spektroskopie (vgl. Kapitel 3). Am 18. Juli soll sich der Mond vor die Sonne schie-ben. De la Rue und Secchi sind gut vor-bereitet. Jeder schleppt eine schwere Fotoausrüstung mit sich.

Der große Tag rückt näher. Die Wissen-schaftler packt eine leichte Nervosität. Wird das Wetter mitspielen? Werden die Kameras funktionieren? Am Morgen des 18. Juli bauen die beiden – jeder in einer anderen Ecke der iberischen Halbinsel – ihre Instrumente auf. Alles geht glatt. Pe-trus hat ein Einsehen, die Kameras arbei-ten tadellos.

Die Aufnahmen zeigen eine Flammen-krone mit fein eingewobenen Feuerzun-gen. Diese Erscheinungen kennen die

Während einer totalen Finsternis schmückt sich die Sonne mit einem hellen Strahlenkranz, der Korona.

Forscher von früher. Bisher haben sie aber nicht gewußt, ob die Zungen tatsächlich zur Sonne gehören. Jetzt sind sie sich dessen sicher. Die Bilder von de la Rue und Secchi lassen keinen Zweifel daran.

Die *Korona*, der matte Lichterkranz, mit dem sich die Sonne umgibt, tritt nur während totaler Finsternisse zutage. Sie ist immer vorhanden. Gewöhnlich wird sie jedoch vom hellen Licht kräftig überstrahlt. Auch die Feuerzungen gehören

zum Antlitz des Tagesgestirns. Die Forscher nennen sie schlicht *Protuberanzen* (*protuberare* bedeutet im Lateinischen soviel wie »hervorquellen«).

Vielleicht ahnst du schon, daß sich hinter der Korona die Ausläufer der Sonnenatmosphäre verbergen. Wir müssen stets bedenken, daß die Sonne keine feste Kugel ist, sondern ein Gasball, dessen Dichte nach außen allmählich abnimmt. So liegt über der Photosphäre die rund 10.000 Ki-

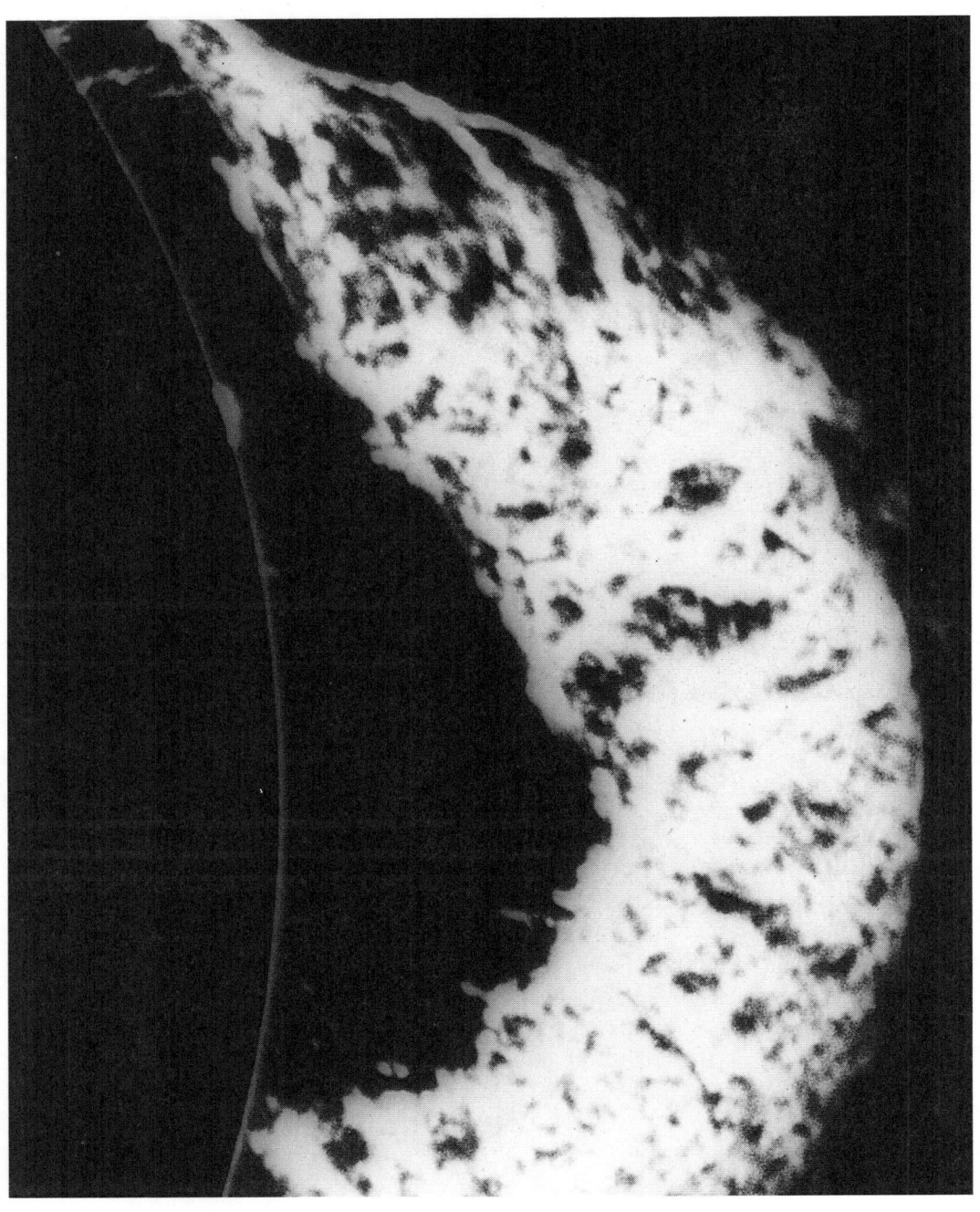

lometer dicke *Chromosphäre*. Die Griechen tauften diese Schicht »Farbhülle«. Damit wählten sie einen gelungenen Namen: Den aufmerksamen Astronomen war nicht entgangen, daß die Chromosphäre bei einer totalen Finsternis kurz vor dem Auftauchen der Korona als farbiger Lichtsaum erscheint.

Bis vor etwa 60 Jahren waren die Sonnenforscher auf eine Sonnenfinsternis angewiesen, wenn sie die Korona beobachten wollten. Sie zeigte sich dann für wenige Minuten, die Chromosphäre gar nur für Sekunden. Die Astronomen konnten den Mond ja nicht nach Belieben vor die Sonne dirigieren.

Bernard Lyot (1897 bis 1952) konnte dies tun! Der französische Optiker entwickelte 1930 ein Fernrohr mit zahlreichen Blenden und einer schwarzen Scheibe, die den Mond vertritt. Mit diesen *Koronographen* erzeugen die Astronomen das ganze Jahr über künstliche Sonnenfinsternisse. Nun haben sie endlich Zeit, Korona und Chromosphäre intensiv in Augenschein zu nehmen.

Ein Filter taucht die Welt in ungewohnte Farben. Als Kind habe ich oft durch bunte Glasstücke geschaut und mich darüber gefreut, daß plötzlich alles blau, grün oder gelb ausgesehen hat. Auch die Sonnenphysiker benutzen in ihren Korono-

Ein Stern spuckt Gas: Lodernde Flammenzungen schießen von der Sonnenoberfläche hinaus ins All und bilden beeindruckende Protuberanzen.

graphen spezielle, sehr teure Gläser. Diese »H-alpha-Filter« lassen nur jene Strahlen passieren, die der Wasserstoff (chemisches Zeichen »H«) aussendet. In der bis zu 20.000 Grad Celsius heißen Chromosphäre ist er reichlich vorhanden. Schrauben wir jetzt ein solches Filter an ein Instrument, in dem *kein* künstlicher Mond die Sonne verdunkelt. Wir blicken auf eine neue, ungewohnte Oberfläche. Sie präsentiert sich als leuchtend rote, ein wenig runzlige Schale. Überall züngeln kleine Flämmchen empor, sogenannte *Spiculen*. Um die dunklen Sonnenflecken wirbeln turbulente Gase. Mehrmals täglich explodiert die Materie. Dann registrieren die Astronomen einen *Flare*. Gelegentlich zeigt er sich im weißen Licht, wie zum Beispiel am 11. Juli 1978...

Außerdem fallen uns dünne schwarze Fäden auf. Hie und da schlängeln sie sich über den Glutball. Es sind Protuberanzen, genauer, ihre Schatten. Sie bilden sich in der Chromosphäre ab. Wenn wir die Flammenzungen in ihrer ganzen Schönheit bewundern wollen, müssen wir sie mit dem herkömmlichen Koronographen betrachten. Als bizarre Spritzer oder symmetrische Bögen reichen sie zuweilen mehrere Hunderttausend Kilometer in die Korona hinein. Manche verändern ihre Gestalt innerhalb von wenigen Minuten. Mit Geschwindigkeiten von nicht selten zweieinhalb Millionen Stundenkilometern wird das Gas entlang der oftmals brückenförmig gewundenen Magnetfeldlinien nach oben geschleudert.

Doch damit nicht genug: Die Sonne pulsiert auch noch! Im Fünf-Minuten-Takt bläht sie sich mit der Geschwindigkeit eines Düsenjets auf und schrumpft wieder zusammen. Dabei zittert die Kugel wie eine schwingende Kirchenglocke. Der Vergleich erscheint aus einem anderen Grund als treffend. Weil durch die Atmosphäre Schallwellen nach außen laufen und die Korona bis auf eine Million Grad aufheizen, herrscht auf der Sonne ein ohrenbetäubender Lärm. Auf dem Gestirn ist also die Hölle los. Das bemerken aber nicht nur die Astronomen. Selbst »normale« Menschen bekommen mit, wenn der 150 Millionen Kilometer entfernte Ballon besonders kräftig rumort.

Alarm in der Atmosphäre

Was haben die Kornpreise im England des 18. Jahrhunderts mit den Sonnenflecken zu tun? »Sehr viel«, würde Wilhelm Herschel antworten und hätte eine erstaunliche Erklärung parat:
»Während eines Sonnenfleckenmaximums nimmt die Strahlung zu und läßt das Getreide besonders üppig wachsen. Wird eine Ware im Überfluß angeboten, fallen die Preise meist in den Keller. Korn ist demnach in der Zeit großer Sonnenaktivität besonders billig. Umgekehrt bin ich davon überzeugt, daß eine ruhige Sonne weniger Energie abgibt. Die Folgen sind schlechte Ernten und entsprechend hohe Preise.«
Laßt euch von dem ehrwürdigen Herrn

Herschel nichts weismachen! Auch Wissenschaftler irren. Denn oftmals beruht das, was recht plausibel erscheint, auf reinem Zufall. Um dennoch die Wahrheit zu beweisen, haben sich unzählige Forscher nach Herschel darum bemüht, einen Zusammenhang zwischen den Sonnenflecken und dem Klima herzustellen. Bisher ebenfalls ohne eindeutiges Ergebnis.
Die Suche nach einer »solar-terrestrischen Beziehung« treibt mitunter recht seltsame Blüten: Alle möglichen und unmöglichen »Experten« behaupten immer mal wieder, sie hätten zweifelsfrei herausgefunden, daß Revolutionen, Kriege oder gar die Aktienkurse dem Sonnenfleckenzyklus folgen. Vor allem Boulevard-Zeitungen verkaufen solche unwissenschaftlichen Meldungen als Sensationen. Die meisten Leser verschlingen die Artikel mit Begeisterung – und kennen dabei nicht einmal den Unterschied zwischen Sonne und Planeten, zwischen einem Großbrand und einem Polarlicht.
»Es brennt!« Dem Anrufer, der am 13. März 1989 gegen 23 Uhr 10 die Nummer der Feuerwehr gewählt hatte, verschlug es vor Aufregung fast die Sprache. »Nun beruhigen Sie sich ein wenig und sagen Sie, wo«, antwortete der Mann am anderen Ende der Leitung gelassen. »Ich. . . Ich weiß nicht, irgendwo im Norden.«
»Aber Sie müssen doch eine Adresse nennen können.«
»Eben nicht. Ich sehe von meiner Wohnung ja nur einen gewaltigen Feuerschein. Ich habe keine Ahnung, wie weit

Polarlichter gehören zu den großartigsten Schauspielen auf der Himmelsbühne.

der Brand weg ist. Vielleicht ist da ein Flugzeug abgestürzt. Nun tun Sie doch schon endlich was.« Der Mann wurde allmählich ungehalten.

»Also gut, ich kümmere mich darum.« Der Feuerwehrmann hängte ein und ging ans Fenster. Jetzt verstand er die Panik des Anrufers. Tatsächlich leuchtete der nördliche Himmel in einem grellen rötlichen Schimmer. Schnell rannte der Mann zum Funkgerät zurück und verständigte nacheinander die Kollegen in den umliegenden Städten, die Polizei und schließlich das Kontrollzentrum eines benachbarten Flugplatzes. Überall Fehlanzeige!

Was ist an diesem 13. März 1989 geschehen? Bereits am 6. März entdeckt ein amerikanisches Observatorium am Ostrand der Sonne eine seltsame Fleckengruppe. Starke Eruptionen und Flares (darunter einer im weißen Licht) begleiten die ungewöhnlich unruhige Region. In den folgenden Tagen gerät die Sonne immer mehr außer Rand und Band. Sie spuckt eine gewaltige Anzahl von elektrisch geladenen Teilchen aus. Mit hoher Geschwindigkeit durcheilen sie den Weltraum und treffen nach einigen Stunden auf den magnetischen Schutzschild der Erde.

Der mit Stärken von mehr als einer Million Stundenkilometer ständig wehende *Sonnenwind* bereitet ihm keine Probleme; locker fängt er dessen Elektronen und Protonen ab. Doch gegen die kosmischen Geschosse des 13. März 1989 versagt er völlig. Sie dringen in der Nähe der Pole in das Magnetfeld ein und stoßen 100 bis 500 Kilometer über der Erde mit den Teilchen der Atmosphäre zusammen. Ein Lichtblitz begleitet jede dieser Kollisionen. Um 22 Uhr 40 beginnt sich der Himmel zu verfärben.

Das beschriebene *Polarlicht* war sogar von Süddeutschland aus zu sehen. Das passiert durchschnittlich nur einmal im Jahr. Die Bewohner des hohen Nordens erleben ebenso wie jene in sehr südlichen Gefilden die überwiegend in rot und grün flackernden, tanzenden Lichtvorhänge alle Monate. Dort ruft sicher niemand mehr die Feuerwehr an!

Auf der Suche nach dem Nichts

Die Sonne überflutet die Erde mit Wärme und Licht und kontrolliert durch ihre Schwerkraft die Bahnen aller Planeten. Sie bläst uns dauernd einen Wind ins Gesicht, der gelegentlich zu einem Sturm mit heftigen Böen auffrischt. Darüber hinaus bombardiert sie uns Tag und Nacht, Sommer wie Winter mit *Neutrinos*. In jeder Sekunde durchschlagen Billiarden dieser Teilchen unsere Körper. Wir merken davon nichts. Die »Kanonenkugeln« aus der Sonne besitzen keine Ladung und haben praktisch keine Masse. Daher lassen sie sich von der Materie nicht aufhalten. Ohne Probleme durchqueren sie Eisen- und Bleiplatten. Ja, sie rasen in null Komma nix durch die gesamte Erdkugel.

Gelänge es, die Neutrinos zu stoppen, würden sie eine interessante Geschichte erzählen. Sie entstehen nämlich als »Abfallprodukt« bei den Fusionsprozessen im Sonneninneren. Das jedenfalls glauben die Astronomen. Sie berechnen sogar, wieviele Neutrinos auf der Erde ankommen müßten – falls die physikalischen Theorien über den Modellstern zutreffen. Deshalb haben die Fachleute in die Trickkiste gegriffen und eine Methode entwickelt, mit der sich die Boten von der Sonne einfangen lassen.

Die erste »Neutrinofalle« wurde im Jahr 1965 gebaut. Sie befindet sich in einer Goldmine im amerikanischen Bundesstaat South Dakota. In einer Tiefe von 1455 Meter installierten die Forscher einen Tank. Er enthält 390.000 Liter Perchloräthylen, ein Stoff, der in der chemischen Reinigung verwendet wird. Trifft nun zufällig ein Neutrino auf eines der zwei Quintillionen (eine zwei mit 30 Nullen!) Chloratome, verwandelt sich dieses in ein Argonatom. Nach mehr als einem Monat zerfällt es wiederum in Chlor. Dabei strahlt es Energie ab. Diese Energie läßt sich messen.

Da Neutrinos ungern etwas mit anderen Elementarteilchen zu tun haben wollen, hüten sie sich vor allzu vielen Zusammenstößen. Das bedeutet für die Experten ein Stück harte Arbeit. Sie würden lieber nach der sprichwörtlichen Nadel im Heuhaufen suchen, als 390.000 Liter Perchloräthylen nach 35 Argonatomen zu durchforsten!

Fragt nicht wie, aber die Wissenschaftler bewältigten diese unglaublich schwere Aufgabe bravourös. Nach dem Vorbild von South Dakota entstanden überall auf der Erde weitere solcher Anlagen. Eigentlich hätten die Astrophysiker allen Grund zur Freude. Dennoch sind sie sehr enttäuscht: In den chemischen Fallen verheddern sich nur ein Viertel der vorausgesagten Neutrinos. Sieht es in der Sonne womöglich doch ganz anders aus? Liegen die Theoretiker mit ihren Vorstellungen über das himmlische Kraftwerk am Ende völlig daneben? Oder entwischen energiearme Neutrinos den kunstvoll gewobenen »Netzen«?

Die Fachleute wollen diese Fragen jetzt mit einem besonders sensiblen Detektor klären. Seit 1991 fahnden sie in einer Felshöhle im italienischen Gran-Sasso-Massiv nach den unseligen Teilchen. Die Neutrinos sollen in sechs Behältern mit jeweils 1200 Litern flüssigem Gallium-Chlorid hängenbleiben. Wird das GALLEX genannte Experiment die Welt der Astronomen wieder in Ordnung bringen? Wenn nicht, sieht es für die Sonnenphysiker nämlich finster aus.

Astro-Tip 7

Niemals ohne ausreichenden Schutz mit einem Fernglas oder Teleskop in die Sonne schauen! Das helle Licht, durch die Optik hundert- oder tausendfach verstärkt, fügt dem Auge schweren Schaden zu. Im schlimmsten Fall führt es sogar zur Erblindung!

Diese Warnung muß jeder beherzigen, der die Sonne beobachten will.

Welche Vorbereitungen sind für einen gefahrlosen Ausflug zu treffen? Am besten, Wärme und Licht gelangen erst gar nicht in das Fernrohr. Hier helfen *Objektivfilter*. Sie fangen die Strahlen am vorderen Ende des Tubus ab und entschärfen sie. Allerdings kosten solche Sonnenblocker aus Glas eine Menge Geld. Bei großen Öffnungen erreichen die Preise astronomische Höhen. Folienfilter sind billiger, liefern aber weniger gute Bilder. Wer als Anfänger mit lichtabschwächenden Folien oder irgendwelchen billigen Gläsern herumexperimentiert und womöglich die Fassung ebenfalls selbst zusammenbastelt, werfe das fertige »Werk« noch vor der ersten Beobachtung dorthin, wo es hingehört: in den Papierkorb.

Kleinen Refraktoren bis 60 Millimeter Öffnung liegt meist ein *Okularfilter* bei. Es verdunkelt die Sonne und ermöglicht eine angenehme Sicht. Dieses Verfahren läßt sich auch bei (größeren) Reflektoren

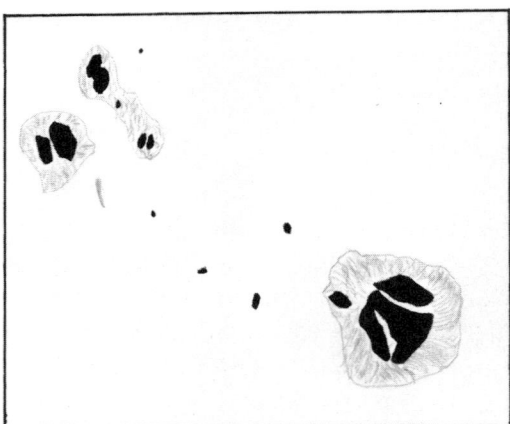

Mit ein wenig Übung lassen sich selbst an kleinen Amateurfernrohren »Porträts« von Sonnenflecken anfertigen. Für gefahrloses Beobachten müssen aber unbedingt gewisse Sicherheitsvorkehrungen getroffen werden.

anwenden. Es setzt voraus, daß die Öffnung auf mindestens 60 Millimeter verringert wird. Dies geschieht mit einer entsprechenden Blende.

Vor allem beim Linsenteleskop hat sich eine dritte, praktisch gefahrlose Möglichkeit bewährt: *die Projektion auf einen Schirm.* Dabei dringen die Strahlen ungefiltert bis zum Okular, treten in voller Stärke wieder aus und treffen in 15 oder 20 Zentimetern Abstand hinter der Augenlinse auf einen Schirm. Wie auf einer Dia-Leinwand bildet sich dort die Sonne als mehr oder weniger großer Kreis ab. Selbst die Flecken zeigen sich deutlich als dunkler »Fliegendreck«.

Wenn ihr mit der Projektion indirekt unser Tagesgestirn studiert, solltet ihr die

Arbeit alle zehn Minuten unterbrechen und das Fernrohr einige Zeit abkühlen lassen. Das gilt übrigens auch für die anderen beiden Methoden. Die richtige Sonnenbeobachtung erfordert Verstand und Sorgfalt. Erfahrene Sternfreunde helfen euch gerne. Auch Teleskop-Händler beraten euch, wie ihr den Gasball ohne Probleme unter die Lupe nehmen könnt. Zu den interessanten Aufgaben für Sonnenbeobachter gehört die Bestimmung der *Relativzahl.* Sie läßt sich im Prinzip ganz einfach ermitteln: Zähle alle Fleckengruppen, multipliziere das Ergebnis mit zehn und addiere die Zahl der Einzelflecken! Der Astronom Rudolf Wolf hat dieses »Kochrezept« kurz und bündig formuliert: **R = (10 x g) + f. R** ist die Relativzahl, **g** die Zahl der Fleckengruppen und **f** die Zahl der einzelnen Sonnenflecken. Verunstalten zum Beispiel drei Gruppen mit zusammen 28 Einzelflecken die Sonne, beträgt die Relativzahl (10 x 3) + 28, also 58. Die kleinste mögliche Relativzahl nach der Null ist die 11. Dann befindet sich nur ein Fleck in der Photosphäre. Er wird gleichzeitig als Gruppe gezählt. In stürmischen Zeiten, während eines Maximums, steigt R gelegentlich bis auf 300 und mehr.

Vielleicht habt ihr auch Lust, die Sonnenflecken zu porträtieren. So könnt ihr jeden Tag eine Karte des Gestirns anfertigen. Mit der Projektionsmethode geht es sehr leicht. Wir zeichnen auf ein Blatt Papier mit dem Zirkel einen Kreis. Sein Durchmesser muß jenem der abgebildeten Sonnenscheibe entsprechen.

Dann bringen wir diese Schablone mit dem Sonnenrand zur Deckung und malen die Konturen der Flecken mit einem weichen Bleistift ab. Man kann auch versuchen, einen Sonnenfleck im Okular zu betrachten und ihn gleichzeitig zu zeichnen. Geübte Hobbyastronomen erzielen dabei beachtliche Ergebnisse.

Dem Forscherdrang sind keine Grenzen gesetzt.
Vielleicht fesselt die Sonne gerade deshalb viele Amateure. In Deutschland haben sich einige zusammengeschlossen und geben das Mitteilungsblatt *Sonne* heraus. Die Kontaktadresse findet ihr im Anhang.

8. Himmlisches Uhrwerk

Im Labor von Daniel Düsentrieb

Jet Propulsion Laboratory. Fast ist man versucht, dies mit »Daniel Düsentriebs Labor« zu übersetzen. Denn schließlich heißt *Propulsion* Antrieb, und unter *Jet* findet man im Lexikon »Strahl oder Düse«. Aber was steckt wirklich hinter diesem »Laboratorium« in Kalifornien?

Am 5. September 1977 trat ein Späher seine Reise ins Ungewisse an. Forscher hatten ihn auf den treffenden Namen *Voyager 1* getauft; das bedeutet soviel wie »Raumfahrer«. Bereits am 20. August 1977 war *Voyager 2*, der Zwilling dieser Sonde, zu seiner Odyssee aufgebrochen. Gemeinsam kundschafteten die beiden Brüder mit den elektronischen Kameraaugen Jupiter und Saturn aus. Danach trennten sich ihre Wege. Im Alleingang besuchte *Voyager 2* den Planeten Uranus. Im Sommer 1989 stand der Trip zu den Grenzen des Sonnensystems kurz vor dem Abschluß.

Im Sog der Anziehungskraft rast der vollautomatische Roboter auf Neptun zu, nähert sich seinem Ziel in jeder Stunde um 60.000 Kilometer. Die »Augen« der Geräte an Bord richten sich auf den Mond Triton. Zeile um Zeile tasten sie den Himmelskörper ab. Eine dreieinhalb Meter große Antenne schickt die verschlüsselten Signale auf eine vierstündige Reise zur Erde. Mehrere Weltraumohren hören rund um die Uhr die schwachen Piepse der *Voyagers* ab und leiten sie ins kalifornische Jet Propulsion Laboratory (JPL).

Dort produzieren hochkarätige Wissenschaftler aus den über Funk einlaufenden Rohdaten detailreiche Fotos ferner Welten. Gigantische Wirbelstürme, gewaltige Vulkanausbrüche und verdrillte Ringe haben sie bereits auf die Monitore gezaubert. Welche bizarren Ansichten werden wohl dieses Mal zu sehen sein?

Schon die ersten Triton-Bilder versetzen die Fachleute in Euphorie. Gestochen scharf breitet sich die violett, blau und braun schimmernde Kugel des Mondes vor den Augen der Astronomen aus. Unzählige Gräben, die sich zum Teil kreuzen und wie Blutbahnen verästeln, zerfurchen die Oberfläche. An einigen Stellen scheint eine zähflüssige Masse den Boden überflutet zu haben und bildet nun eine Seenplatte. Schwarze Fontänen aus feinen Staubteilchen ragen wie die Rauchfahnen eines Lagerfeuers bis zu acht Kilometer in die dünne Atmosphäre.

Die Forscher am JPL haben allen Grund,

die Journalisten im Presseraum zusammenzutrommeln. »*Voyager* hat ja bereits Dutzende von Körpern im Planetensystem untersucht, aber Triton ist einmalig«, begrüßt Edward Stone die Reporter. Dann zeigt der Wissenschaftler Fotos, die um die Erde gehen. Ein würdiges Ende für eine erfolgreiche Mission.

Nicht nur die beiden Raumsonden *Voyager 1* und *2* haben neue Welten erschlossen. Zwischen 1976 und 1989 drangen Pioniere in die dichte Wolkenhülle der Venus. Zwei *Viking*-Sonden durchwühlten den Boden des Mars. *Giotto* fühlte dem Halleyschen Kometen auf den Zahn. Seit Jahrtausenden beschäftigt sich der Mensch mit den Geschwistern der Erde. Aber was er in den vergangenen Jahren über die »Wandelsterne« herausgefunden hat, bedeutet eine Revolution. Nikolaus Kopernikus hätte seine Freude daran gehabt.

Eine große Revolution

Als Christoph Kolumbus (1451 bis 1506) zu seiner ersten Fahrt aufbrach und am 12. Oktober 1492 in San Salvador (»Guanahani«) landete, war Nikolaus Kopernikus gerade 19 Jahre alt. Die beiden Männer sind einander niemals begegnet. Schade, denn sie hätten sich bestimmt viel zu erzählen gehabt. Vielleicht hätten sie sich gerade wegen ihrer charakterlichen Gegensätze besonders gut verstanden: Kolumbus, der kühne Abenteurer – Kopernikus, der zurückgezogene Grübler.

Beide haben einen Platz in der Geschichte gefunden. Kolumbus als Entdecker Amerikas und Kopernikus als der Mann, der die Sonne ins Zentrum rückte.

Schwarze Tücher verdecken die milchigen Fensterscheiben. Gedämpft dringen die Strahlen der Frühlingssonne in den Raum. In einer Ecke steht ein schweres Eichenbett, darüber hängt ein Kruzifix. Auf dem Nachtkästchen brennen zwei Kerzen. Ihr flackernder Schimmer beleuchtet eine bleiche, vom Tod gezeichnete Gestalt. Schwer atmend streckt der alte Mann seine rechte Hand aus und greift nach einem Buch. Zitternd streichen die mageren Finger über den Ledereinband. *De revolutionibus orbium coelestium libri VI* steht in kunstvoller Schrift darauf. Für einen kurzen Moment blitzen die matten Augen auf. Dann sinkt der knochige Schädel wieder in das Kissen. Der Hauch eines zufriedenen Lächelns spielt um die Mundwinkel. Nikolaus Kopernikus hat sein Lebenswerk gesehen. Jetzt kann er ruhig sterben.

Der große Astronom kam am 19. Februar 1473 in Thorn (heute Polen) zur Welt. Als der Junge zehn Jahre alt war, starb sein Vater. Fortan kümmerte sich Onkel Watzelrode um den kleinen Nikolaus. Er bezahlte ihm eine solide Ausbildung und schickte ihn an die Universität Krakau. Dort besuchte Kopernikus Vorlesungen über Mathematik, Astronomie und Theologie. 1495 ging der hochbegabte Student für acht Jahre nach Italien. Als Doktor des Kirchenrechts kehrte er zu seinem Onkel zurück, der mittlerweile Bischof

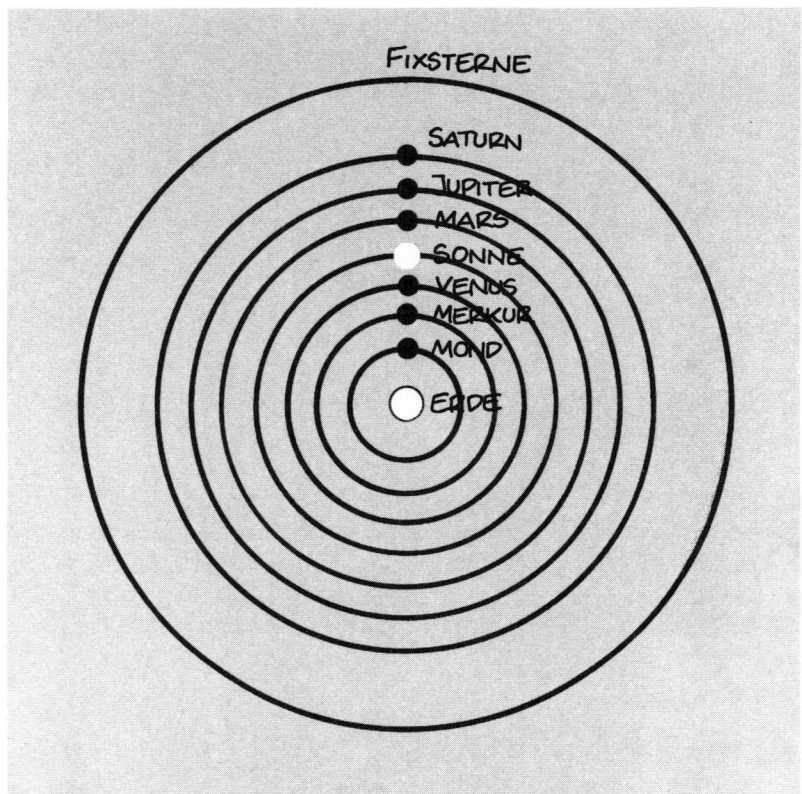

Der griechische Philosoph Aristoteles glaubte, daß sich Sonne und Mond, Planeten und Sterne um die unbewegliche Erde drehen (geozentrisches Weltbild).

von Ermland war. Nach dessen Tod wurde Nikolaus Kopernikus im Jahr 1512 zum Domherren von Frauenburg an der Ostsee berufen. Dort starb er am 24. Mai 1543.

Kopernikus blieb der Aufruhr, den sein Buch »Über die Umdrehungen der Himmelskreise« auslöste, erspart. Das war gut so. Denn die Abhandlung führte nicht nur zu einer wissenschaftlichen Revolution, sondern sie rüttelte auch an den Grundfesten der Kirche. Knapp 90 Jahre nach dem Erscheinen des Werkes mußte

Galileo Galilei dafür büßen, daß er der kopernikanischen Lehre anhing.

Dabei hatte der geniale Geistliche aus Thorn nur behauptet, daß sich alle Planeten einschließlich der Erde um die Sonne drehen. Aber das reichte! Erstens widersprach dies der Bibel, wo schwarz auf weiß geschrieben steht: »Damals redete Josua mit dem Herrn ... und er sprach in Gegenwart Israels: Sonne, steh still zu Gibeon, und Mond, im Tal Ajalon! Da stand die Sonne still, und der Mond blieb stehen ...«. Zweitens lehrt die tägliche

Erfahrung, daß sich der Himmel um die unbewegliche Erde dreht. Und drittens predigten die im 15., 16. und 17. Jahrhundert hochangesehenen griechischen Philosophen der Antike, daß sich die Erde im Zentrum des Weltalls befindet.

Da war zum Beispiel Aristoteles (384 bis 322 v. Chr.). Der packte das gesamte Universum in acht kristallene Kugeln. Im Mittelpunkt dieses zerbrechlichen Gebildes plazierte er die Erde. Auf den Schalen befestigte er der Reihe nach Mond, Merkur, Venus, Sonne, Mars, Jupiter, Saturn und die Fixsterne (Uranus, Neptun und Pluto waren noch nicht entdeckt). Ein unsichtbarer »Äther« verband die seltsame Konstruktion. Aber irgend etwas stimmte dabei nicht. Denn die Planeten gingen am Firmament ihre eigenen Wege: Mal liefen sie von Westen nach Osten, dann wieder von Osten nach Westen. Zwischendrin hielten sie an und drehten eine Schleife.

Aristoteles sah bald ein, daß in seinem Modell der Wurm steckte. So fügte der Gelehrte seinem Kugelkosmos vier Dutzend weitere Schalen hinzu. Ergebnis: In dem Gewirr kannte sich niemand mehr aus – und das Uhrwerk ging immer noch verkehrt. Was also war zu tun? Klar, die Erde mußte unbeweglich im Zentrum bleiben. Aber vielleicht konnte man an den Planeten etwas »drehen«. Viele Philosophen versuchten sich als »Uhrmacher« und bogen die Rädchen zurecht.

In seinem Buch *Almagest* präsentiert Ptolemäus (120 bis 190) das Ergebnis seiner Überlegungen: Jeder Planet läuft auf einer Sphäre, deren Mittelpunkt auf einer zweiten, größeren befestigt ist; diese dreht sich ebenfalls. Die Himmelskörper bewegen sich diesem Modell zufolge auf Bahnen um die Erde, die fast den beobachteten entsprechen. Aber leider nur fast! Mit der Zeit verließen die Planeten wiederum die ihnen zugewiesenen Pfade.

Die Nachfolger des Ptolemäus versuchten das Modell zu verbessern, indem sie weiter Kugel um Kugel in die Planetenmaschine konstruierten, bis in dem Gehäuse kein Platz mehr war. Erst Nikolaus Kopernikus sollte von dem Schalenmodell endgültig Abstand nehmen. Er war nicht der erste, dessen Gedanken über den Lauf der Gestirne in eine andere Richtung zielten.

Im Golf von Kusadasi, unmittelbar vor der türkischen Küste, liegt die Insel Samos. Dort wurde vor mehr als 2200 Jahren Aristarch geboren. Über sein Leben ist wenig bekannt. Dennoch wissen wir, daß sich der kluge Mann mit den Gestirnen beschäftigt und über Astronomie viele Werke verfaßt hat. Aber bis auf ein einziges gingen alle verloren, darunter auch jenes über den Bau des Planetensystems.

Bevor das Buch verschwand, lasen es zwei Kollegen von Aristarch. In ihren eigenen Schriften berichten sie kurz über dessen Inhalt – und der ist geradezu sensationell: Die Erde, so dachte Aristarch, dreht sich um ihre Achse und umrundet mit den anderen Planeten die Sonne. Die »kopernikanische Revolution« ereignete sich also

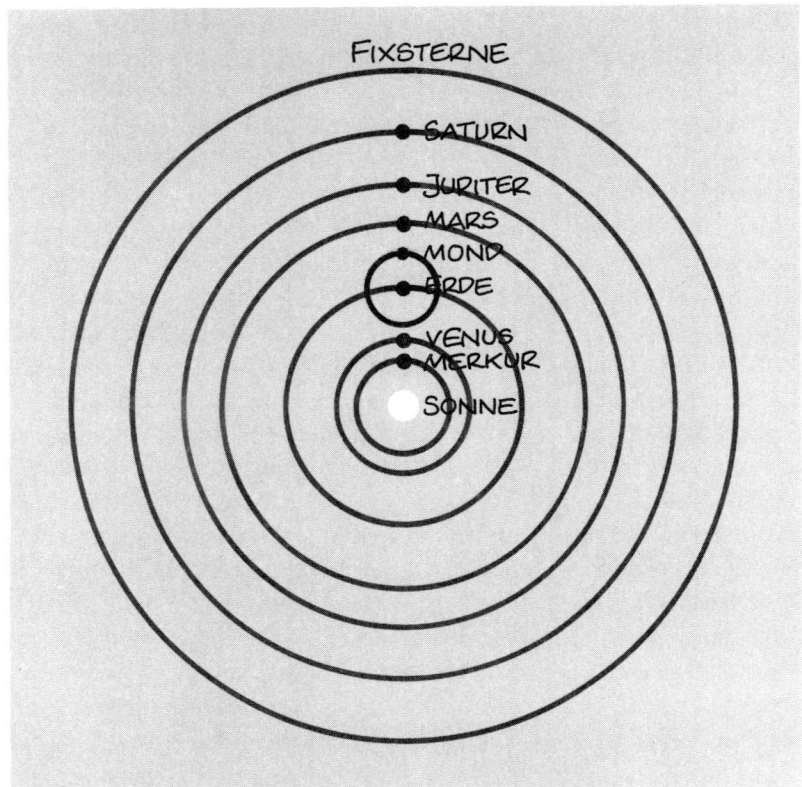

FIXSTERNE

SATURN
JUPITER
MARS
MOND
ERDE
VENUS
MERKUR
SONNE

Erst Nikolaus Kopernikus wies der Erde den richtigen Platz im Universum zu: Als ganz gewöhnlicher Planet umkreist sie mit ihren Geschwistern die Sonne (heliozentrisches Weltbild).

nicht 1543, sondern bereits im dritten vorchristlichen Jahrhundert!
Nikolaus Kopernikus war ein gebildeter Mann. Beim Blättern in alten Büchern und Handschriften stieß er mit ziemlicher Sicherheit auf die Idee von Aristarch, wenngleich er den Namen nie konkret erwähnt. Vielleicht hat Kopernikus bei seinem antiken Kollegen sogar ein wenig »gespickt«. Das ändert jedoch nichts an seiner hervorragenden Leistung, ein neues, ein wahres Weltbild erdacht zu haben. Das himmlische Uhrwerk des Koper-

nikus hatte allerdings einen kleinen Haken: Die Planeten machten immer noch, was sie wollten!

Das verbogene Planetenrad

Aber das System des großen Astronomen entspricht doch den Tatsachen! Bildet die Sonne etwa nicht die Nabe des Planetenrades? Drehen sich die anderen Planeten denn nicht wie auf Felgen?
An der Position der Sonne gibt es nichts

zu rütteln, wohl aber an der Form des Rades. Es ist nämlich ganz schön verbogen. Johannes Kepler, der Erfinder des astronomischen Teleskops (vgl. Kapitel 6), hat diesen Fehler entdeckt.

Die 18 Monate zwischen Mai 1599 und Oktober 1601 stellten den Forscher auf eine harte Probe. In dieser Zeit war Tycho Brahe königlicher Hofastronom zu Prag, Kepler sein Assistent. Die beiden Männer konnten sich nicht ausstehen. Das lag überwiegend an dem arroganten Tycho. Gegen ihn kam Johannes Kepler einfach nicht zum Zuge. Wie einen Schatz hütete Tycho seine Planetenbeobachtungen. Aber ins Grab nahm er sie glücklicherweise nicht mit.

Wenige Wochen nach dem Tod des Astronomen im Oktober 1601 stürzte sich Johannes Kepler begierig auf die wertvollen Aufzeichnungen. Monatelang versuchte er, aus den Positionen des Mars irgendwelche Gesetzmäßigkeiten abzuleiten. Sein Glaube an eine geheimnisvolle Weltharmonie ließ ihn nicht aufgeben. Johannes Kepler, mittlerweile Nachfolger Tychos als Astronom am Prager Königshof, arbeitete wie ein Besessener. Im Dezember 1604 war er am Ziel. »Ich kam schließlich darauf, daß der Marsumlauf zwischen einem Kreis und einem Oval liegen müsse und möglicherweise eine Ellipse sein könnte«, schrieb er in jenem Monat an seinen Brieffreund David Fabricius. Der Marsumlauf ist eine Ellipse. Aber nicht nur er.

Alle Planeten bewegen sich auf Ellipsen um die Sonne. So lautet das **Erste Keplersche Gesetz**. Beispielsweise schwankt die Entfernung Erde – Sonne während eines Jahres zwischen 147 und 152 Millionen Kilometern. Dabei ändert sich noch

Johannes Kepler fand heraus, daß sich alle Planeten auf Ellipsenbahnen um die Sonne bewegen. Das ist das Erste Keplersche Gesetz. Außerdem legen die Planeten in Sonnennähe in derselben Zeit ein größeres Stück zurück als in Sonnenferne; die schraffierten Flächen sind jedoch gleich groß. So lautet das Zweite Keplersche Gesetz.

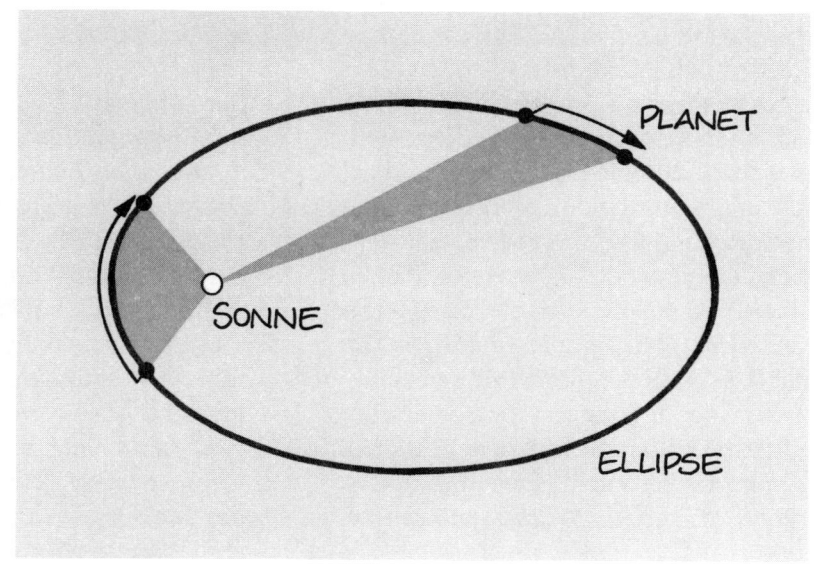

etwas: *Ein Planet wird schneller, je näher er der Sonne kommt, und langsamer, je weiter er sich von ihr entfernt.* Das ist das **Zweite Keplersche Gesetz**. Damit hätte es der Gelehrte bewenden lassen können. Aber mit schwäbischer Gründlichkeit (Kepler wurde in Weil der Stadt in Baden-Württemberg geboren) suchte er weiter. Schließlich fand er einen *Zusammenhang zwischen den Entfernungen und den Umlaufszeiten* und damit das **Dritte Keplersche Gesetz**.

Hätte es im 17. Jahrhundert schon den Nobelpreis gegeben, Kepler hätte ihn sicher bekommen. Aber die Zeiten waren anders als heute.

Der Dreißigjährige Krieg überzog Europa mit Blut und Elend. Die Pest, der gefürchtete »schwarze Tod«, raffte Millionen Menschen dahin.

In all den Wirren ging die Leistung des Wissenschaftlers beinahe unter. Zumindest wurde sie nicht ausreichend bezahlt. Kaiser Ferdinand II. schuldete Kepler nicht weniger als 12.000 Gulden. Schließlich entließ er ihn aus seinen Diensten. Im Jahr 1630 macht sich der mittellose Astronom auf den Weg zum Reichstag nach Regensburg, um vom Kaiser sein Gehalt einzufordern. Die Reise wird zu einer unsäglichen Strapaze. Vom Fieber geschüttelt, besteigt der 59jährige sein Pferd. Er muß den Ritt öfter unterbrechen, denn er kann sich jeweils nur kurz im Sattel halten. Bei naßkaltem Wetter kommt Kepler am 2. November in Regensburg an. Zwei Wochen später ist er tot.

Fesselndes Zentralgestirn

Warum fliegen die Planeten nicht einfach davon? Was fesselt sie an die Sonne? Johannes Kepler glaubte an das Wechselspiel zwischen dem Magnetismus und einer mystischen Kraft. Er nannte sie *anima motrix*. Das alles klingt ziemlich unwissenschaftlich. Aber Kepler hatte nun mal einen Hang zum Übernatürlichen. Erst der zerstreute Professor Newton (vgl. Kapitel 6) bereitete diesen Spekulationen ein Ende. Als ihm die Erleuchtung kam, war er allerdings noch gar kein Professor, sondern ein Student ohne Universität. Die nämlich hatte man im Jahr 1665 wegen der Pest geschlossen. So kehrte der junge Isaac für einige Zeit in sein Heimatdorf zurück. Ständig irgendwelche Formeln im Kopf, spazierte er durch Wiesen und Wälder.

»Wenn ich nur wüßte, *was* die Planeten auf ihren Bahnen hält!« Diese Frage beschäftigte Newton seit Tagen. Auch jetzt, da er in einem Obstgarten auf und ab ging. Erschöpft ließ er sich schließlich im Schatten eines Baumes nieder. »Au!« Ein Apfel war ihm auf den Kopf gefallen. Anstatt leise zu fluchen, fuhr Newton plötzlich hoch. »Ich bin ein seltener Idiot!« Soeben war ihm eine der größten Entdeckungen der Physik gelungen. Er hatte die *Gravitation* gefunden. Auch wenn diese Geschichte, die schon seit Newtons Zeiten erzählt wird, nicht ganz den Tatsachen entspricht, ist sie doch schön erfunden. Jeder von euch kennt die Wirkung der Gravitation. Denn jedem ist schon einmal etwas hinuntergefallen. Das unsichtbare Band, mit dem die Erde alle Gegenstände anzieht, heißt *Schwerkraft*. Sie »steckt« nicht nur »in« der Erde. Jeder Körper, ob Haus, Auto, Mensch oder Apfel, besitzt sie.

Heißt das etwa, daß selbst eine Stecknadel unseren Planeten anzieht? Es klingt verrückt: Genau so ist es. Warum die Stecknadel trotzdem auf die Erde fällt (und nicht umgekehrt), liegt an der Masse. Nach dem **Newtonschen Gravitationsgesetz** ist die Schwerkraft nämlich um so stärker, je mehr Masse ein Körper besitzt. Daher reißt die schwere Erde alles an sich!

Und noch etwas fand Isaac Newton heraus: Die Kraft, die einen Apfel zu Boden fallen läßt, ist dieselbe, die die Planeten an die Sonne bindet. Denn dort konzentrieren sich 99,8 Prozent der Gesamtmasse des Planetensystems. Kein Wunder, daß die Sonne mühelos alles fest im Griff hat. Ohne sie würde die Erde geradlinig ins All davonfliegen. Die Schwerkraft des Zentralsterns verbiegt den Fluchtweg unerbittlich zu einer geschlossenen Kurve. Zu einer Ellipse.

Solange keine störende Kraft wirkt, behält jeder Planet seine Bewegung bei. Einmal aufgezogen, läuft das Uhrwerk für alle Zeiten gleichmäßig weiter.

Der Dämon vom Mond

Johannes Kepler hatte das uralte Buch auf einer Messe erstanden. Es enthielt eine geheimnisvolle, außergewöhnliche Botschaft. Ein Mann namens Duracoto erzählt darin, wie er einmal zusammen mit seiner Mutter einen Dämon vom Mond beschworen hat. Der Geist tauchte auf und berichtete von seiner Heimat: »Alles, was der Boden von Levania (Mond) hervorbringt und was sich auf ihrer Oberfläche bewegt, ist ungeheuerlich groß . . . Die Levanier haben keine festen und sicheren Behausungen, sondern wandern tagsüber in Trupps umher. Wenn ihr Wasser auf die andere Seite des Globus gezogen wird, folgen sie ihm, teils zu Fuß, denn sie haben längere Beine als das Kamel, teils durch die Luft mit ihren Flügeln, und teils per Schiff. Wenn ein Halt von mehreren Tagen notwendig ist, kriechen sie in Löcher und Höhlen . . .«

Johannes Kepler hat sich das alles natürlich nur ausgedacht. Erst 1634, vier Jahre nach seinem Tod, erschien diese Geschichte unter dem Titel *Somnium* als Buch. Die Handlung ist frei erfunden, aber Science-fiction wollte Kepler nicht schreiben. Tatsächlich glaubte der Astronom ebenso wie viele seiner Kollegen (zum Beispiel Galileo Galilei), daß der Mond eine »zweite Erde« ist, mit Ozeanen und Kontinenten. Außerdem sollten sich auf Levania seltsame Kreaturen tummeln.

Dabei sind die einzigen Lebewesen, die je auf dem Mond herumgelaufen sind, jene zwölf Astronauten der amerikanischen *Apollo*-Missionen. Aber das konnte sich Kepler nicht einmal im Traum vorstellen. Die Astronauten mußten ihre eigene

*Der Mondkrater Gassendi, aufgenommen vom Autor an seinem Fernrohr mit
200 Millimetern Spiegeldurchmesser.*

Atemluft mitbringen, denn der Mond besitzt keine Atmosphäre. Darüber hinaus schützten dicke Anzüge die Männer vor den extremen Temperaturen: Um die Mittagszeit klettert das Thermometer auf 130 Grad über Null, um Mitternacht sinkt es auf 180 Grad minus.

So trafen die irdischen Gäste nicht auf eine üppige Tier- und Pflanzenwelt, sondern wanderten durch eine öde, verstaubte Landschaft, vorbei an tiefen Trichtern und kantigen Felsen – Reste einer bewegten Vergangenheit. Denn in seiner Jugend mußte der Mond eine Menge erdulden: Tausende Gesteinsbrokken aus dem Kosmos stürzten auf seine Oberfläche und hinterließen Krater. Aus seinem Inneren stieg flüssige Lava nach oben und überschwemmte die Ebenen. Der Boden faltete sich zu mächtigen Höhenzügen auf oder zersprang und bildete Risse und Furchen.

Als treuer Begleiter umläuft der Mond die Erde in einem Monat einmal. Genauso lange benötigt er, um sich um seine Achse zu drehen. Aufgrund dieser *gebundenen Rotation* erblicken wir stets dasselbe pockennarbige Gesicht, ganz gleich, wann wir zum Mond schauen. Was sich dagegen ständig ändert, ist die *Mondphase*.

Vor allem bei Vollmond treten die hellen »Kontinente« deutlich hervor; sie haben sich als kraterzerfurchte Gegenden entpuppt und heißen noch heute *Terrae* (lateinisch »Länder«). Die »Ozeane« *(Maria)*, mit erstarrter Lava angefüllte Becken, erscheinen auf der runden Scheibe als dunkle Flecken. Der Erdtrabant ist leblos, sein Anblick gleichwohl einzigartig. Im »Astro-Tip 8« werden wir das Fernrohr auf diese bizarre Welt richten.

Der blaue Planet

Beinahe hätte ich vergessen, daß wir von neugierigen Facettenaugen beobachtet werden: Seit Stunden steht das Raumschiff *Intergalaxos* über der Erde. Auf der phantastischen Reise durch das Universum, die wir mit dem Raumschiff der Ameisenwesen unternommen haben, sind wir zum erstenmal Sternen, Nebeln und Galaxien begegnet. Diese kosmischen Objekte kennen wir mittlerweile bestens. Aber über die Erde selbst wissen wir bisher nur wenig, und dabei war sie doch das eigentliche Ziel der Besucher vom Planeten Formicolo. So sollten wir uns nach bester Science-fiction-Art in Gedanken schnell wieder an Bord der *Intergalaxos* »beamen«!

Dort flimmern gerade Bilder über die Monitore – offensichtlich ein Video über den blauen Planeten.

Auf den Bildschirmen erscheint ein diffuses Etwas. Das ist der kosmische Urnebel, aus dem die Erde vor rund viereinhalb Milliarden Jahren entstand, zusammen mit ihren Geschwistern und der Sonne. Kurze Zeit nach seiner Geburt überzog eine geschmolzene Schlacke den glühenden Globus. Noch heute besitzt die Erde einen heißen, flüssigen Kern aus Eisen und Nickel. Die Oberfläche kühlt allmählich ab. Dämpfe und vulkanische Gasschwaden steigen durch die Spalten und Löcher der Kruste in die wasserstoffreiche Uratmosphäre.

Dann, vor mehr als dreieinhalb Milliarden Jahren, kommt der große Regen. Als hätte der Himmel seine Schleusen geöffnet, prasselt er herab. Jahrzehnte, Jahrhunderte, Jahrtausende. Die Wassermassen formen kleine Tümpel, tiefe Seen und schließlich die Ozeane. Irgendwann schwimmen in den trüben Gewässern der »Ursuppe« winzige Zellen. Das Leben wird geboren. Noch immer ist die Erde wüst und leer. Die Landmassen bilden einen einzigen Superkontinent.

Die primitiven, einzelligen Bewohner der Meere beginnen das giftige Kohlendioxid der Atmosphäre in Sauerstoff zu verwandeln. Das ging nicht von heute auf morgen. Erst vor etwa 550 Millionen Jahren hatten die Algen ihr Werk vollbracht: Die

Luft wird rein. Die Atmosphäre gewährt nun ausreichend Schutz vor den schädlichen UV-Strahlen der Sonne. Rasch wechseln jetzt die Bilder auf den Monitoren. Die ersten Lebewesen betreten festen Boden. Der Superkontinent zerbricht in einzelne Stücke; sie bilden die Kerne der heutigen Kontinente. In dem feuchten, warmen Klima gedeihen prachtvolle Pflanzen. Die Schritte tonnenschwerer Dinosaurier hallen in den dichten Urwäldern. Immer mehr Tier- und Pflanzenarten bevölkern die Erde. Viele, wie die Dinosaurier, sterben wieder aus. Zahllose andere betreten die Bühne.

Vor vielleicht dreieinhalb Millionen Jahren tauchen in Afrika besondere Wesen auf. Sie haben zwei Beine, lange Arme und zottlige Felle. Schon sehen wir sie die Bäume verlassen, auf denen sie bisher lebten. Auf der Suche nach Futter durchstreifen sie Savannen und Steppen. Dabei verständigen sie sich mit unartikulierten Lauten. Denn die Tiere sind besonders intelligent. Daher gehen ihre Nachfahren daran, den gesamten Globus zu kolonialisieren. Heute leben auf der Erde mehr als 5,2 Milliarden Exemplare dieser Gattung Mensch.

Jetzt erscheinen die Porträts einiger berühmter Erdlinge. Die Auswahl ist recht bunt: Neben Kopernikus, Kepler und Newton erkennen wir auch Franz Beckenbauer und die »Rolling Stones«. Der Film geht zu Ende mit Bildern von rauchenden Schloten und Menschen, die den tropischen Regenwald roden. Die Ameisenwesen schütteln die Köpfe.

»Warum zerstören die Erdlinge denn mutwillig ihren zerbrechlichen Bau?« fragt ein Bewohner von Formicolo.

»Das weiß niemand genau«, antwortet ein anderer. »Vielleicht sind sie krank oder verrückt.«

Die Menschen sind auf dem besten Weg, die Natur zu ruinieren, indem sie zum Beispiel immer mehr Schadstoffe in die Atmosphäre blasen. Was aber passiert, wenn dieser Schutzschild eines Tages »genug« hat? Weil die Lufthülle keine Wärmestrahlung mehr nach außen dringen läßt, steigen die Temperaturen – erst langsam, dann schneller. Die Erde heizt sich auf. Vielleicht verdampfen sogar die Ozeane. Der blaue Planet trocknet aus, verwandelt sich in einen Backofen. Das Leben erlischt.

Das klingt alles sehr phantastisch, und vielleicht kommt es auf der Erde niemals soweit. Trotzdem ist ein solches Geschehen bereits Wirklichkeit. Nicht auf der Erde, sondern auf einem Ort, wo man es kaum erwarten würde: auf der Venus.

In der Gluthölle der Liebesgöttin

Ende der siebziger Jahre machten sich zwei »Pioniere« auf, die Geheimnisse unseres Nachbarplaneten zu lüften. Die Pioniere bestanden jeweils aus dem »Bus«, vier Kapseln und einem Orbiter. Amerikanische Forscher hatten die beiden unbemannten Raumsonden auf den Namen *Pioneer-Venus* getauft. Sie sollten der

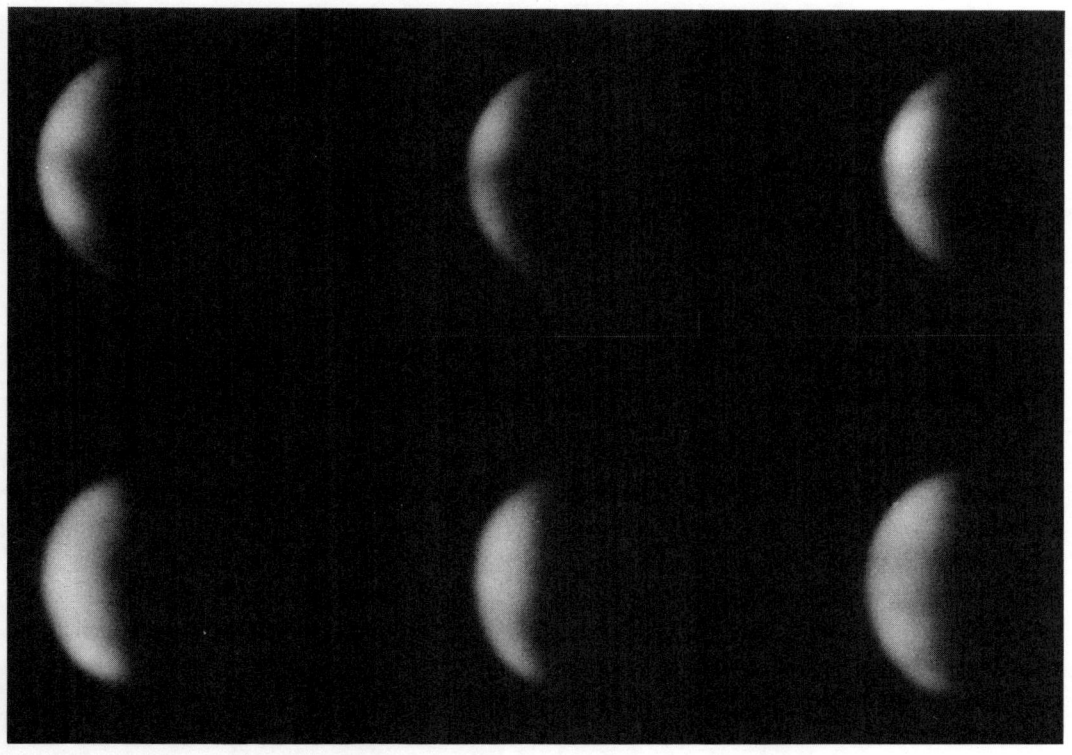

Als innerer Planet zeigt die Venus Phasen wie der Erdmond.

Venus, der Göttin der Liebe, mit allen technischen Mitteln zu Leibe rücken. Die modernen Instrumente waren auch nötig. Denn wer sich der Venus mit einer normalen Kamera nähert, dem verrät sie gar nichts.

Jahrhundertelang beobachteten die Astronomen den Morgen- und Abendstern durch ihre Teleskope. Freilich, daß dieses nach Sonne und Mond hellste Gestirn am irdischen Firmament Phasen zeigt wie der Erdbegleiter, daß es eine »Halb-« und eine »Vollvenus« gibt, hatte schon Galileo Galilei entdeckt. Die Forscher fanden außerdem heraus, daß der Planet nur wenig kleiner ist als die Erde, daß er die Sonne im Abstand von rund 108 Millionen Kilometern umrundet und dafür 225 Tage benötigt. Erst seit 1964 wissen die Experten, daß die Venus vom Nordpol aus gesehen im Uhrzeigersinn rotiert und eine Umdrehung 243 Tage dauert. Für einen Venusianer würde die Sonne im Westen aufgehen und im Osten unter den Horizont sinken. Allerdings wüßte ein Bewohner des Planeten gar nicht, wie unser Mutterstern aussieht. Denn die mehrere hundert Kilometer dicke Wolkenhülle schwächt das Licht stark ab, so wie dichter Nebel auf der Erde. Am Venusboden beträgt die Sicht nur einige hundert Meter. Darüber ärgern sich die Astronomen ganz fürchterlich: Die »dicke Luft« der Atmosphäre versperrt nämlich jede Sicht auf den Boden. Trotzig verhüllt die Göttin ihr Antlitz.

Wichtigste Requisiten an Bord der *Pioneer*-Sonden waren daher Radargeräte. Sie blickten hinter den Schleier und lieferten eine Landkarte der Venus. Rund 80 Prozent der Oberfläche machen Lavaebenen wie Atlanta Planitia aus. Darüber erheben sich einige Hochplateaus, beispielsweise Aphrodite Terra oder Ishtar Terra. Auf diesem Kontinent, etwa so groß wie Australien, ragt bis in eine Höhe

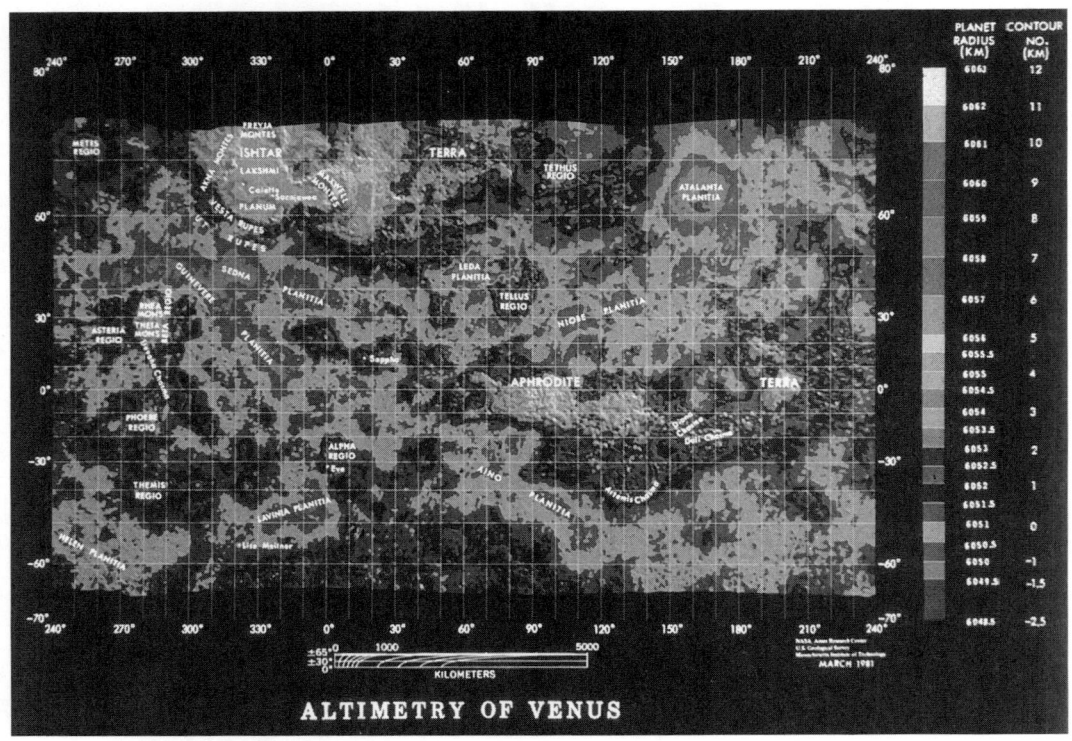

Die Radaraugen der Pioneer-Sonden lüfteten den Schleier der Venus und lieferten eine Landkarte des heißen Planeten.

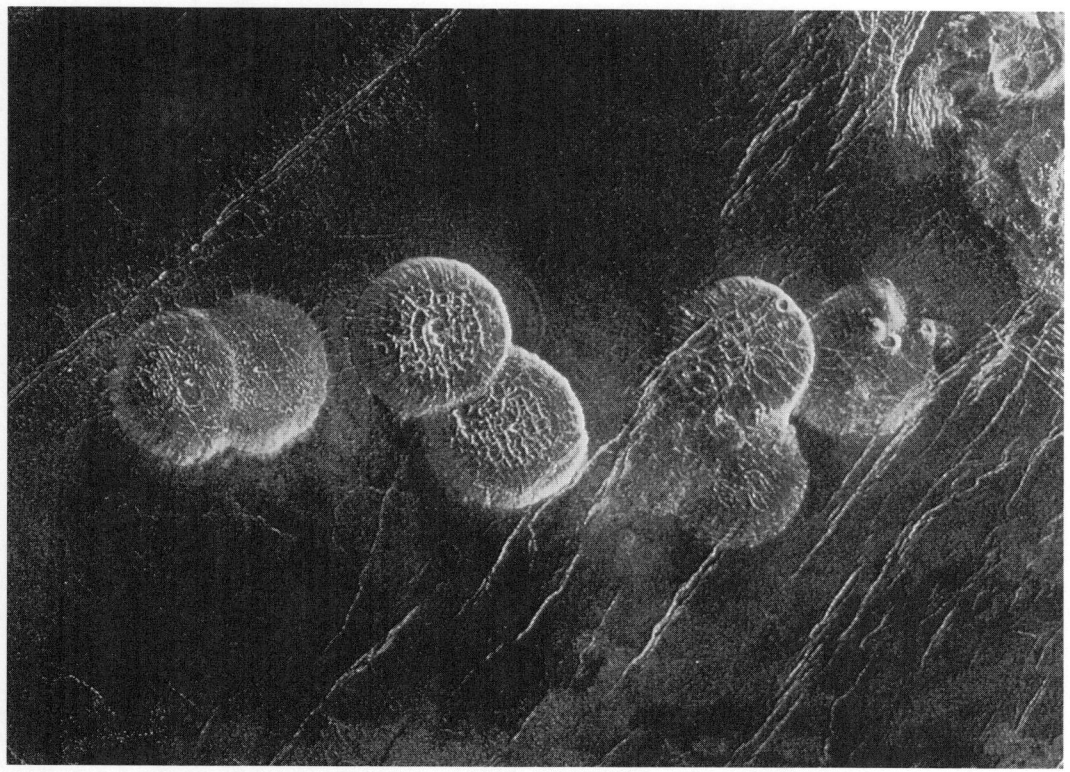

Detaillierte Radarfotos von der Venusoberfläche gewann die Raumsonde Magellan. Sie zeigen ein zerklüftetes Gebiet mit vielen Vulkankegeln.

von knapp 11.000 Metern das Maxwell-Gebirge in den trüben Himmel.

Die beiden *Pioneer-Venus* sahen viel, aber bei weitem nicht alles. So warteten die Astronomen voller Spannung darauf, was wohl die Sonde *Magellan* von der Liebesgöttin vermelden würde. Sie besaß schärfere Augen und sollte den Planeten detailliert mustern. Jetzt, im Januar 1992, sitze ich vor einem Stapel eindrucksvoller Nahaufnahmen der Venus. *Magellan* hat die Erwartungen bei weitem erfüllt. Die Bilder zeigen eine faszinierende, von Vulkanismus geprägte Landschaft: Becken und Bergrücken, Dome und Dünen, Krater und Lavaströme. Vielleicht berichtet die Presse in den nächsten Monaten gelegentlich über den Späher; seine Mission soll noch bis zum Oktober 1995 dauern. Worüber in den nächsten Jahrzehnten sicher nichts in der Zeitung steht, ist ein bemannter Flug zur Venus. Und eine

Landung erscheint noch utopischer. Das liegt aber nicht nur an der schlechten Sicht – dafür gibt es schließlich Radar –, sondern an den unwirtlichen Bedingungen: Schon beim Gedanken an Temperaturen um die 450 Grad, an einen neunzigmal höheren Druck als auf der Erde und an die Kohlendioxid-Atmosphäre, in der Schäfchenwolken aus Schwefelsäure treiben, schaudert es mich. Sowjetische Roboter-Sonden, die weich auf der Venus gelandet sind und sogar ein paar Bilder vom steinigen Boden geschossen haben, gaben ihren Geist regelmäßig nach einigen Minuten auf.

Woran liegt es, daß die Liebesgöttin eine wahre Gluthölle ist? Neben der Nähe zur Sonne spielt das Kohlendioxid eine wichtige Rolle. Dieser chemische Stoff läßt das Licht problemlos passieren. Es erreicht den Boden, wird als langwellige Wärmestrahlung wieder nach oben reflektiert – und sitzt in der Falle. Denn der Wärme erteilt das Kohlendioxid keine »Ausreisegenehmigung«. Ganz ähnlich verhält sich übrigens Glas. Daher steigen in einem an der prallen Sonne geparkten Auto die Temperaturen ganz gewaltig. Gärtner nutzen diesen *Treibhauseffekt* und bauen im Glashaus Salat und Tomaten an.

Aus Fabrikschloten oder Auspuffrohren gelangen weltweit unglaubliche Mengen von Kohlendioxid in die Erdatmosphäre. Pflanzen und Bäume, die dieses Gift aufsaugen und teilweise in wertvollen Sauerstoff verwandeln, werden zunehmend ausgerottet. Dabei sollte uns die Venus Warnung sein: In ihrem Treibhaus gedeihen weder Salat noch Tomaten, sondern nur Felsen und Lava.

Heißkalter Merkur

Ich kann mich noch gut daran erinnern, wie ich ihn zum erstenmal sah. Es war an einem klirrend kalten Winterabend Anfang Februar 1981. Schon vor Einbruch der Dämmerung hatte ich mich mit einem kleinen 60-Millimeter-Refraktor im Gepäck auf den Weg gemacht. Als Beobachtungsort wählte ich einen Hügel außerhalb der Stadt mit freiem Blick zum westlichen Horizont. Denn dort sollte er sich zeigen.

Allmählich verblaßte das Licht des Tages. Eine Viertelstunde lang spähte ich mit bloßem Auge angestrengt zum Himmel. Plötzlich löste sich aus dem schwarzblauen Hintergrund ein winziges Pünktchen. Das mußte er sein! Ich war stolz, Merkur »entdeckt« zu haben.

Rastlos rast der sonnennächste Planet in 88 Tagen um die Sonne. Dabei trennen ihn durchschnittlich nur 56 Millionen Kilometer von ihr. Folglich entfernt er sich auch am Himmel nie sehr weit vom Tagesgestirn. Der scheue Merkur läßt sich jeweils nur kurz nach Sonnenuntergang im Westen *(östliche Elongation)* oder kurz vor Sonnenaufgang im Osten *(westliche Elongation)* erwischen. Selbst im größten Fernrohr verrät der Götterbote nichts über sich. Aber wozu haben die Wissenschaftler ihre Raumsonden als Spione!

Mariner 10 machte dem Himmelskörper in den Jahren 1974 und 1975 dreimal ihre Aufwartung. Mehr als 4400 Bilder gewann sie dabei. Noch heute zehren die Forscher von dieser Fotosafari. Keine andere Sonde hat seitdem eine Reise zum heißen Planeten angetreten.

Auf den ersten Blick ähnelt der Merkur unserem Mond. Bei genauerem Hinsehen fällt jedoch eine eigenartige Unregelmäßigkeit auf: Der Götterbote scheint zwei Gesichter zu haben. Zahllose Krater überziehen die eine Hälfte, großflächige Ebenen wie das Caloris-Becken prägen die andere. Warum, wissen die Experten nicht. Dagegen steht fest, daß auf der felsigen Oberfläche abwechselnd »Saukälte« und »Affenhitze« herrschen: Tagsüber plus 300 Grad, nachts minus 200 Grad. Der atmosphärenlose Planet bietet aber noch in anderer Hinsicht ein Extrem. Seine Rotationszeit entspricht etwa zwei Drittel der Umlaufzeit. Für einen Merkurianer würde der Tag 176 Erdentage dauern. Gut, daß wir nicht auf dem Planeten leben; sonst müßten wir »täglich« 37 Tage in der Schule oder 59 Tage bei der Arbeit verbringen!

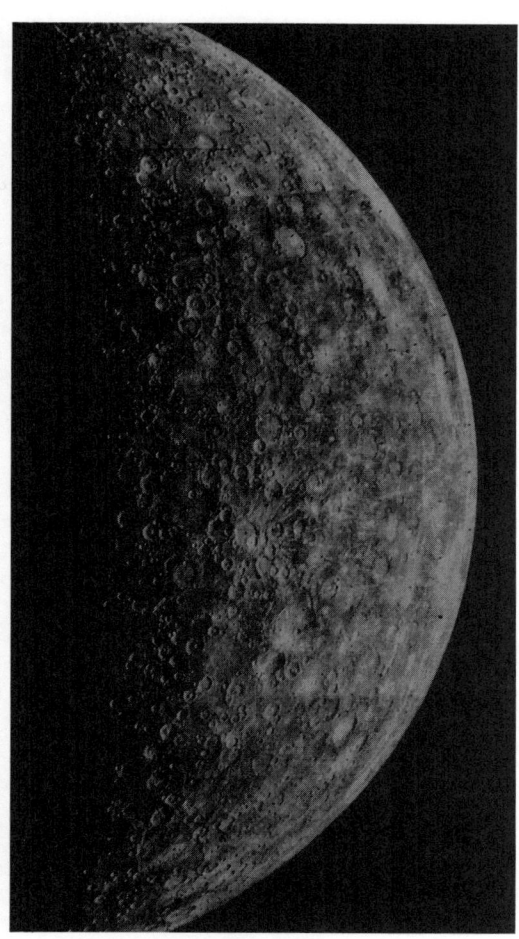

Der kraterübersäte Merkur trägt ein ähnliches »Gesicht« wie der Mond. Die Raumsonde Mariner 10 nahm den innersten Planeten unter die Lupe.

Rätselhafter Mars

»Ich stand da wie versteinert. Eine graue, massige Gestalt, etwa so groß wie ein Bär, schälte sich langsam aus dem Metallzylinder. Sie schimmerte wie nasses Leder. Zwei gewaltige, dunkle Augen blickten mich unverwandt an. Die Gestalt war rund und hatte so etwas wie ein Gesicht. Unter den Augen saß der Mund. Er zuckte und keuchte. Speichel tropfte aus ihm. Der gesamte Körper pulsierte. Einer der beiden dürren, langen Fühler um-

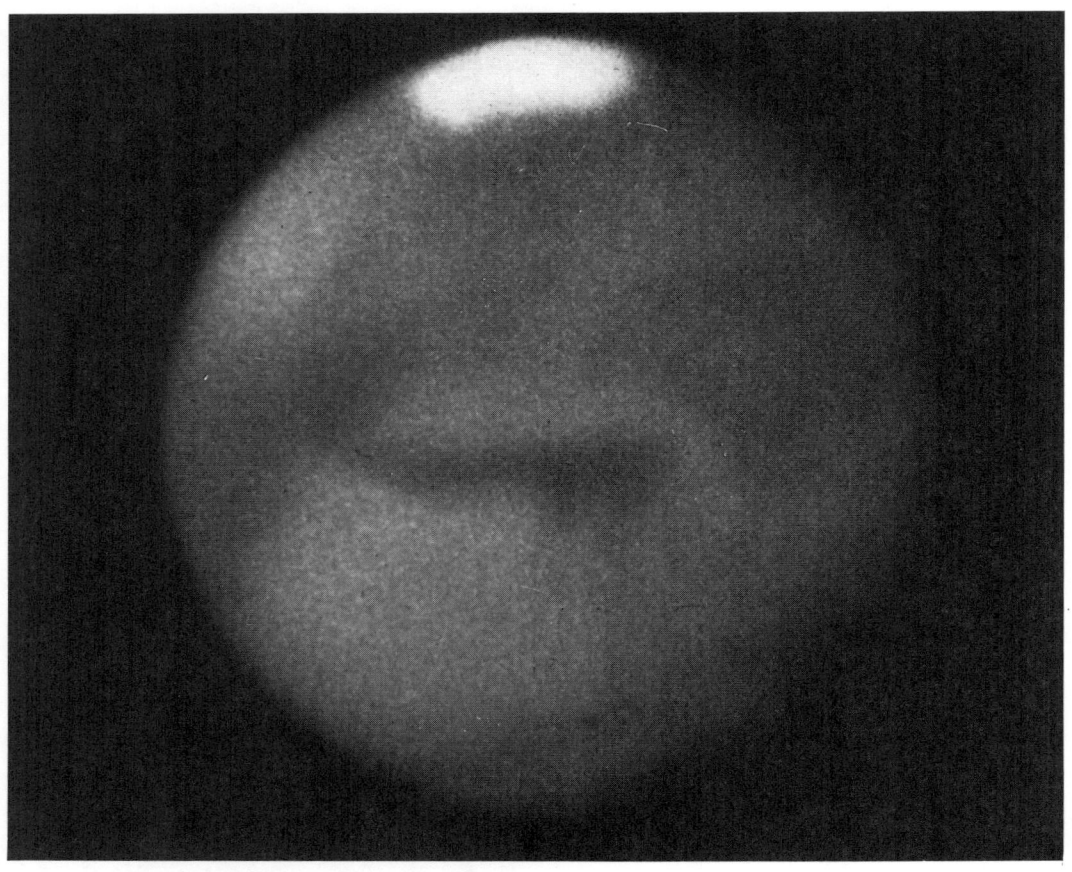

Jahrhundertelang galt Mars als »zweite Erde«.

schlang den Rand des Metallzylinders, der andere pendelte in der Luft.« Irgendwann in den neunziger Jahren des 19. Jahrhunderts waren diese fürchterlichen Wesen in England gelandet. Sie versuchten, die Erde zu erobern. Denn auf ihrem eigenen Heimatplaneten, dem Mars, war es zu kalt geworden. So begann der *Krieg der Welten*, den die

Menschen durch einen glücklichen Zufall doch noch gewannen.
Diese Geschichte von H. G. Wells (1866 bis 1946) gilt als einer der Klassiker der Science-fiction-Literatur. Im Jahr 1938 versetzte eine Hörspielversion des Romans halb Amerika in Angst und Schrecken. Die Menschen glaubten, die »Marsianer« seien tatsächlich gelandet

und flüchteten zu Tausenden aus den Städten.

Kaum ein anderer Planet hat die Astronomen so beschäftigt wie der Mars, unser äußerer Nachbar. Die Aufmerksamkeit zieht er schon allein wegen seiner tiefroten Farbe auf sich. Sie kommt immer dann besonders zur Geltung, wenn Mars in *Opposition* steht. Dann trennen uns bisweilen nur 56 Millionen Kilometer von dem Kriegsgott. Die Farbe ist jedoch nicht das Aufregendste. Erst das Teleskop enthüllt Sensationelles. Darin erscheint der Planet als Scheibchen mit mindestens einer weißen Polkappe und gelben, dunkelbraunen und grünen Flecken! Außerdem entsprechen die Werte für Rotation (24 Stunden, 37 Minuten) und Achsneigung (23 Grad, 59 Minuten) fast genau jenen der Erde. Ein Marsianer würde den Wechsel von Tag und Nacht etwa im selben Rhythmus wie wir erleben. Und auch Jahreszeiten gibt es auf seiner Welt, wenngleich das Jahr 687 irdische Tage dauert.

Der Mars als zweite Erde, vielleicht sogar von intelligenten Wesen besiedelt? Wie sollte man das herausfinden? Aber womöglich verrieten sich die Bewohner durch große Bauwerke, die man im Fernrohr sehen konnte.

Ob diese Gedanken dem italienischen Astronomen Giovanni Virginio Schiaparelli (1835 bis 1910) durch den Kopf gingen, als er sich eines Abends im Spätsommer 1877 ans Fernrohr setzte? Mit 468facher Vergrößerung peilt er den Mars an. Behutsam dreht der Wissenschaftler am Okularauszug. Das Bild des roten Planeten gewinnt an Schärfe. Angespannt mustert er einen Fleck, an den sich ein sichelförmiger Bogen anschließt. »Diese Gegend will ich zeichnen«, murmelt Schiaparelli.

Sekunden später zuckt er zusammen. Zwischen einem kleinen dunklen Fleck und den Enden des Bogens sieht er plötzlich drei gerade, teilweise unterbrochene Linien. Der Astronom ändert die Einstellung des Okulars, blickt mit dem anderen Auge ins Fernrohr – die Linien bleiben. Schiaparelli nennt sie *canali*, veröffentlicht seine Entdeckung jedoch erst einige Wochen später.

Darauf hatte die Menschheit gerade gewartet. Endlich ein Zeichen von den Marsbewohnern! Natürlich konnten nur intelligente Wesen diese Kanäle zur Bewässerung angelegt haben. Auch andere Astronomen sahen sie jetzt. Im Nu verbreitete sich die Nachricht in alle Welt. Ein wahres Marsfieber brach aus. Ein betuchter amerikanischer Geschäftsmann ließ sich eigens eine Sternwarte bauen, um ausschließlich den roten Planeten ins Visier zu nehmen. Aber die Marsianer blieben stumm!

Mittlerweile haben die »Wikinger« selbst die letzten vom Marsfieber befallenen Phantasten geheilt. Im Sommer 1976, fast genau 100 Jahre nach der unerhörten Beobachtung des Herrn Schiaparelli, landeten *Viking 1* und *Viking 2* auf der Oberfläche des rätselhaften roten Planeten. Sogleich brachten sie ihre elektronischen Augen in Stellung und begannen,

Besuch beim roten Planeten: Im Sommer 1976 landeten die beiden Viking-Sonden auf dem Mars. Die von dort übertragenen Bilder zeigen eine unwirtliche Sand- und Geröllwüste.

Farbbilder von der Umgebung zur Erde zu senden. Von künstlich angelegten Kanälen (offensichtlich eine optische Täuschung) oder sechsarmigen grünen Männchen keine Spur. Die Fotos zeigen Felder mit porösen Gesteinsbrocken, an denen der Rost nagt. Bis zum Horizont reichende Sanddünen rechtfertigen den Namen Wüstenplanet.

Wir wollen den Mars nun aus einigen tausend Kilometern Höhe betrachten. Aber Vorsicht, sonst stoßen wir mit Phobos und Deimos zusammen, den beiden kartoffelförmigen Minimonden des Planeten. Von unserem Standort aus erscheint der rote Globus sehr interessant. Ein 3000 Kilometer langer Canyon, das Vallis Marineris, zerfurcht seine Oberfläche. Olympus Mons, mit 500 Kilometern Durchmesser einer der gewaltigsten Vul-

kanberge im Sonnensystem, erhebt sich in die dünne Kohlendioxid-Atmosphäre. Hie und da verschwinden Berge und Furchen, Krater und ausgetrocknete Flußbetten mit tropfenförmigen Inseln hinter diffusen Wolken oder gigantischen Staubstürmen.

Inseln und Flüsse? Ja! Die Wissenschaftler glauben, daß der heutige Wüstenplanet vor Jahrmillionen ein Meeresplanet war. Warum sich das Wasser in Luft aufgelöst hat, weiß niemand so recht. Wahrscheinlich lagert es in gefrorenem Zustand wenigstens teilweise im Marsboden. Außerdem überziehen mächtige Schichten aus Wasser- und Kohlendioxideis die Polkappen.

Wo es Wasser gibt, ist Leben nicht weit. Jedenfalls bei uns auf der Erde. Die automatischen Greifarme der beiden *Vikings*

Etwa 25 Kilometer über seine Umgebung erhebt sich der gewaltige Marsvulkan Olympus Mons.

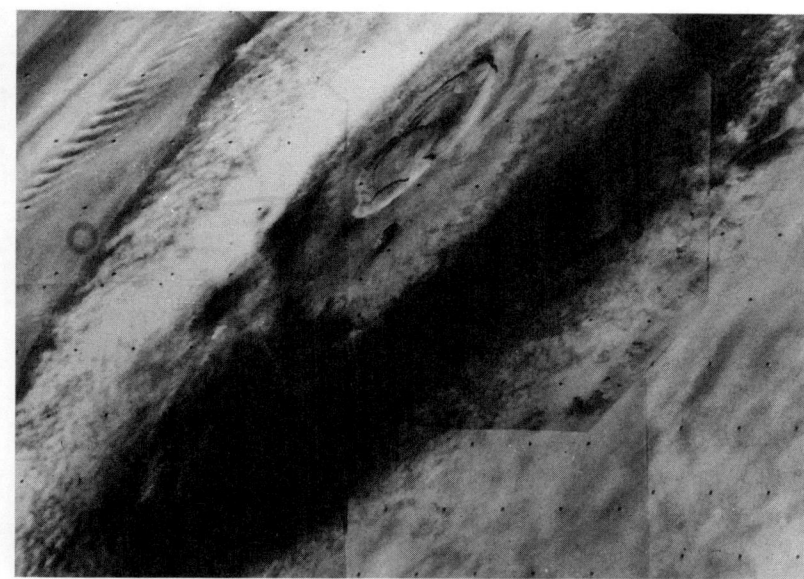

haben den Boden aufgegraben und nach Spuren von Einzellern oder einfachen Algen gesucht. Fehlanzeige! Vielleicht sind zukünftige unbemannte Expeditionen erfolgreicher. Vielleicht finden Astronauten, die wahrscheinlich in 20 oder 30 Jahren auf dem roten Planeten herumlaufen werden, primitive Lebensformen. Marsianer werden sie allerdings nicht treffen. Die existieren nur in der Phantasie. Schade! Eine Begegnung mit ihnen wäre sicher spannend gewesen.

Audienz bei Jupiter und Saturn

Jupiter, für die Römer der gewaltige Herrscher über Menschen und Götter, riecht nach Knoblauch. Aber das tut seiner Erhabenheit keinen Abbruch. Und die *Voyager*-Sonden störte das ohnehin nicht. Im Jahr 1979 schauten sie bei diesem größten Planeten des Sonnensystems vorbei. 1300 Erden könnte der Jupiter aufnehmen. Er dreht sich in knapp zehn Stunden einmal ganz herum. Die hohe Fliehkraft drückt die etwa 143.000 Kilometer messende Kugel an den Polen deutlich zusammen. Das geht relativ leicht. Denn eine mehrere tausend Kilometer dicke Atmosphäre aus Wasserstoff, Helium, Deuterium, Methan, Ammoniak und Phosphin (Knoblauchgeruch!) umschließt einen kleinen, festen Kern aus Gestein und Metall. Der Gasriese Jupiter hätte wohl eine zweite Sonne werden sollen. Aber dafür reichte seine Masse denn doch nicht.

Die *Voyagers* blickten also nur auf die

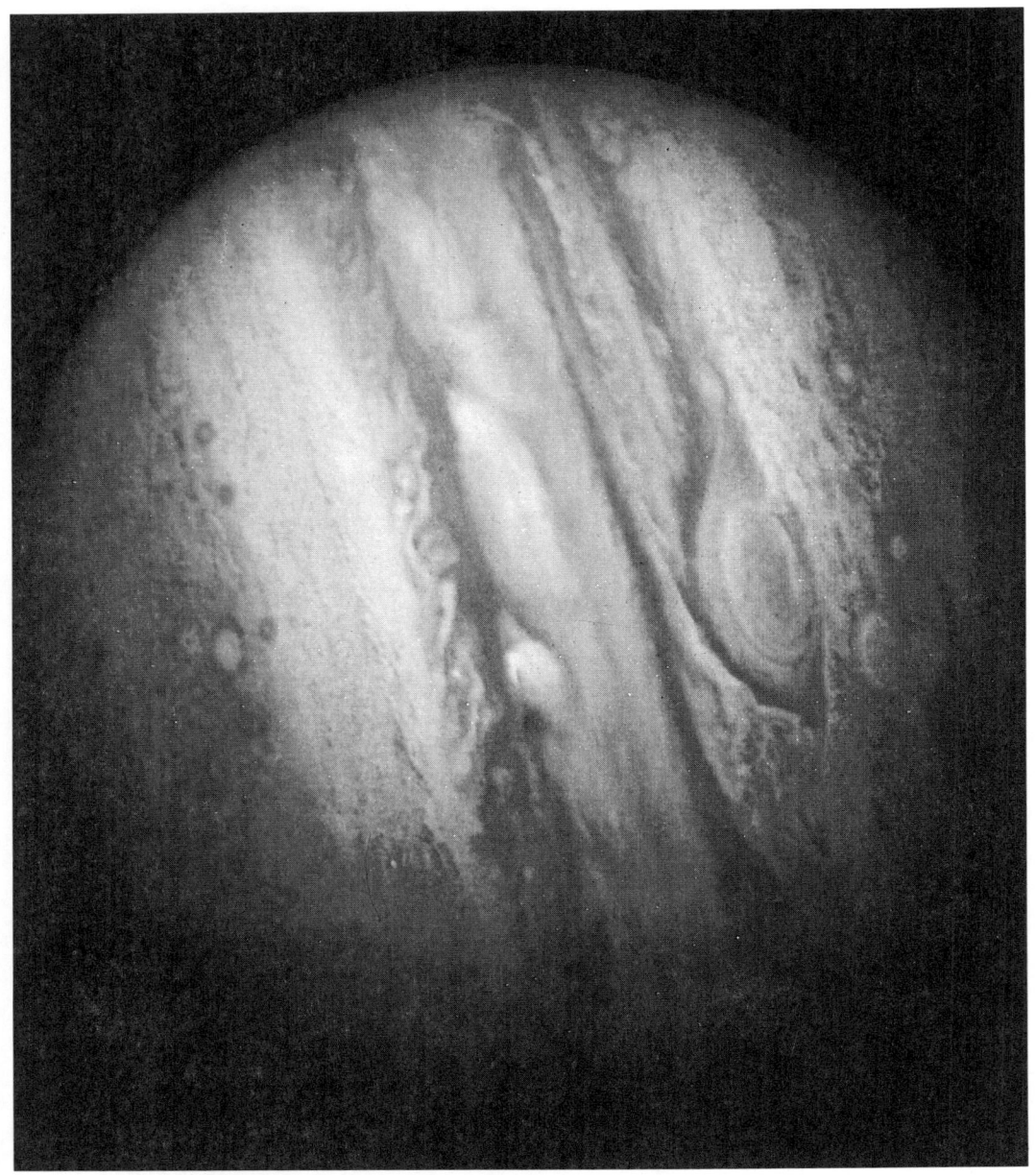

Als gestreifte »Christbaumkugel« schwebt der Gasgigant Jupiter auf diesem Voyager-Foto im Weltraum.

Oberseite dieser Wolkenhülle. Das genügte. Regelmäßig brachen die Wissenschaftler im Jet Propulsion Laboratory in
Begeisterungsstürme aus: Dunkelbraune
Bänder und helle Streifen bestimmen das
Bild des Jupiter. In der turbulenten, bunten Atmosphäre schwimmen weiße
Ovale, beiläufig so groß wie die Erde. Die
markanteste Struktur jedoch ist der *Große
Rote Fleck*. Schon Galilei sah ihn mit seinem einfachen Fernröhrchen. Die Raumsonden lieferten brillante Nahaufnahmen
dieses mit 21.000 Kilometer Längsausdeh-
nung überdimensionalen Wirbelsturms.
Zu einem mächtigen Herrscher gehört
ein ordentlicher Hofstaat. Deswegen
schmückt sich Jupiter mit einem dünnen
Ring aus Staubteilchen. Zusätzlich umgeben den »Gebieter« 16 Satelliten. Die vier
größten zeigen sich bereits in einem Feldstecher. Sie heißen nach ihrem Entdecker
»Galileische Monde«. Europa, Ganymed
und Callisto sind im wesentlichen krater-
bedeckte Eiswelten. Io, der vierte im
Bunde, tanzt aus der Reihe. Linda Morabito wird ihre Bekanntschaft mit dem Trabanten nie vergessen.
Am Freitag, den 9. März 1979, saß sie vor
ihrem Bildschirm im JPL. Die meisten ihrer Kollegen hatten sich freigenommen
und waren in ein verlängertes Wochen-
ende aufgebrochen.
Linda Morabito dagegen wollte sich in
Ruhe noch einmal ein paar *Voyager*-Bilder
ansehen. Die Navigationsingenieurin
suchte darauf nach Sternen, um die Position des Raumschiffes zu bestimmen.
»Dann entdeckte ich etwas, das ich noch

*Kosmische Pizza: Der Jupitermond Io,
gesehen von einer Voyager-Sonde.*

nie zuvor gesehen hatte«, erinnert sich
Frau Morabito. Über dem Rand von Io
tauchte ein großer »Regenschirm« auf.
Die eifrige Ingenieurin hatte die Rauch-
wolke eines Vulkans aufgespürt. Er blieb
nicht der einzige. Mindestens sieben weitere aktive Vulkane speien Schwefel bis in
eine Höhe von 250 Kilometern. Dieser
rotbraune Stoff überzieht die Oberfläche
und verändert ständig deren Aussehen. Io
ähnelt einer kosmischen Pizza mit Tomaten und schwarzen Oliven.
Kaum hatten die Fachleute eine vorläu-
fige Bilanz der Jupitermission gezogen,
steuerten die *Voyagers* das nächste Ziel
der Reise an. Genau nach Fahrplan stellten sie sich zu einer Audienz beim
Schönheitskönig ein. Saturn machte sei-

Schönheitskönig: Mit seinem Ringsystem bietet Saturn auf diesem in Falschfarbentechnik fotografierten Voyager-Bild einen faszinierenden Anblick.

nem Titel alle Ehre. Er übertraf sogar sämtliche Erwartungen. Die Astronomen glaubten zu wissen, daß der jupiterähnliche Gasriese (Äquatordurchmesser: 120.000 Kilometer) inmitten von sechs einzelnen Staubringen thront. Jedes Amateurteleskop läßt diesen prächtigen Reifen hervortreten. Es zeigt darüber hinaus die *Cassinische Teilung,* eine der Lücken im Ringsystem.

Im November 1980 trieb *Voyager 1* unaufhaltsam auf den Saturn zu. Die Bilder wurden schärfer – die Gesichter der Wissenschaftler länger:
Zunächst zeichneten sich die sechs altbekannten Ringe ab, dann Dutzende, Hunderte, Tausende. Der Planet schwebt im Zentrum einer »Langspielplatte«. Sie besteht aus Milliarden Felsbrocken, Eisbergen und Staub.
Doch damit nicht genug: Die Cassinische Teilung ist keineswegs leer, sondern mit Materie angefüllt. »Schäferhundmonde« bewachen den sogenannten F-Ring; sie passen auf, daß seine eisigen Bestandteile schön beisammenbleiben. Geheimnisvolle dunkle Speichen sitzen im Ring-Rad und drehen sich mit ihm um den Saturn. Es handelt sich dabei vermutlich um winzige Teilchen, die durch Magnetfelder in Form gehalten werden.
Die Ringe erscheinen fast interessanter als ihr Herr. Denn die Saturnkugel selbst bietet keinen so farbenprächtigen und abwechslungsreichen Anblick wie jene des Jupiter. Trotzdem ist das »Klima« in der minus 160 Grad kalten Gasatmosphäre rauh. Mit 2000 Stundenkilometern fegen Stürme durch die Wolken. Grelle Blitze und Polarlichter zucken auf. Ein starkes Magnetfeld umhüllt den Planeten. In den Strahlungsgürteln herrschen Temperaturen von mehreren hundert Millionen Grad! Die *Voyagers* überstanden den Flug durch diese Todeszonen unbeschadet. Denn es gibt dort nur sehr wenige Gasteilchen, welche die Wärmeenergie übertragen.

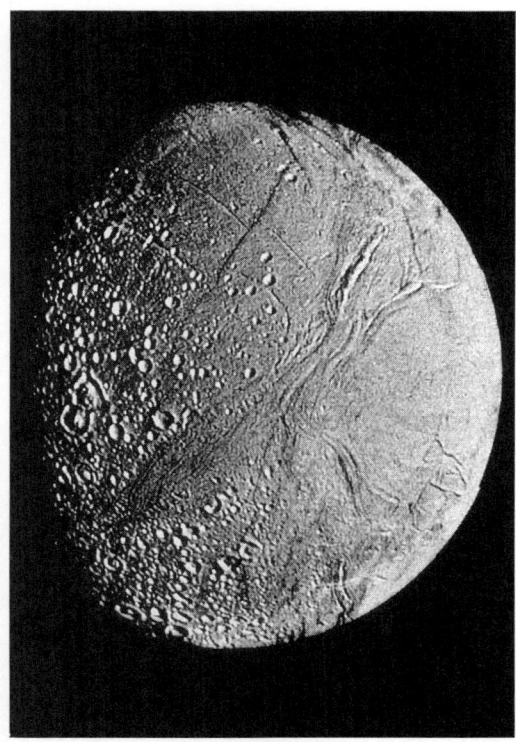

Zerfurcht, zerknittert, vernarbt. So sahen die Kameras von Voyager II den eisigen Saturnmond Enceladus.

Hitzig diskutierten die Astronomen dagegen über die großen Eismonde Enceladus, Dione, Rhea, Tethys und Mimas. Jeder zerfurcht, zerknittert, vernarbt. Jeder ein Spielfeld für Geologen. Jeder Stoff für zig Doktorarbeiten. Den liefert auch Titan. Er ist der einzige Mond im Sonnensystem mit einer undurchdringlichen Atmosphäre aus Stickstoff. Wie es darunter aussieht, vermag niemand zu sagen. Die karge Landschaft bedecken möglicherweise Ozeane aus Benzin und Blausäure.

Die Grenzsteine

Voyager 2, mittlerweile neun Jahre alt und gebrechlich, traf genau ins Schwarze. Im Januar 1986 »durchschlug« sie jene Zielscheibe, die Uranus und seine 15 Trabanten an den Grenzen des Sonnensystems aufspannen. Denn die Rotationsachse des blaugrün schimmernden Gasplaneten fällt mit seiner Bahnebene zusammen. Aus diesem Grund wälzt er sich buchstäblich um die Sonne, in 84 Jahren einmal. Dabei nimmt Uranus seine Monde mit; ebenso wie zehn dünne Ringlein umkreisen sie ihn nahezu senkrecht zur Bahnebene. Das Rendezvous zwischen der Raumsonde und dem 51.000 Kilometer großen Planeten dauerte nur wenige Stunden. Doch während dieser kurzen Zeit arbeitete der Roboter im Akkord. Seine Kameras nahmen Bild um Bild auf. Magnetbänder stauten die Daten zunächst an Bord. Erst nach und nach leiteten sie diese per Funk zur Erde weiter.

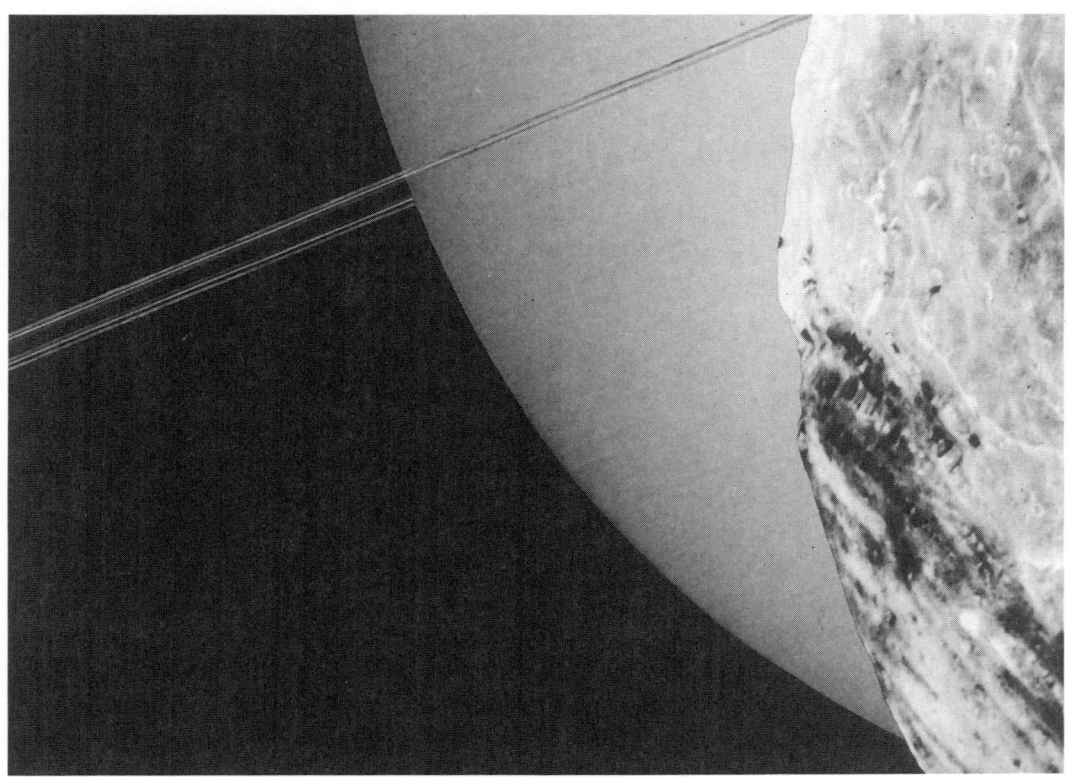

Am Horizont seines Mondes Miranda geht der Gasplanet Uranus auf (Fotomontage).

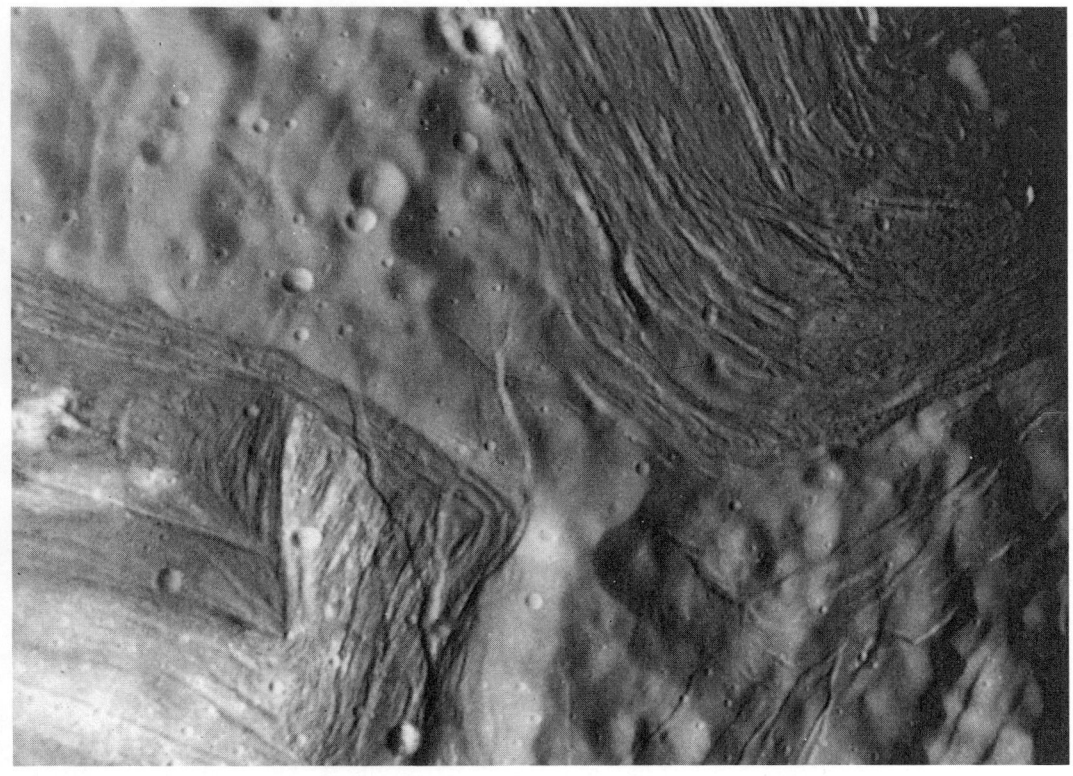

Miranda stellt die Forscher vor ein Rätsel. Die Oberfläche dieses Uranusmondes weist nämlich ganz unterschiedliche Landschaften auf.

Die Wissenschaftler waren zunächst enttäuscht. Uranus gab nicht viel her. Den Objektiven von *Voyager 2* bot sich lediglich eine strukturlose, glatte Atmosphäre. Sie besteht hauptsächlich aus Wasserstoff und Helium. Nach Wirbelstürmen oder Wolkenbändern fahndeten die Fachleute vergeblich.

Aber die Enttäuschung hielt nicht lange an. Ariel, Titania, Oberon und Umbriel versöhnten die Experten. Miranda machte sie sprachlos! Der kleinste der fünf großen Monde sieht aus, als hätte ihn jemand zerlegt und verkehrt zusammengesetzt: Einträchtig stehen »Winkeleisen«, »Rennbahn« und »Zielscheibe« nebeneinander. So nannten die Experten einige Steinchen des unverständlichen Oberflächenpuzzles.

»Miranda ist eine bizarre Mischung aus Tälern und Furchen des Mars, dem zerklüfteten Terrain des Jupitermondes

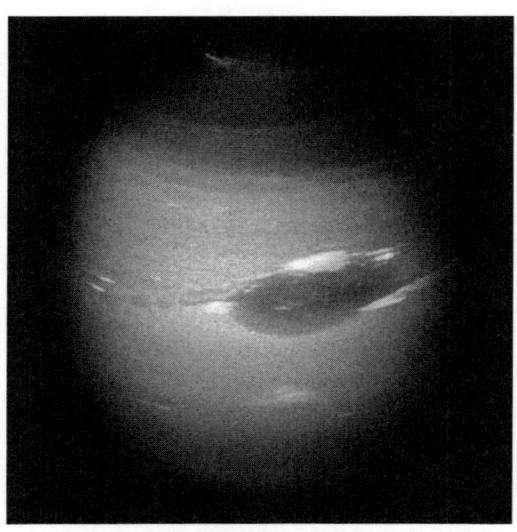

Ein Wirbelsturm, der sich als »Großer Dunkler Fleck« verrät, bestimmt das Aussehen von Neptun.

Ganymed und den Verwerfungen des Merkur«, meinte ein prominenter Planetologe. »Warum das so ist, dürfen Sie mich nicht fragen«, fügte er hinzu. Im März 1781 hat Wilhelm Herschel den Uranus entdeckt. Damit ist er 65 Jahre »älter« als Neptun, der Gott der Meere. Denn erst 1846 spürte Johann Gottfried Galle (1812 bis 1910) diesen Planeten auf. Zuvor hatten zwei Kollegen des Berliner Astronomen unabhängig voneinander seinen Ort am Himmel vorausberechnet, und zwar aus den Bahnstörungen des benachbarten Uranus. Das Newtonsche Gravitationsgesetz feierte einen eindrucksvollen Triumph. Die Theoretiker jubilierten, die Praktiker jammerten. Im Fernrohr bot der achte Planet nämlich

ein trauriges Bild: Der scheinbare Durchmesser des Scheibchens war zu klein, um darauf irgend etwas zu erkennen. Selbst mit modernen Teleskopen sehen die Astronomen kaum Details. Aber im Sommer 1989 kam *Voyager 2.*
Am 24. August zog sie im Abstand von 4850 Kilometern über die Kugel hinweg. Dabei nahm sie unter anderem den *Großen Dunklen Fleck* unter die Lupe. Nach ihren Erfahrungen mit Uranus hatten die Experten einen meteorologisch ruhigen Planeten erwartet. Doch der erdgroße Wirbelsturm paßte ebensowenig ins Bild einer friedlichen Idylle wie die vielen Wölkchen. Sie jagen mit 2400 Kilometern in der Stunde durch die Gashülle. Die Neptun-Atmosphäre steckt voller Turbulenzen. Dafür könnte irgendein innerer »Motor« verantwortlich sein; schließlich gibt der knapp 50.000 Kilometer große Gasriese 2,7mal mehr Energie ab, als er von der Sonne empfängt. (Auch in Jupiter und Saturn stecken solche rätselhaften »Öfen«.) Neptun gebietet über drei schmale Ringe und acht Monde.
Die Bilder des Mondes Triton markieren den letzten glanzvollen Höhepunkt des *Voyager*-Unternehmens. Gestochen scharf präsentiert sich diese fremdartige Welt am Rande des Sonnensystems. Eine großartige Leistung des »Fotografen«. Denn vom fahlen Himmel des Mondes scheint die Sonne nur als trübe Leuchte, fast tausendmal schwächer als auf der Erde. Die Aufnahmen waren in einzelne Signale verschlüsselt. Vier Stunden und zehn Minuten benötigten sie für ihre lichtschnelle

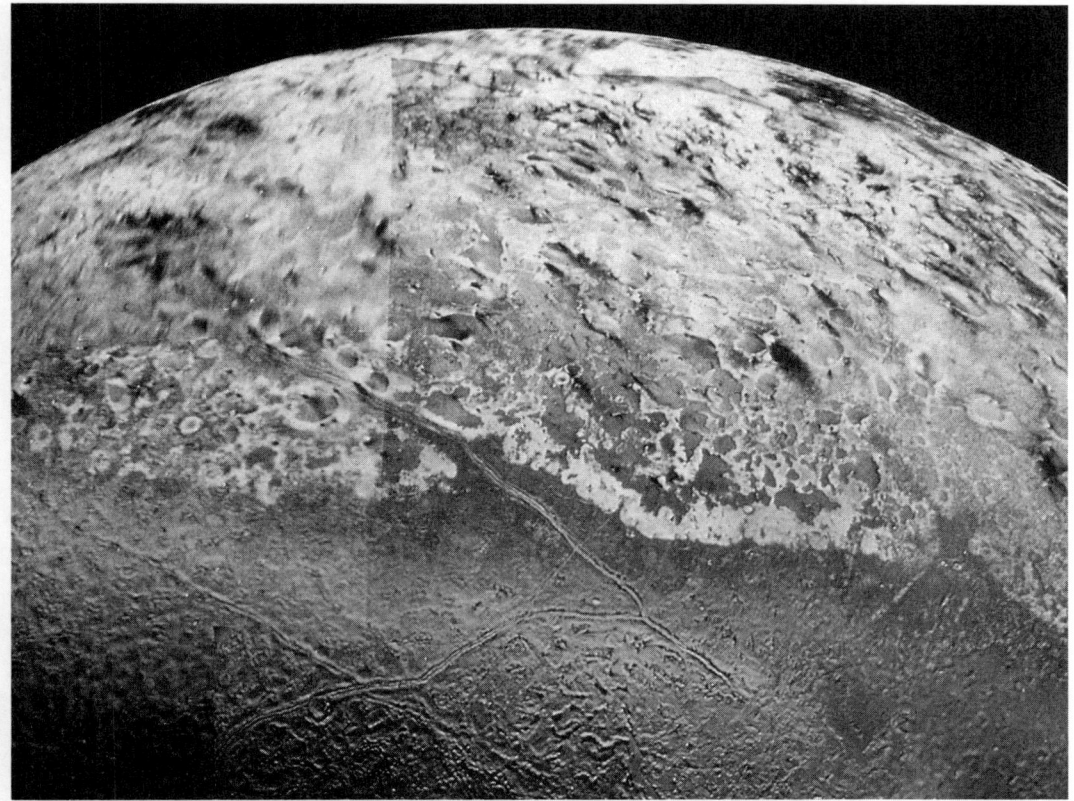

Am Rande des Sonnensystems: Aus einer Entfernung von viereinhalb Milliarden Kilometern schickte Voyager II dieses Foto des Neptunbegleiters Triton zur Erde.

Reise zur Erde. Als ein Nichts kamen sie in den Antennen an. Die Ingenieure mußten schon eine Menge Tricks anwenden, um die schwachen Steinchen zu bunten Mosaiks zusammenzusetzen.

Der Irrläufer

Unerbittlich herrscht Pluto über die Unterwelt. Wer sie einmal betreten hat, kann ihr nie mehr entfliehen. Finsternis regiert das Reich, in dem Pluto in 248 Jahren auf seiner Bahn um die Sonne schleicht. Maximal siebeneinhalb Milliarden Kilometer entfernt er sich vom Stern des Lebens. Damit wäre Pluto eigentlich der Außenposten im Planetensystem. 1979 hat er diese Rolle als Grenzstein jedoch an Neptun abgegeben. Seine stark elliptische Bahn bringt Pluto jeweils für

20 Jahre näher an die Sonne heran als seinen inneren Nachbarn.

Pluto wurde erst 1930 entdeckt und zählt zu den weißen Flecken auf der astronomischen Landkarte. Nach Auffassung der Forscher ist er ein Außenseiter, nicht zuletzt wegen Charon. So heißt ein Mond, der den Planeten alle sechs Tage und neun Stunden umrundet. Mit einem Durchmesser von rund 1200 Kilometern erweist sich Charon nur um die Hälfte kleiner als Pluto. Wegen dieser bemerkenswerten Größenverhältnisse könnte man ihn als Doppelplaneten bezeichnen. Aber verdient der eisige Pluto den Titel »Planet« überhaupt? Tatsächlich gehen viele Experten davon aus, daß dieser ganz und gar untypische Wandelstern ein »entlaufener« Neptunmond ist. Dafür spricht nicht zuletzt die ungewöhnliche Bahn des Irrläufers.

Kleine Vagabunden

»Sie bringen Fieber, Krankheit, Pestilenz und Todt, schwere Zeiten, Mangel und große Hungersnoth.« Was sind das nur für »erschröckliche« Ungeheuer, die der Verfasser dieses Gedichtes aus dem 15. Jahrhundert beschreibt? Im Mittelalter versetzten sie die Menschen in Panik. Sie mußten sich nur in ihrer ganzen Pracht zeigen: Dann stand ein nebeliger Kopf am Himmel, geschmückt mit einem weißleuchtenden Schweif.

Noch im Jahr 1910 grassierte die Furcht vor diesen ungebetenen Gästen. Dabei

Das letzte Stelldichein 1985/86 gehörte nicht langbelichteten Aufnahmen großer Teleskope

gehören die *Kometen* zu den harmlosesten Gesellen, die man sich nur vorstellen kann. Oder fürchtet ihr euch etwa vor einem kohlschwarzen, staubbedeckten Schneeball? Milliarden dieser tiefgekühl-

zu den spektakulären Auftritten des Halleyschen Kometen. Trotzdem gab er auf eine durchaus beeindruckende Vorstellung.

ten Felsbrocken treiben im Planetensystem. Die meisten halten sich fern von Pluto auf. Dort vermuten die Astronomen die *Oortsche Kometenwolke.* Gelegentlich erhält ein kosmischer Schneeball einen kleinen Schubs. Dann verläßt er das Tiefkühlfach und begibt sich auf eine Reise in Richtung Sonne. Das tut er nicht freiwillig. Aber gegen die »anziehende« Wirkung der Sonne ist eben kein Kraut gewachsen. Manche Kometen machen nur einmal Bekanntschaft mit dem Zentralstern. Danach verschwinden sie auf Nimmerwiedersehen in den Tiefen des Alls. Andere ziehen auf Ellipsenbahnen dahin und kehren in regelmäßigen Abständen zurück. Zu einem solchen Dauerläufer zählt der berühmteste aller Schweifsterne, der *Halleysche Komet*.

Der englische Astronom Edmund Halley (1656 bis 1742) fand heraus, daß der Komet auf seinem Marathon etwa alle 76 Jahre die Erdbahn kreuzt. Dabei gibt er jedesmal mehr oder weniger spektakuläre Gastspiele am Firmament. Zu den großen Auftritten gehörte jener von 1910. Dagegen war Halley 1985/86 weniger gut in Form. Aber trotzdem ist es interessant, den Kometen auf seinem Weg durchs Sonnensystem zu begleiten: Auf der Erde schrieb man das Jahr 1945. Der Zweite Weltkrieg war gerade zu Ende gegangen, als sich der erdnußförmige, rund zwölf Kilometer große Halley noch außerhalb der Neptunbahn befand. Als Deutschland 1974 zum zweitenmal Fußballweltmeister geworden war, rührte sich auf dem schmutzigen Schneeball immer noch nichts.

Einige Zeit später kam jedoch Leben in die Einöde. Allmählich taute das gefrorene Stück Felsen auf. Die leicht flüchtigen Gase verdampften. Schließlich umhüllte eine hauchdünne Atmosphäre, die *Koma*, den Kern. Ihre Ausdehnung erreichte 100.000 Kilometer.

Am 16. Oktober 1982 erschien der Halleysche Komet auf einem Foto. Astronomen hatten ihn mit dem Fünf-Meter-Teleskop des Mount-Palomar-Observatoriums entdeckt.

Halley schien das gar nicht zu passen. Er begann zu vibrieren. Risse schlängelten sich am Boden entlang. Der Untergrund brach an manchen Stellen ein. Mit hoher Geschwindigkeit schossen aus den Löchern nun Gas- und Staubfontänen. Sie versorgten die Koma mit Nachschub. Immer rasanter wurde die Fahrt. Schon überquerte der Komet die Marsbahn. Die Teilchen des Sonnenwindes schlugen wie kleine Bomben ein und rissen Gaspartikel mit sich fort. Auf diese Weise entwickelte sich ein *Schweif*. Er zeigte stets von der Sonne weg. Jetzt wuchs auch der Druck des Lichtes. Er wirkte auf den Staub. So bildete sich allmählich eine zweite, leicht gekrümmte Rauchfahne.

Auf der Erde richteten sich längst Tausende Teleskope und Ferngläser auf Halley. Im Herbst 1985 eilte er durch die Sternbilder Stier, Widder und Fische. Am 9. Februar 1986 trennten ihn nur noch 88 Millionen Kilometer von der Sonne.

Am 14. März 1986 flog die europäische Raumsonde *Giotto* in nur 600 Kilometern Entfernung an Halleys Kern vorbei. Sie schickte eindrucksvolle Nahaufnahmen zur Erde.

Der Rest ist schnell erzählt. Nachdem der Komet am 11. Mai 1986 in 63 Millionen Kilometern den blauen Planeten passiert hatte und vor allem am südlichen Firmament noch einmal deutlich zu sehen war, trat er den Rückweg zu den Grenzen des

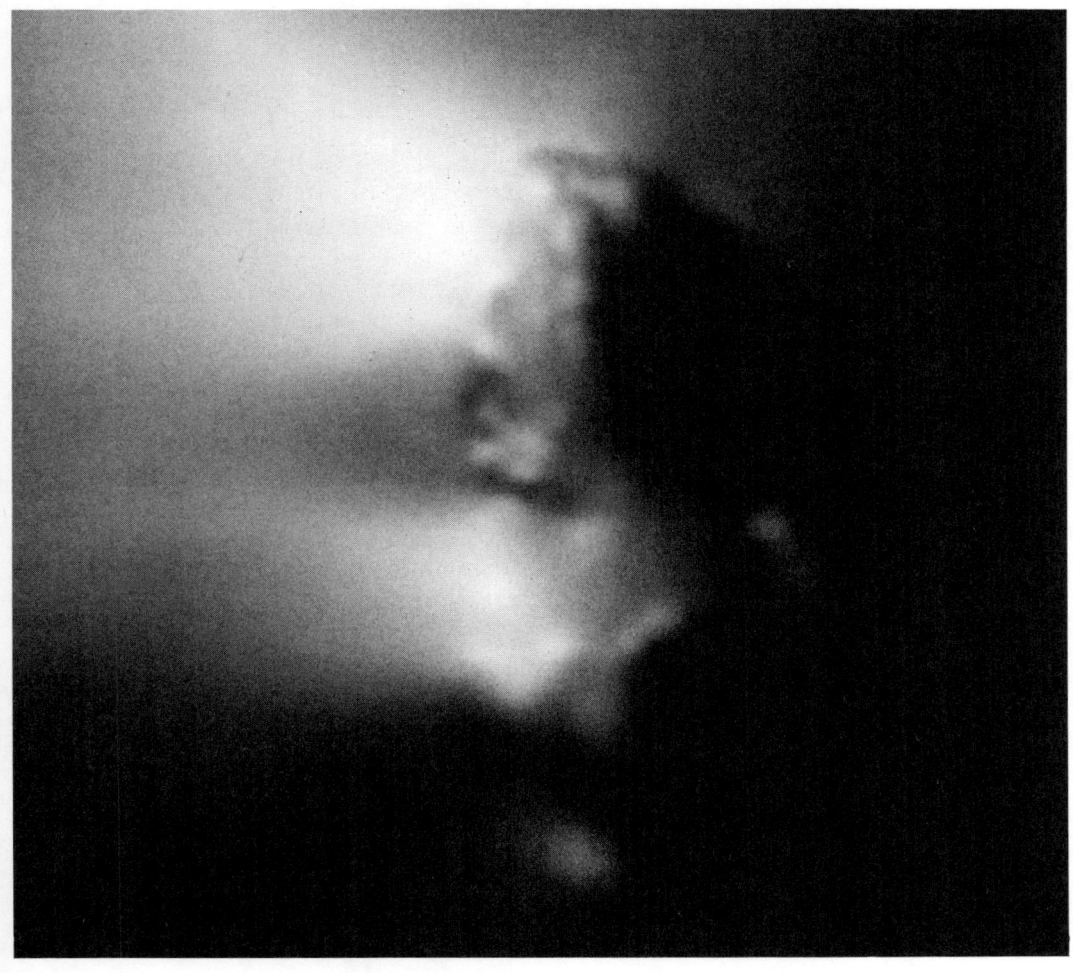

Des Kometen Kern: Halleys Herzstück ist nichts anderes als ein dunkler, erdnußförmiger Felsbrocken.

Plantensystems an. Schweif und Koma lösten sich auf, die Staub- und Gasfontänen versiegten. Erst im Jahr 2061 wird der berühmte Vagabund wieder eine Hauptrolle auf der Himmelsbühne spielen.

Könnte man auf dem Kometen mitreisen, würde man bemerken, daß der Raum zwischen den Planeten keineswegs völlig leer ist. Außer der Oortschen Wolke gibt es zwischen Mars und Jupiter einen weiteren »Steinbruch«. Mindestens 100.000 *Planetoiden* halten sich dort auf. Nur wenige bringen es mit Durchmessern von einigen hundert Kilometern auf eine ordentliche Kugelform. Die weitaus meisten dieser *Kleinplaneten* (gelegentlich auch *Asteroiden* genannt) sehen aus wie Kartoffeln. Phobos und Deimos dürften dieser Familie angehört haben, bevor sie der Mars einfing und zu seinen Monden machte.

Die Astronomen kennen die Bahnen von rund 3000 Planetoiden. Die hellsten wie Ceres, Juno oder Vesta geben sich bereits im Feldstecher zu erkennen. Allerdings sind sie von schwachen Sternchen nicht zu unterscheiden.

Auf langbelichteten Aufnahmen verraten sie sich jedoch durch ihre Bewegung. Sie erscheinen dann je nach Bahngeschwindigkeit als mehr oder weniger kurze Striche.

»Da darf man sich doch was wünschen.« Das ist das einzige, was vielen Menschen zum Stichwort »Sternschnuppe« einfällt. Was da eigentlich am Himmel aufblitzt, wissen die wenigsten. Sternschnuppen, in der Fachsprache *Meteore* genannt, begleiten die Abstürze von Weltraumschutt. Wir haben ja gehört, daß in unserer kosmischen Nachbarschaft allerhand »Sperrmüll« dahintreibt. Der Erde steht er ständig im Weg. Daher kommt es laufend zu Zusammenstößen. Glücklicherweise sind die meisten *Meteorite* nicht sehr groß: zwischen einigen Zehntel Millimetern und wenigen Zentimetern.

Kleine Ursache – große Wirkung. Dieser Satz trifft bei den Sternschnuppen exakt zu. Denn die winzigen Meteorite dringen mit 15.000 Stundenkilometern in die Erdatmosphäre ein, erhitzen sich und glühen in Höhen von rund 80 Kilometern weithin sichtbar als Meteore hell auf. Die Vorstellung währt nur wenige Augenblicke. Viele Meteorite bewegen sich in Rudeln durchs All. Durchquert die Erde einen solchen Schwarm, hagelt es besonders viele Sternschnuppen. Dabei scheinen alle von einem bestimmten Punkt am Himmel *(Radiant)* auszugehen, wie Schneeflocken vor der Windschutzscheibe eines fahrenden Autos.

Ein Schwarm trägt den Namen jener Konstellation, in der sein Radiant liegt. So kollidiert die Erde jedes Jahr um den 10. August mit den *Perseiden*. In dieser Zeit könnt ihr stündlich bis zu 40 Sternschnuppen beobachten.

Nur selten kreuzen große *Boliden* auf und ziehen ein paar Sekunden lang als grüne oder rote Feuerkugeln über den Himmel. Manche dieser Brocken landen leicht angesengt sogar am Boden. Vor 15 Millionen Jahren stürzte ein gewaltiger Meteorit unter ohrenbetäubendem Lärm in der schwäbisch-fränkischen Alb ab. Mit unvorstellbarer Wucht prallte er auf und schlug einen 24 Kilometer großen kreisrunden Krater. Das Nördlinger Ries zeugt noch heute von dieser Katastrophe. Sie kann sich übrigens jeden Tag an jedem beliebigen Ort der Erde wiederholen. Ein Meteorit auf Moskau, New York, Tokio – oder auf eure Stadt. Das wäre eine schreckliche Katastrophe!

Astro-Tip 8

Viele Zeitgenossen halten Polarlichter für Großbrände, die helle Venus für ein Ufo, Sternschnuppen für Kometen und glauben, bei Vollmond sei die beste Zeit, den Erdtrabanten zu beobachten. Der Blick durch ein kleines Fernrohr beweist das Gegenteil: Die blendend weiße Scheibe mit dunklen Flecken bietet wenig Abwechslung. Warum?

Klar, die Sonnenstrahlen treffen ja senkrecht auf die Mondoberfläche. Bei dieser frontalen Beleuchtung sind alle Details verschwunden, weil die Schatten fehlen. Aber gerade das Spiel zwischen Hell und Dunkel verleiht der Landschaft ein plastisches Aussehen. Daher beobachten wir den Erdbegleiter am besten in der Zeit um das erste, beziehungsweise letzte Viertel. Dann kommt die Sonne von der Seite. Unzählige Krater, Ringwälle, Gebirgszüge, Bodenwellen, Rillen und Risse treten deutlich hervor. Vor allem lohnt sich ein »Spaziergang« entlang des *Terminators*, der Grenzlinie zwischen beleuchteter und unbeleuchteter Mondhälfte.

Du solltest unseren Trabanten am Teleskop zunächst bei schwacher Vergrößerung absuchen, zum Beispiel 40fach. Dann hast du ihn auf den Abstand von weniger als einen Erddurchmesser herangeholt. Dies erlaubt eine erste Orientierung. Dabei gefällt dir vielleicht eine Gegend besonders gut. Die kannst du dann mit stärkerer Vergrößerung (mehr als 180fach ist wegen der Luftunruhe selten sinnvoll!) »durchwandern«. Dabei wirst du immer wieder Neues entdecken – hier einen kleinen Felsbrocken, dort eine haarfeine Rille. Glaube mir, ein Ausflug zum Mond, der lohnt.

Ein Film über Hawaii mag noch so schön sein, eine Reise dorthin ersetzt er nicht. Genauso verhält es sich mit den Planeten. Raumsonden haben von ihnen prachtvolle Ansichten geliefert. Aber das Erlebnis, Jupiter oder Saturn mit eigenen Augen »live« im Fernrohr zu sehen, läßt sich damit kaum vergleichen. Auf Merkur, Venus, Uranus, Neptun und Pluto trifft dies allerdings nicht zu. Der Neuling hat an diesen Geschwistern der Erde sicher keine große Freude: Sie geben einfach zu wenig her. Das kann man von den »glorreichen Drei« nicht behaupten. Da ist zunächst der Mars. Ein Teleskop von 60 Millimetern Öffnung aufwärts zeigt bereits deutlich die Polkappen als weiß schimmernde Fleckchen. In größeren Fernrohren treten grüne oder braune Gebiete hervor. Manchmal jedoch erscheint das Scheibchen als rotgelbes Einerlei. Dann tobt vielleicht gerade ein riesiger Sandsturm über den Planeten. In der Atmosphäre des Jupiter geht es bekanntlich immer turbulent zu. Bänder und Streifen, weiße, schwarze und braune Ovale, der Große Rote Fleck, Kerben, Buchten und »Girlanden« spiegeln das bewegte Klima auf dem Gasriesen wider. Die vier Galileischen Monde umtanzen den Jupiter, ziehen innerhalb weniger Stunden vor oder hinter der Scheibe vorbei, werfen punktförmige schwarze Schatten auf die Wolken.

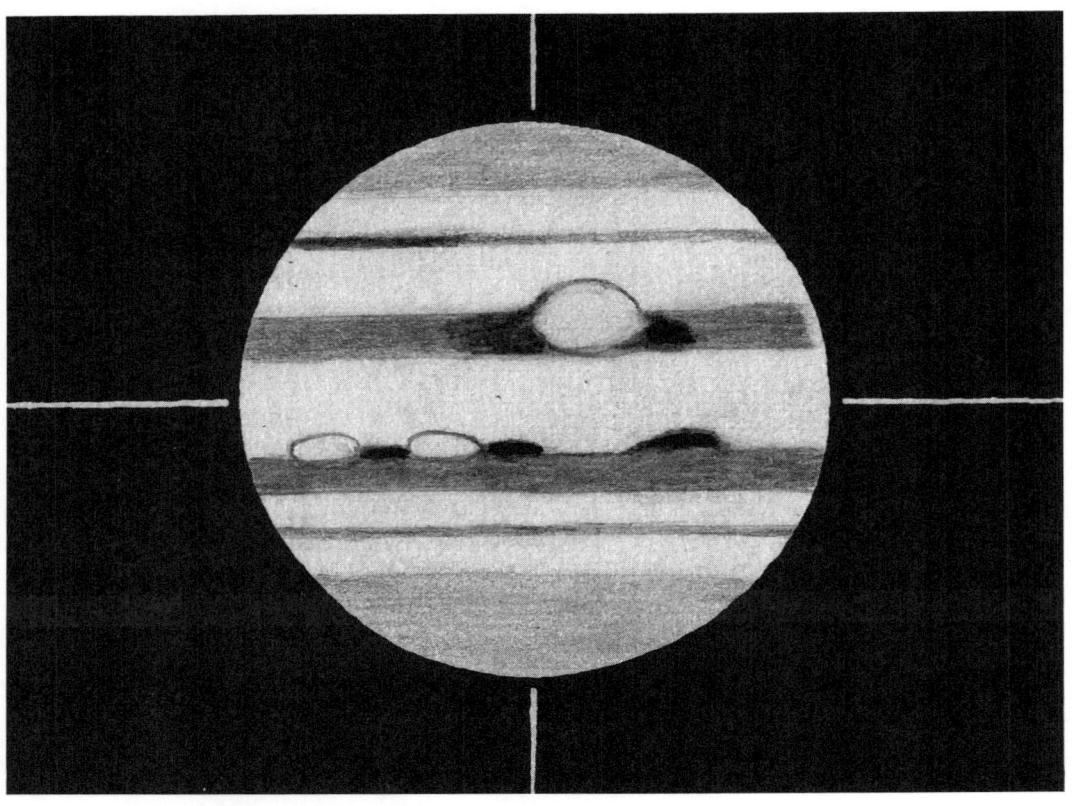

Fernrohr, Bleistift und Schablone reichen aus, um Jupiter im Bild festzuhalten. Viele Amateurastronomen sind begeisterte Planetenzeichner.

Einen besonderen Leckerbissen hält der Saturn bereit. Bereits im 60-Millimeter-Fernrohr sticht sein Ringsystem mit der Cassinischen Teilung ins Auge. Majestätisch schwebt mitten drin die Kugel. Sie ist wie jene des Jupiter an den Polen deutlich abgeplattet. Als Schönheitskönig achtet der Saturn auf sein Äußeres. Das »Gesicht« ist meist ebenmäßig und glatt; Flecken oder andere »Pickel« fehlen.

Manche Amateurastronomen beobachten ihr ganzes Leben lang Jupiter und Saturn. Viele fertigen auch Planeten-Porträts an. Solche Zeichnungen besitzen durchaus wissenschaftlichen Wert. Betätigt euch doch selbst einmal als Künstler! Freilich erfordert der Umgang mit Bleistift, Papier und Fernrohr gute Augen und noch mehr Geduld.
Viele Planetenbeobachter gehören üb-

rigens einem sehr aktiven Arbeitskreis an (Adresse im Anhang). Er steht jederzeit für Nachwuchs offen. Wenn du dich an den folgenden Fahrplan hältst und einige Zeit übst, bringst du schon die besten Voraussetzungen für einen Profi mit.

KLEINES ABC DER MOND- UND PLANETENBEOBACHTUNG

1. Nimm den Mond um das erste, beziehungsweise letzte Viertel unter die Lupe.

2. Beginne mit schwacher Vergrößerung (40fach), die du langsam steigerst (bis 180fach). Bei den Planeten kannst du gleich mit einer stärkeren Vergrößerung (etwa 100fach) einsteigen.

3. Lasse dir beim Beobachten stets Zeit. Ausgedehnte Wanderungen bringen mehr als kurze Stippvisiten.

4. Achte beim **Mars** besonders auf die weißen Polkappen, beim **Jupiter** auf die gescheckte Wolkenhülle und beim **Saturn** auf das Ringsystem mit der dünnen, schwarzen Cassinischen Teilung.

5. Versuche, das Gesehene im Bild festzuhalten. Verwende für die Porträts nur einen weichen Bleistift. Beschränke dich zunächst auf die wesentlichen Details. Verzweifle nicht, wenn die ersten Versuche danebengehen: Es ist noch kein Zeichner vom Himmel gefallen – auch wenn er den Himmel zeichnet!

9. Woher kommen wir – wohin gehen wir?

Die große Mauer (1. Teil)

Die unvorstellbare Ausdehnung ihres »Forschungslabors« bringt die Astronomen nicht so leicht aus der Fassung. Wer den ganzen Tag mit Milliarden oder Billiarden hantiert, gewöhnt sich allmählich daran. Die Dimensionen von Raum und Zeit kann sich ohnehin niemand vorstellen.

Am 17. November 1989 jedoch brachte ein wissenschaftlicher Artikel selbst abgebrühte Kosmologen ganz schön durcheinander. Denn ihr gesamtes Weltbild geriet ins Wanken.

Ratlos standen die Experten vor der großen Mauer. Zwei ihrer Kollegen hatten sie entdeckt. Ein Gebilde, das sich auf einer Länge von 500 Millionen Lichtjahren durchs Universum erstreckt. Die »Ziegelsteine« bestehen aus Tausenden von Galaxien, die Gravitation funktioniert als »Mörtel« und hält die Mauer fest zusammen.

Warum regen sich die Astronomen denn so auf? Sie wissen doch, daß es im All riesige Ansammlungen von Sternsystemen gibt, sogenannte Galaxienhaufen! Ja, wenn es nur so einfach wäre.

Aber die Mauer hat einen entscheidenden Fehler: Sie ist zu groß! Um das zu verstehen, müssen wir eintauchen in die Kosmologie.

Sehen wir uns jetzt also an, was der Mensch bisher über die Welt herausgefunden hat.

Dabei werden wir hie und da den Pfad gesicherter Erkenntnis verlassen, der durch den Garten der Spekulation führt. Dort sprießen viele exotische Pflanzen – manche so phantastisch, wie sie ein Schriftsteller nicht besser hätte ersinnen können.

Campo de' Fiori, Rom, 17. Februar 1600: Eine große Menschenmenge schiebt sich an einen Scheiterhaufen heran. Das Reisig knistert, Flammen züngeln empor, Rauch steigt in den winterlichen Himmel. Bei lebendigem Leib wird ein »Ketzer« verbrannt.

Sein Name: Giordano Bruno. Sein Verbrechen: Die Behauptung, daß es in einem unendlichen Universum unendlich viele Planeten gibt, auf denen intelligentes Leben existiert.

Damit hatte sich Giordano Bruno aber den Zorn der Kirche zugezogen. Denn der Philosoph war nicht nur ein überzeugter Anhänger des Kopernikus; er hatte außerdem die Sphären gesprengt und die Mauern des begrenzten Weltraums niedergerissen, der die Vorstellungen der Menschen bestimmte.

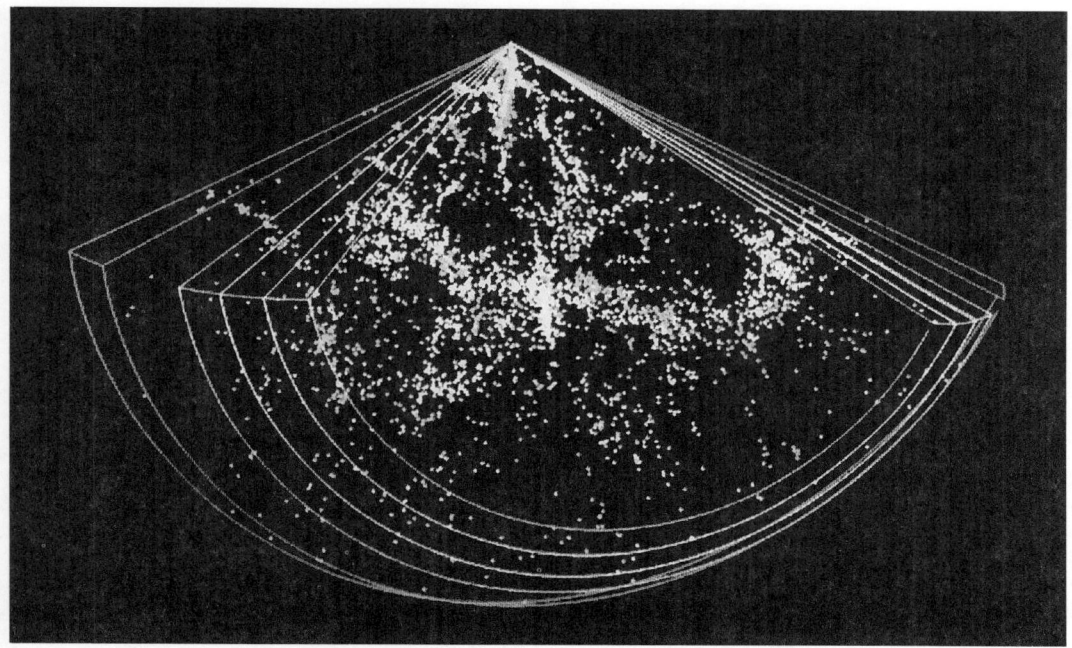

Im November 1989 veröffentlichten zwei Astronomen eine Karte, die einen kleinen Teil des Weltalls dreidimensional zeigt. Sie entdeckten, daß sich Tausende von Galaxien zu einer fadenartigen Struktur zusammenfinden und nannten sie »große Mauer«.

Vergangene Ideen

Wie ist das All beschaffen? Ist es offen und unendlich? Lebt es seit ewigen Zeiten für alle Ewigkeit? Oder ist es geschlossen und endlich? Wurde es geboren? Wird es sterben? Bereits vor Jahrtausenden beschäftigten diese Fragen unsere Urahnen. So berichten Mythen aus Mesopotamien vom Anfang der Welt, als »Himmel und Erde noch keinen Namen hatten«. Apsu, ein Abgrund aus Wasser, und Tiamat, eine ungestüme Kraft, regierten den Kosmos. Nach einer Hindu-Geschichte ruht die Erde auf einer Schildkröte, die wiederum von der Weltschlange getragen wird. Bei den Ägyptern erschuf der Geist Atum Götter und Menschen. Die Griechen, Spezialisten in Sachen Überirdisches, erzählten sich von geheimnisvollen Urwesen: dem unendlichen Abgrund, der Erde, der Unterwelt und dem Geist der Liebe. Diese vier legten sich mächtig ins Zeug und produzierten eine geradezu unüberschaubare Menge von Göttinnen und Göttern. Einigen sind wir bei unseren

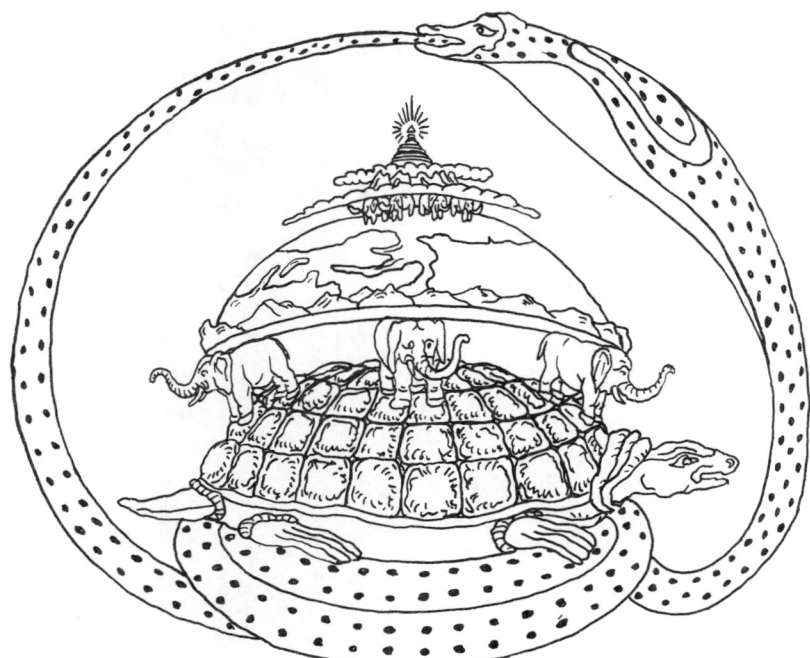

Nach einem alten Mythos der Hindu wird die Erde von Elefanten getragen, die auf einer Schildkröte stehen, die wiederum auf einer Schlange ruht. Aber was hält die Schlange?

Spaziergängen über das Firmament schon begegnet (vgl. Kapitel 2).

Der Riese Ymir lebte in einer Welt ohne Himmel und Erde. Wolken und Schatten regierten den Norden, Rauch und Feuer beherrschten den Süden. Dann vereinten sich die eisigen Wasser des Nordens und die bitteren des Südens. Sie flossen zusammen und bildeten die Erde. Das jedenfalls glaubten die alten Germanen. Außerdem wußten sie auch gleich, wie alles enden würde. Am Tag der Götterdämmerung sollte ewiger Winter die Welt lähmen und ins Nichts zurückstürzen. So ähnlich sieht das auch die Bibel: »Als es das sechste Siegel öffnete, sah ich, wie ein großes Erdbeben entstand. Die Sonne ward schwarz wie ein Trauerge-

wand, der ganze Mond rot wie Blut. Die Sterne fielen vom Himmel auf die Erde, wie der Feigenbaum seine unreifen Früchte abwirft, wenn er vom Sturmwind geschüttelt wird. Der Himmel schwand dahin wie ein Buch, das man zusammenrollt. Alle Berge und Inseln wurden von ihrer Stelle gerückt.« Daß Gott die Welt in sieben Tagen erschaffen hatte, stand ohnehin fest. Der irische Bischof Usher (1581 bis 1656) wußte auch, wann er damit begonnen hatte: Am Abend des 23. Oktober 4004 v. Chr.!

Aber so kommen wir heute nicht weiter! Die alten Mythen mögen ja recht spannend sein. Mit der Wirklichkeit haben sie meist wenig zu tun. Das dachte sich wohl auch Aristoteles. Der Gelehrte versuchte als einer der ersten, die Welt physikalisch zu erklären. Er setzte die Erde ins Zentrum. Sein Schalen-Universum hatte jedoch grundlegende Fehler. Nikolaus Kopernikus hatte ein besseres Modell. Er setzte die Sonne in die Mitte der Welt und zettelte damit eine Revolution an (vgl. Kapitel 8).

Immer mehr Wissenschaftler dachten über die Beschaffenheit des Kosmos nach. Die Fragen nach dem »Woher« und dem »Wohin« blieben bis heute dieselben. Aber das Weltbild hat sich gewandelt. Vor allem deshalb, weil das Weltall gewachsen ist.

Ein Punkt explodiert

Giordano Bruno hatte es geahnt. Je genauer Astronomen die Tiefen des Himmels ausloten, um so mehr schrumpft die Erde. Sie ist einer von neun Planeten, die einen von Milliarden durchschnittlichen Sternen umkreisen, der einer von Milliarden Galaxien angehört. Diese letzte Erkenntnis gelang Edwin Hubble in den zwanziger Jahren. Hubble entdeckte aber auch, daß sich das Universum ausdehnt (vgl. Kapitel 5). Nichts hätte die Kosmologen damals mehr überraschen können. Glaubte doch selbst der geniale Albert Einstein (1879 bis 1955) zunächst an ein endliches, unveränderliches, ruhiges Universum. Und jetzt war alles in Bewegung! Die Forscher hatten Mühe, ihre Fassung wiederzufinden. Nur einer hätte zufrieden genickt – wäre er damals noch am

Leben gewesen: Alexander Friedmann (1888 bis 1925). Im Juni 1922 hatte der russische Mathematiker eine mit Formeln und Kurven gespickte Arbeit veröffentlicht. Darin präsentierte er ein Universum, das keineswegs in sich ruht. Friedmann berechnete, daß der Kosmos auseinanderfliegen, expandieren müßte.

Genau das bestätigte Edwin Hubble. Die Galaxien laufen tatsächlich voreinander davon. Dabei fliegen sie nicht *durch* den Weltraum, sondern *mit* ihm. Das Universum dehnt sich unaufhaltsam aus. Alexander Friedmann hatte an seinem Schreibtisch in Leningrad das All berechnet. Welch ein Triumph des menschlichen Geistes!

Ein Problem konnte der Russe jedoch nicht lösen. Wie und wann hat alles begonnen? Eine Antwort darauf wußte George Gamow (1904 bis 1968). Der Astrophysiker liebte es, wenn es heiß und dicht herging. Natürlich nur im Weltall. So studierte er ausführlich das Innere der Sterne. Auch über die Idee seines Landsmannes Friedmann dachte er nach. Denn die hat etwas mit Hitze und Dichte zu tun. Man muß sie nur konsequent zu Ende denken.

Betrachten wir dazu den Videofilm *Galaxienflucht*. Die Milchstraßen fliegen mit dem Raum davon wie die Splitter einer Bombe. Nun halten wir den Film an. Schlagartig bleiben die kosmischen Inseln stehen. Jede verharrt auf ihrem Platz. Das Weltall ist ruhig, die Bewegung eingefroren. Jetzt lassen wir das Video rückwärtslaufen. Die Galaxien bewegen sich aufeinander zu. Das Universum schrumpft. Immer größer wird das Gewimmel und Gedränge. Schon stoßen die ersten Sternsysteme aneinander. Immer mehr Milchstraßen berühren sich unsanft. Die Dichte nimmt zu. Ebenso steigt die Temperatur, erreicht Milliarden Grad. Die Materie hat sich längst aufgelöst. Elementarteilchen irren durch das »Miniversum«. Da, das Weltall verschwindet in einem »Punkt«. Er ist unendlich klein, unendlich heiß und unendlich dicht. Der Bildschirm bleibt leer.

Als George Gamow die Flucht der Milchstraßen umkehrte, benötigte er dazu keinen Videorecorder, der auch noch gar nicht erfunden war. Gamow ließ den Kosmos auf dem Papier zusammenkrachen und den »Punkt« explodieren. Im Jahr 1947 trat er mit seinen Berechnungen vor die Gemeinde der Wissenschaftler. Welches Szenario hatte Gamow arrangiert? Ich will es beschreiben. Dabei werde ich das Ganze noch mit modernen kosmologischen Erkenntnissen erweitern.

Sieben Schritte in die Gegenwart

1. Schritt: Das Universum ist 0,000.000.000.000.000.000.000.000.000.000.000.000.0001 Sekunden alt. Vor seiner Geburt war alles auf einem »Punkt« konzentriert. Die Gesetze der Physik können jedoch nicht erklären, wie dieses Nichts aussah. Erst nach der oben genannten Zehntel Trilliardstel Trilliard-stel Sekunde beginnen Raum und Zeit für die Kosmologen zu existieren.

2. Schritt: Das Universum ist 0,001 Sekunden alt. Die Grundbausteine der Materie, äußerst merkwürdige Teilchen mit dem Namen *Quarks*, bilden Neutronen und Protonen. Diese wandeln sich dauernd ineinander um. Eine »Teilchensuppe« erfüllt den Kosmos.

3. Schritt: Das Universum ist drei Minuten alt. Ständig kollidieren Protonen mit Neutronen. Bei diesen Zusammenstößen bilden sich die Kerne von Helium und Wasserstoff. Die Temperatur sinkt unter 900 Millionen Grad.

4. Schritt: Das Universum ist 300.000 Jahre alt. Es kühlt sich weiter ab. Neutronen und Protonen fangen herumfliegende Elektronen ein. Die Atome entstehen. Mit ihnen wollen die Photonen nichts mehr zu tun haben. So machen sich die Lichtteilchen selbständig und ziehen allein durchs All. Auf diese Weise trennen sich Materie und Strahlung. Der undurchdringliche Nebel, der bisher den Weltraum erfüllte, wird durchsichtig.

5. Schritt: Das Universum ist eine Milliarde Jahre alt. Hie und da ballt sich die Materie zu pfannkuchenförmigen Gebilden zusammen: Die ersten Galaxien und Quasare entstehen. Die jungen Milchstraßen gebären leuchtende Gaskugeln unterschiedlicher Größe – die Sterne.

6. Schritt: Das Universum ist zwölf Milliarden Jahre alt. In irgendeiner der unzähligen Galaxien kommt ein Stern mit neun Planeten zur Welt.

7. Schritt: Das Universum ist 17 Milliar-

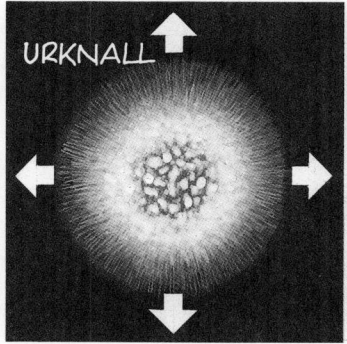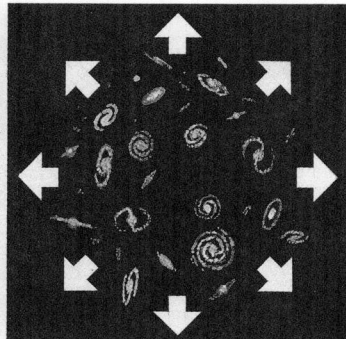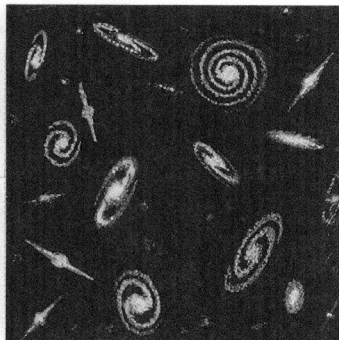

Mit dem Urknall hat es begonnen: Vor 15 oder 20 Milliarden Jahren war alle Materie im Universum auf einen »Punkt« konzentriert. Nachdem er explodiert war, bildeten sich allmählich die Galaxien. Noch heute fliegen sie auseinander wie die Splitter einer Bombe.

den Jahre alt. Auf einem der Planeten hat sich intelligentes Leben entwickelt, das über sich und den Ursprung des Kosmos nachdenkt.

Das also ist die Geschichte des Universums. Gamow war überzeugt, daß alles mit einer großen Explosion begann. Heute glauben die Wissenschaftler, daß sie vor 15 bis 20 Milliarden Jahren stattfand. Genau weiß das allerdings niemand. Das Weltalter hängt von der Fluchtgeschwindigkeit der Galaxien ab. Und die läßt sich nur schwer bestimmen.

Ein englischer Kollege von Gamow bezeichnete die Explosion etwas salopp als *big bang*, als »großen Knall«. Seither reden deutschsprachige Astronomen vom Urknall. Diese *Urknall*-Theorie gehört mittlerweile zu den Lieblingsmodellen der Experten, wenngleich manche Fachleute gelegentlich andere Hypothesen diskutieren. Ständig haben die Kosmologen am

Urknall gefeilt und gebastelt. Zu Beginn der achtziger Jahre war eine größere »Operation« notwendig. Aber auch die hat er einigermaßen gut überstanden. Warum nur sind die Astronomen so hartnäckig geblieben? Warum versuchen sie, den Urknall um jeden Preis zu retten? Die Antwort ist einfach: Wissenschaftler stellen jede Theorie auf eine harte Probe. Das Newtonsche Gravitationsgesetz wäre wenig wert, würde es voraussagen, daß alle Gegenstände nicht auf die Erde fallen, sondern in den Himmel steigen. Jede Modellvorstellung muß sich an der Wirklichkeit beweisen.

Aber wie soll das denn mit dem Urknall funktionieren? Die Forscher können das Universum doch nicht in einem Reagenzglas zerplatzen lassen! Aber sie können zum Beispiel mit ihren Teleskopen den Himmel absuchen. Vielleicht hat der Schöpfungsmythos des Herrn Gamow irgendeine Spur hinterlassen. Tatsächlich haben zwei Mitarbeiter des Forschers im Jahr 1949 auf ein solches Zeichen hingewiesen. Aber diese bemerkenswerte Prophezeiung machte damals ebenso wie die gesamte Theorie kaum Aufsehen. Der Urknall verhallte in den Köpfen der Astronomen. Dabei umgibt uns sein Echo. Wir müssen nur genau hinhören.

Das Echo des Urknalls

Tauben sind possierliche Tierchen. Aber in einer Hornantenne haben sie absolut nichts verloren. Deshalb betätigten sich Robert Wilson (geb. 1936) und Arno Penzias (geb. 1933) als Vogelfänger. Denn die beiden waren auf die Gefiederten und die »Resultate« ihrer Verdauung nicht gerade gut zu sprechen. Schließlich hatten die Wissenschaftler im Sommer 1964 eine wichtige Aufgabe zu erfüllen. Mit einer großen, hornförmigen Radioantenne horchten sie in die Milchstraße. Die Anlage stand nur einige hundert Meter entfernt von jenem Ort, an dem Karl Jansky in den dreißiger Jahren Signale aus dem All empfangen hatte (vgl. Kapitel 6). Das war natürlich Verpflich-

Im Jahr 1964 entdeckten Arno Penzias (rechts) und Robert Wilson mit der Hornantenne im Hintergrund das Echo des Urknalls.

tung und spornte Wilson und Penzias an. Was störte, waren die Tauben. Denn mit ihren Empfängern registrierten die Forscher ein Rauschen. Es kam gleichmäßig von überall her und konnte eigentlich nur von den Vögeln stammen, die sich in dem Horn eingenistet hatten. Die Tauben wurden ausquartiert, die Antenne gereinigt – das Rauschen blieb. Also mußte der Fehler im Weltraumohr selbst stecken. Die Fachleute zerlegten die Anlage, setzten sie wieder zusammen – das Rauschen blieb. Verärgert beobachteten sie weiter. Trotzdem veröffentlichten die Forscher ihre unangenehme Entdeckung im Mai 1965. In Stockholm erhielten sie 23 Jahre später dafür den Nobelpreis. Penzias und Wilson hatten das Echo des Urknalls aufgespürt!

Schaut euch noch einmal den »4. Schritt in die Gegenwart« an. In dem erst 300.000 Jahre alten Universum, so heißt es dort, trennt sich das Licht von der Materie. Als die Photonen in alle Richtungen davonrasen, tragen sie eine Botschaft hinaus in die Welt: Die Nachricht, daß der Urknall sehr, sehr heiß gewesen ist. Stellen wir uns vor, ein Astronom hätte die Photonen nach kurzer Reise durchs All aufgefangen: »Da registriere ich eine Strahlung, die einer Temperatur von mehreren hundert Millionen Grad entspricht«, hätte er überrascht ausgerufen. Damals gab es aber niemanden, der sich darüber wunderte. Denn im jungen Kosmos existierten ja noch nicht einmal Sterne.

Heute, nach rund 17 Milliarden Jahren, ist das anders. Zumindest an einem Ort im Universum, auf der Erde, leben neugierige Astronomen. Zwei von ihnen, Penzias und Wilson, gingen die Photonen in die Falle. Aber die Lichtteilchen waren müde geworden. Nach Jahrmilliarden hatte sich die »feurige Botschaft« daher stark abgekühlt. Die einstige Glut des flammenden Infernos glimmt nur mehr mit einer Temperatur von minus 270 Grad. Die Mitarbeiter von Gamow hatten 1949 eine Strahlung mit diesem Wert vorausgesagt. Penzias und Wilson hatten sie 1964 entdeckt. Was beweist den Urknall besser als diese *kosmische Hintergrundstrahlung*! Und was macht den Kosmologen mehr Kopfzerbrechen als sie!

Inflation im Schaumbad

Mit immer feineren Meßinstrumenten belauschten die Astronomen das Universum. Zu ihrem Leidwesen war die Hintergrundstrahlung aus allen Richtungen mit derselben Intensität zu hören. Die Unterschiede in der Lautstärke, wenn überhaupt vorhanden, betrugen höchstens das Hundertstel eines Prozents. Alle Photonen brachten dieselbe Botschaft zur Erde. Es war zum Verzweifeln. Denn selbst der junge Kosmos hatte eine beachtliche Größe; daher waren die Lichtteilchen vor Milliarden Jahren aus ganz verschiedenen »Landschaften« aufgebrochen. Weshalb sollte es in diesen Gegenden, die miteinander gar nichts zu tun

hatten, auf den Bruchteil eines Tausend-
stel Grades exakt gleich heiß gewesen
sein? Doch es kam noch schlimmer.
Große Teleskope lieferten in den siebziger
Jahren ein dreidimensionales Bild des
Alls. Die Forscher maßen für jedes Sternsystem die Koordinaten an der Himmels-
kugel und bestimmten außerdem die
Entfernung. Immer mehr Welteninseln
zeichneten die Astronomen in ihre Kar-
ten. Die sahen schließlich ganz merkwürdig aus. Während nämlich manche
Regionen mit Galaxienhaufen geradezu
übersät erschienen, waren andere völlig
leer. Mehr noch: Die Milchstraßen ordne-
ten sich an den Rändern gigantischer
»Blasen« an. Das Universum entpuppte
sich als ein Milliarden Lichtjahre großes
»Schaumbad«. Wie hatte sich aus einem
gleichförmigen Urknall eine solche Netz-
struktur entwickeln können?
Schließlich galt es noch ein drittes Rätsel
zu klären. »Warum«, so wunderten sich
die Wissenschaftler, »ist der Kosmos so
groß, wie er ist?« Diese Frage klingt komisch. Sie hat aber ihre Berechtigung.
Wäre die Expansionsgeschwindigkeit eine
Sekunde nach dem Urknall nur um den
millionsten Teil eines Hunderttausendmil-
lionstels kleiner gewesen, hätte der Weltraum nicht die heutige Ausdehnung
erreichen können. Er wäre womöglich
schon früher wieder in sich zusammenge-
stürzt und daher niemals so alt geworden.
Welche Kraft hatte dem frischgeborenen
Kosmos den richtigen Schwung gegeben?
Da hatten die Theoretiker gemeint, der
Urknall würde die Welträtsel endlich lö-

sen. Und dann kommen die Praktiker daher, beobachten Hintergrundstrahlung,
Schaumbad und Größe des Universums
und werfen alles über den Haufen. Das
Karussell kosmologischer Weltbilder begann sich zu drehen, schneller denn je.
Auch Alan Guth (geb. 1947) vom amerikanischen Massachusetts Institute of
Technology dachte angestrengt über
einen Ausweg aus diesem Dilemma nach.
Schließlich stieß er auf die *Inflation*.
Eure Eltern beklagen sich bestimmt öfter
darüber, daß »schon wieder alles teurer
geworden ist«. Fachleute bezeichnen das
Steigen der Preise als Inflation. Nun hat
der Urknall nichts mit dem Wirtschaftssy-
stem der Erde zu tun. Trotzdem führte
Alan Guth diesen Begriff in die Kosmologie ein. Inflation kommt nämlich aus dem
Lateinischen und bedeutet soviel wie
»Sichaufblasen«. Einen treffenderen Namen hätte der Forscher für seine Theorie
gar nicht wählen können.
Neue Erkenntnisse der Elementarteil-
chenphysik brachten Guth auf die Spur
einer besonderen Kraft. Sie mußte unmittelbar nach dem Urknall angesetzt haben,
als der Kosmos so groß war wie ein Atom.
Sie gab dem All einen zusätzlichen
Schubs. Innerhalb eines Augenblicks
blähte sich das Universum auf den
Durchmesser einer Apfelsine auf. Dies
war die Inflation.
Ebenso rasch, wie der Urschwung gekommen war, ließ er dieser Theorie zufolge
wieder nach. Die Apfelsine expandierte
von nun an mit gemächlicher Geschwindigkeit. Die Astronomen glauben die

heutige Größe der Apfelsine zu kennen: rund 35 Milliarden Lichtjahre!

Die Inflation löste zwei wichtige Probleme. Denn in der von ihr produzierten Urkugel von fünf Zentimetern Radius war es überall gleich heiß. Die kosmischen Landschaften lagen dicht beisammen. Sämtliche Photonen »sahen« dasselbe und empfingen dieselbe Botschaft. Daher muß die Hintergrundstrahlung überall gleich stark sein! Außerdem bewirkte das gerade richtige Inflationstempo, daß der Kosmos exakt mit der »kritischen Geschwindigkeit« startete. Er wuchs prächtig und entwickelte sich zu dem, was er ist.

Der Urknall ist gut. Die Inflation ist besser. Und was ist am besten? Wir wissen es nicht. Das Denkgebäude von Alan Guth jedenfalls hat Mängel. Es erklärt bei weitem nicht alles. Auch der Russe Andrej Linde (geb. 1948) hat sicher nicht den Stein der Weisen gefunden. Aber sein Modell vermag wiederum ein wenig mehr zum Verständnis der Welt beizutragen als jenes seines amerikanischen Kollegen. Vor allem aber klingt es noch exotischer. Danach ist der Urknall gar nichts Besonderes, und schon gar kein Einzelfall. Vielmehr soll unser Weltall nur eines von unzähligen anderen sein. Alles, was wir am Himmel beobachten, gehört zu unserem Universum. Die anderen Kosmen sehen wir nicht und werden sie niemals sehen. Wir ähneln Lebewesen, die in einem winzigen Wassertröpfchen wohnen. Wir glauben, unser Tröpfchen sei alles. Wir wissen nichts von den Aber-

milliarden anderen Tröpfchen, die im Ozean von Raum und Zeit dahintreiben.

Die große Mauer (2. Teil)

Wie entstanden die Galaxien? Woher stammt deren blasenförmige Verteilung? Kein Mensch kann darauf eine Antwort geben. Freilich, an Spekulationen fehlt es nicht. Viele Wissenschaftler meinen, daß es eine unsichtbare, eine *dunkle Materie* gibt. Sie könnte bei den Sternsystemen die Rolle eines Geburtshelfers übernommen haben. Denn die sichtbare Materie hätte niemals ausgereicht, den Urstoff zu Milchstraßen zusammenzuklumpen. Bereits seit längerem beobachten die Astronomen außerdem, daß sich die Galaxien ganz merkwürdig um ihre Achsen drehen – so, als ob in den Spiralarmen Materie versteckt wäre.

Sehen wir nur die »Spitze des Eisbergs«? Besteht das Universum zu mindestens 90 Prozent aus dunkler Materie, wie einige Kosmologen annehmen? Dann wären wir in der Lage eines Piloten, der bei Nacht über eine Stadt fliegt und nur die Lichter wahrnimmt; die Häuser und Straßen, also die Stadt selbst, bemerkt er gar nicht. Sieht das Weltall vielleicht doch ganz anders aus?

Nun verstehen wir die Aufregung der Experten um die große Mauer. Nach langem Kopfzerbrechen haben sie die dunkle Materie bemüht, um die Geburt der Galaxien zu begreifen. Aber die Mauer ist so groß, daß selbst die Gravitationskräfte des unsichtbaren Universums niemals ausgereicht hätten, sie aufzubauen! »Irgend etwas stimmt nicht an unserem Bild vom Weltall«, sagt jene Astronomin, die zusammen mit einem Kollegen die Mauer entdeckt hat. Dennoch werfen die Wissenschaftler die Flinte nicht ins Korn.

Im Reich der Phantasie, das wir noch einmal kurz betreten wollen, spinnen die Fachleute an einem Netz aus Fäden. *Cosmic strings* nennen sie diese dünnen, lichtjahrelangen Gebilde. Sie sollen beim Urknall entstanden sein. Sie durchziehen den gesamten Kosmos und verleihen ihm Blasenform. Durch ihre Anziehungskraft rissen die Fäden Materie an sich und lösten die Geburt der Galaxien aus. Damit ist die Frage nach der Struktur des Alls und der Verteilung der Galaxien aufgeklärt. Die große Mauer läßt sich als *string* beschreiben. Ihre »Ziegelsteine«, die Milchstraßen, gleichen Tautropfen an diesem gewaltigen Faden. Die Erklärung leuchtet ein. Aber ist sie die richtige?

Das soll uns jetzt nicht kümmern. Wir können auch so stolz sein. Denn immerhin haben wir ein wenig Licht ins Dunkel von zwei Geheimnissen gebracht:

1. Geheimnis: Wann hat alles begonnen? Mögliche Lösung: *vor rund 17 Milliarden Jahren!*

2. Geheimnis: Wie hat alles begonnen? Mögliche Lösung: *mit dem Urknall!*

Nun fehlt eigentlich nur noch eine Lösung für...

... das 3. Geheimnis: Wie wird alles enden?

»Die Sonne ward schwarz wie ein Trauergewand, der ganze Mond rot wie Blut. Die Sterne fielen vom Himmel...« Diese Stelle aus der Bibel kennen wir schon. Darin beschreibt ein Mann namens Johannes das Ende der Welt. Dieser Johannes lebte vor etwa 2000 Jahren. Von moderner Kosmologie wußte er nichts. Und doch erscheint seine Vision nach den Vorstellungen der Wissenschaftler gar nicht so verkehrt. In etwa fünf Milliarden Jahren, so lautet ihre Theorie heute, beginnt die Sonne sich aufzublähen. In sieben Milliarden Jahren wird sie ein roter Riese geworden sein. Die Erde hat sie dann längst verschlungen. Für die Menschen ist ein »Stern« – nämlich die Sonne – »vom Himmel gefallen« (vgl. Kapitel 4).

Bedeutet der Hitzetod unseres Planeten schon das Ende des gesamten Universums? Nein, bestimmt nicht. Aber wovon hängt das Leben des Kosmos ab? Darauf haben die Astronomen eine eindeutige Antwort: von der Fluchtgeschwindigkeit der Galaxien und von der Masse im Weltall. Das ist leicht zu verstehen. Dazu wollen wir ein einfaches Experiment anstellen.

Wir gehen ins Freie und werfen einen Stein senkrecht nach oben. Der Stein steigt einige Meter in den Himmel, wird langsamer und fällt zur Erde zurück. Was diktiert nun die Flugdauer des Steins?

Unendliche Schöpfung: Manche Kosmologen meinen, daß sich die Expansion des Weltalls eines Tages in eine Kontraktion umkehrt. Dann gäbe es einen neuen Urknall und ein neues Universum.

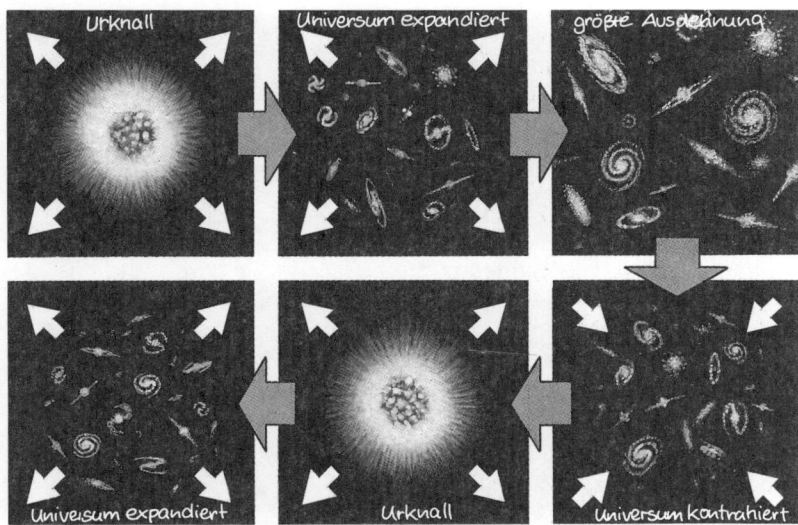

Einmal ist es die Anfangsgeschwindigkeit, mit der wir ihn nach oben geworfen haben. Zum zweiten die Kraft, mit der ihn die Erde wieder anzieht. Die Anziehungskraft wird durch die Masse unseres Planeten bestimmt.

Können wir dieses unsichtbare Band überwinden? Theoretisch ja. Wir müßten den Stein nur mit einer Anfangsgeschwindigkeit von 40.300 Stundenkilometern beschleunigen. Das geht natürlich nicht. Dennoch ist es den Technikern gelungen, Maschinen zu bauen, die sogar Menschen aus dem Schwerefeld der Erde bringen: Raketen. Jetzt wollen wir uns wieder dem Universum zuwenden. Wenn es tatsächlich mit dem Urknall »gestartet« ist, so gibt es für die Zukunft zwei Möglichkeiten:

- Die Anfangsgeschwindigkeit war groß genug, und die Masse ist klein genug, damit der Kosmos für alle Ewigkeit auseinanderfliegt.

- Die Anfangsgeschwindigkeit war klein genug, und die Masse ist groß genug, damit der Kosmos nach endlicher Zeit wieder in sich zusammenstürzt.

Was in letzterem Fall passiert, haben wir bereits in dem Videofilm *Galaxienflucht* gesehen: Die Milchstraßen bleiben kurz stehen (wie der Stein in der Luft) und beginnen sich dann einander zu nähern. Ob dies wirklich einmal eintreten wird, vermögen die Fachleute nicht zu sagen. Denn sie wissen nicht, ob das Universum genügend Masse besitzt, um die Flucht zu stoppen. Auch hat niemand eine Ahnung, wann es zu einem neuen Urknall kommen könnte. Vielleicht in 40 Milliarden Jahren. Dann würde unser Kosmos rund 60 Milliarden Jahre alt werden. Die erste

Hälfte seines Lebens hätte er sich ausge-
dehnt, die zweite Hälfte zusammengezo-
gen. Das Weltall wäre *geschlossen*.
Möglich aber auch, daß der Raum *offen*
ist, sich also für alle Zeiten ausdehnt.
Auch dann muß der Kosmos sterben.
Doch die Apokalypse kommt langsam.
Zunächst altern die Galaxien. Sie hören
auf, neue Sterne zu produzieren. Nach
mehr als hundert Billionen Jahren verlöschen die letzten Sonnen. Im Universum
geht das Licht aus. Schwarze Löcher verschlingen die ausgebrannten Wracks der
Galaxien. Schließlich lösen sich sämtliche
chemischen Elemente auf. Gelegentlich
explodiert ein schwarzes Loch. Das Universum erstarrt im Kältetod.
Wir wollen nicht noch tiefer ins Laby-
rinth kosmologischer Gedanken eindrin-
gen. Natürlich könnten wir immer weiter
fragen, zum Beispiel: »Was war vor dem
Anfang?« oder »Was gibt es außerhalb
des Weltraums?«. Beides ist jedoch unsinnig. Vor dem Anfang war nichts, weil die
Zeit erst *mit* dem Anfang geboren wurde.
Außerhalb des Weltalls gibt es nichts,
denn das Universum *ist* der Raum. So,
nun reicht es! Es genügt, wenn sich die
Astronomen auf dem Weg ins Land der
Erkenntnis verirren – selbst wenn es recht
spannend ist, ihnen dabei über die Schul-
ter zu gucken.

»E.T., bitte melden!«

Sie heißen Zylonen, Frogs oder schlicht
E.T. Sie bevölkern ferne Milchstraßen

und leben auf faszinierenden Welten. Sie
sind meist hochintelligent und wollen das
All beherrschen. Sie führen intergalakti-
sche Kriege und bedrohen die Erde. Sie
haben alle dieselben Eltern: phantasiebe-
gabte Schriftsteller, Regisseure und Trick-
filmer. Das Geschäft mit den Außerirdischen blüht. Die Frage, ob wir
mutterseelenallein auf unserem Staubkörnchen im Kosmos hocken, oder ob das
Universum von »extraterrestrischen« Zivilisationen wimmelt, ist ebenso alt wie die
Menschheit. Obwohl wir heute mehr vom
Kosmos verstehen als jemals zuvor, tappen wir mit diesem Problem völlig im
Dunkeln.
Natürlich wissen es einige Leute besser.
Sie behaupten es jedenfalls: Da sollen vor
Jahrtausenden Außerirdische auf unserem
Planeten gelandet sein und die Kultur
mitgebracht haben. Da sollen noch heute
ständig Ufos die Erde ausspionieren. Auf
dem Mars soll es eine Hochkultur gegeben haben, die jedoch vor langer Zeit aus-
starb. Solche Märchen entbehren
jeglicher Grundlage. Sie bringen den
Märchentanten und -onkeln allerdings
viel Geld, vor allem, wenn sie ihre erfun-
denen Geschichten in Büchern als »wis-
senschaftliche Wahrheiten« verkaufen.
Die Antwort auf das Zivilisationsrätsel
werden wir wahrscheinlich niemals finden. Da müßte schon ein außerirdisches
Raumschiff auf der Erde landen, und die
Fremdlinge müßten sich als solche zu erkennen geben. Oder die Astronomen
müßten ein Signal von »E.T.« auffangen.
Tatsächlich haben sich einige Wissen-

Mit der 305 Meter großen Schüssel des Arecibo-Radioobservatoriums auf Puerto Rico schickten Forscher 1974 eine Botschaft in den Kugelsternhaufen M 13. Sollten dort intelligente Wesen leben, werden sie die irdische »Flaschenpost« jedoch erst in ca. 25 000 Jahren empfangen.

schaftler auf die Suche spezialisiert. Dazu funktionieren sie große Antennen zu Weltraumradios um und tasten die Skala nach extraterrestrischen Sendern ab. Aber nichts rührt sich im Äther. Die einzigen Programme stammen von astronomischen Objekten wie Pulsaren. Um das Schweigen zu brechen, funken die Forscher ihrerseits verschlüsselte Botschaften ins All. *SETI* nennen sie solche Projekte, *Su*che nach *ex*traferrestrischen *I*ntelligenzen. Besteht überhaupt die Aussicht auf Er-

folg? Wird die Erde jemals Besuch von Zylonen oder Frogs erhalten? Das erscheint äußerst unwahrscheinlich. Die Weiten des Weltraums sind unermeßlich groß. Selbst wenn die Astronauten fremder Zivilisationen mit Lichtgeschwindigkeit reisten, bräuchten sie von einem Ende unserer Galaxis bis zum anderen 100.000 Jahre. Vom Andromedanebel wären sie gut zwei Millionen Jahre unterwegs.

Aber muß die Distanz zum nächsten bewohnten Planeten tatsächlich so gewaltig sein? Die Astronomen kennen im Umkreis von 13 Lichtjahren immerhin 32 Sterne. Eine zweite Erde haben sie jedoch bei keinem beobachtet. Trotzdem wollen wir annehmen, daß sich auf einem Himmelskörper eine intelligente Kultur entwickelt hat. »Terra II« soll 100 Lichtjahre von uns entfernt sein. Nehmen wir weiter an, daß die dortigen Ingenieure ein phantastisches Triebwerk gebaut haben; es beschleunigt ein Raumschiff bis auf ein Zehntel der Lichtgeschwindigkeit. Kühne Astronauten wären damit 1000 Jahre zu uns unterwegs – eine lange Zeit. Trotzdem wollen wir davon ausgehen, daß die Bewohner von Terra II einen solchen Marathon bewältigen. Aber in welche Richtung sollen sie zu ihrer Exkursion ins Ungewisse starten? Wie sollen sie die 100 Lichtjahre entfernte Erde finden? Wie können sie wissen, daß ausgerechnet der dritte Planet, der einen von 100 oder gar 200 Milliarden Sternen in der Galaxis umkreist, Leben trägt? Die Suche nach einer Nadel im Heuhaufen ist nichts dagegen. Ein Beispiel soll das verdeutlichen. Versetzen wir uns in die Lage von winzigen, intelligenten Wesen, die in einer Pfütze bei Hamburg wohnen. Eines Tages konstruieren sie ein Gefährt, mit dem sich eine Crew von zehn Mann aufmacht, die Welt zu erkunden. Das Vehikel ist mikroskopisch klein und legt zu Wasser und zu Land täglich einen Zentimeter zurück. Nun soll es auf unserem Planeten noch eine zweite Kolonie intelligenter Einzeller geben. Sie haust

in einer Pfütze bei New York. Davon wissen unsere kleinen Abenteurer jedoch nichts. Stellt euch einmal die Wahrscheinlichkeit vor, mit der die »Hamburger« zufällig auf die Heimat der »New Yorker« stoßen! Im Vergleich dazu ist ein Sechser im Lotto beinahe unendlich mal wahrscheinlicher!

Bei unseren Überlegungen haben wir angenommen, daß es in einer Pfütze bei New York von intelligenten Winzlingen wimmelt. Aber wie sieht das im Universum aus? Unter welchen Bedingungen entsteht das Leben überhaupt? Hier haben die Fachleute wenigstens ein paar Bausteinchen zusammengetragen. Für ein solides Fundament reicht es allerdings noch nicht.

Leben in der Nische

Das Leben sitzt auf der Erde in einer schmalen Nische. Unser blauer Planet hat gerade den richtigen Abstand von der Sonne. Würde er einige Millionen Kilometer näher um sie kreisen, wären die Ozeane längst verdampft. Würde die Erde einige Millionen Kilometer weiter die Sonne umlaufen, wären die Meere vergletschert. Wasser ist für Organismen jedoch der wichtigste Nährboden. Bei Temperaturen unter Null oder mehr als hundert Grad kann keine noch so primitive Zelle existieren. Die lebensfreundlichen Bedingungen müssen außerdem lange Zeit anhalten. Das Leben hat sich nicht von heute auf morgen entwickelt, sondern gut drei Milliarden Jahre dafür gebraucht (vgl. Kapitel 8). Daher hätten Bahnstörungen der Erde oder Ausrutscher der Sonne dem Gedeihen von Pflanzen und Tieren ein rasches Ende bereitet.

Nicht jeder Stern eignet sich als Lebensspender. So kommt der Planet in einem Doppelsternsystem gar nicht zur Ruhe: Weil zwei Sonnen gleichzeitig an ihm zerren, ändert sich ständig seine Bahn. Ein solcher verschlungener Weg taucht den Himmelskörper in ein Wechselbad der Temperaturen – einmal ist er brühend heiß, dann eisig kalt. Aber auch Einzelsterne haben ihre Tücken. Massearme Gaskugeln geben einen schlechten Ofen ab; sie sind viel zu kühl. Schwere Giganten dagegen leben nur kurz; sie verwandeln sich sehr früh in rote Riesen und fressen ihre Planeten schließlich auf. Trotzdem verleihen die Astronomen rund zehn Milliarden Sternen der Milchstraße das Prädikat »Geeignet zum Unterhalt von Leben«. Sicher leisten sich nicht alle ein eigenes Planetensystem. Und vermutlich wird nicht in allen Systemen jeweils ein Himmelskörper den richtigen Abstand zu seiner Sonne besitzen.

Vielleicht erfüllt außer der Erde nur noch ein Planet innerhalb der Galaxis diese Bedingungen. Vielleicht sind es drei Millionen oder fünf Milliarden! Wurde auf jeder dieser exotischen Welten Leben geboren? Hat die Natur dort intelligente Wesen hervorgebracht?

Oder sind wir doch allein im All? Sind wir einmalig?

Rückkehr zum Planeten Formicolo

Während wir über diese Fragen nachgrübeln, schwebt das Raumschiff *Intergalaxos* über der Erde. Den Planeten Formicolo und seine liebenswürdigen Bewohner gibt es wirklich. Wenigstens in diesem Buch! Die Ameisen leben in einer fernen Milchstraße. Vor langer Zeit hat die Zivilisation in eine Reihe von Sterninseln Kundschafter ausgesandt. Sie sollten nach anderen Kulturen suchen. So erhielt auch unsere Galaxis Besuch von diesen Weltraumpionieren. Ein Computerprogramm führte sie schließlich zur Erde, dem einzigen bewohnten Himmelskörper in »Sixalag« (so heißt unser Milchstraßensystem auf Formicolanisch). Das war vor 3000 Jahren. »Kommunikation sinnlos. Höchstentwickelte Lebensform erreicht nur primitive Stufe«, notierten die Späher damals. Enttäuscht kehrten sie in die Heimat zurück. Ihre Kollegen hatten mehr Erfolg. In insgesamt 24 Galaxien waren sie auf hochentwickelte Kulturen gestoßen. Mit ihnen nahmen die Besucher von Formicolo Kontakt auf. Vor 50 Erdenjahren gründeten sie den »Nenoitasiliviz red Bulc«, abgekürzt *Nerebu*. Ihm gehören alle 25 kosmischen Kulturen an. Vor 20 Erdenjahren bestätigte eine Delegation des *Nerebu* im wesentlichen das Urteil über die Menschen.

»Kommunikation immer noch sinnlos. Höchstentwickelte Lebensform hat jetzt niederes kulturelles Niveau erreicht. Ist jedoch nicht in der Lage, mit dem Fortschritt umzugehen. Zerstört die eigene Umwelt.« Die 25 Weisen des Nerebu beschlossen daraufhin, die Erde in Ruhe zu lassen. Sie wurde unter Naturschutz gestellt. Seit kurzem organisieren einige Reisebüros auf Formicolo Ausflüge zum blauen Planeten. Die Exkursionen sind jedesmal bis auf den letzten Platz ausgebucht.

Nun also neigt sich ein solcher Trip seinem Ende entgegen. Die Passagiere von *Intergalaxos* diskutieren noch eine Weile über die »seltsamen Erdlinge«. Inzwischen gleitet das Raumschiff hinter den Mond. Die Ameisenwesen werfen einen letzten Blick durch die Bullaugen. Sie sehen den blauen Erdball über der bizarren Gebirgslandschaft stehen. Durch die Bewegung das Raumschiffes sinkt die Erde scheinbar immer tiefer. Schon berührt sie den Mondrand. Im nächsten Moment geht sie am gezackten Horizont unter. Die Touristen sind ganz begeistert von diesem Abschiedspanorama. Dann gibt der Computer den Befehl zum Zünden des Triebwerkes.

Mit einem Ruck schießt *Intergalaxos* los. Nach wenigen Minuten läßt sie Mars und den Planetoidengürtel hinter sich, rast dicht am Jupiter vorbei und überquert die Saturnbahn. Bevor der Raumkreuzer die Oortsche Kometenwolke erreicht, verlangsamt sich der Flug. Eine Stimme meldet sich aus dem Lautsprecher.

»Liebe Gäste! Der merkwürdige Brocken, den sie auf der linken Seite sehen, ist die Raumsonde *Voyager 2*. Sie ist auf dem Weg zu einem Stern, den die Erdlinge Sirius nennen. In 296.047 Jahren wird sie bei ihm ankommen. Weil manche Menschen glauben, daß Sixalag bewohnt ist, haben sie an Bord der Sonde eine Bild- und Tonplatte installiert. Gespeichert sind darauf Fotos von italienischen Autobahnen, Elefanten und Supermärkten. Zu hören gibt es Bach oder Chuck Berry, berühmte irdische Musiker. Neben Grüßen in 60 Erdsprachen fehlt es in dieser »Flaschenpost« auch nicht an sehr Menschlichem. Der kosmische Empfänger – den es natürlich gar nicht gibt – kann sich an Lachen, Herzschlägen und dem lauten Schmatzen eines Kusses erfreuen. Bereits vor einiger Zeit haben die Menschen eine andere Botschaft ins All geschickt. Die beiden ehemaligen Jupitersonden *Pioneer 10* und *11* tragen eine vergoldete Platte mit eigenartigen Zeichnungen; auf einer stellen sich die Erdlinge sogar selbst dar.« Über die Narrheit der Menschen schütteln die Ameisenwesen belustigt den Kopf. Jetzt sind sie ein wenig müde. Bereitwillig lassen sie sich in Tiefschlaf versetzen.

Der Bordrechner schaltet das Hyper-Neutronentriebwerk ein. Mit x-facher Lichtgeschwindigkeit katapultiert es *Intergalaxos* aus dem Planetensystem. Die Sonne schrumpft zu einem winzigen Sternchen. Bald darauf vermischt es sich mit den Lichtpünktchen des Spiralarmes. In einer weiten Kurve verläßt das Raumschiff die Galaxis und taucht ein in die Tiefen des Universums. Es nimmt Kurs Richtung Unendlichkeit.

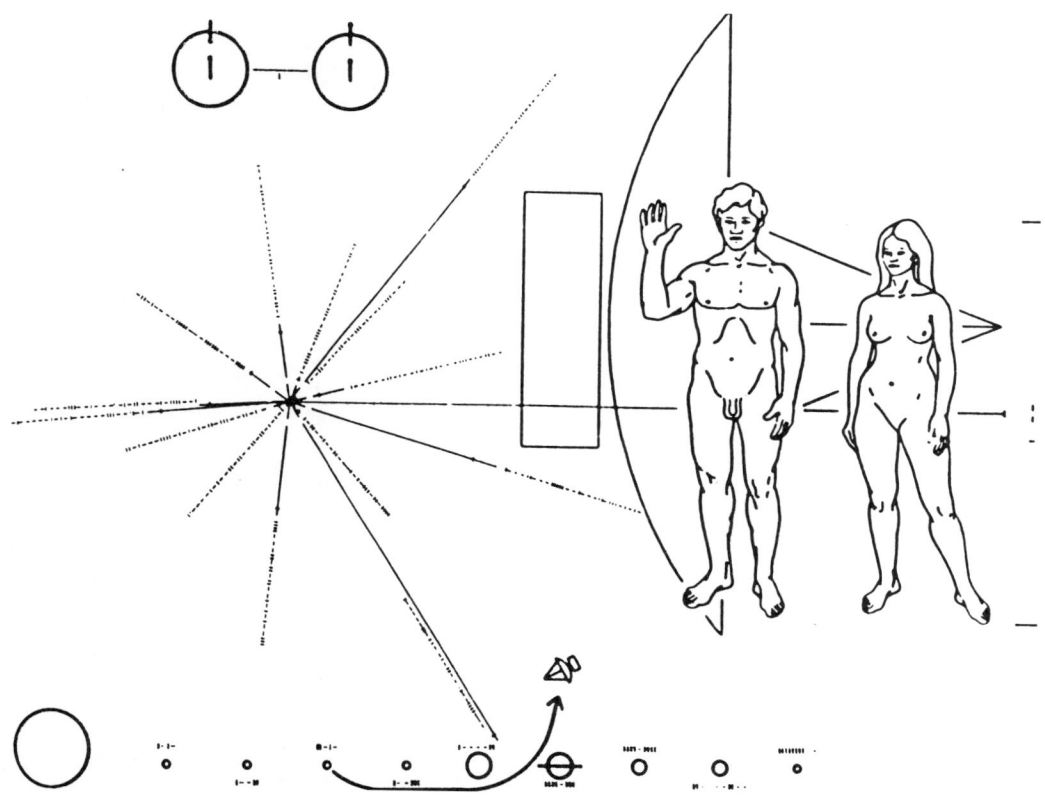

Gruß von der Erde an den Rest der Welt: Vor einigen Jahren haben die beiden Pioneer-Sonden unser Planetensystem verlassen und reisen nun durch den Kosmos. Im »Gepäck« befinden sich Bildtafeln mit dem hier gezeigten Motiv.

Bald wird es die Insassen sicher auf Formicolo zurückgebracht haben, in jene kleine Welt, die in einer fernen Insel aus Milliarden Sonnen, Staub- und Gasnebeln liegt. Gesund und munter werden die Touristen *Intergalaxos* verlassen und sich im pyramidenförmigen Bau des Landekomplexes verlieren. Und voller Stolz werden sie den Mitgliedern ihrer Familien eine kleine Tafel zeigen. Die wurde ihnen am Ausgang in die Hand gedrückt. Sie soll an den Abstecher zur Erde erinnern. Der Spruch eines gescheiten Erdlings ist darauf verewigt. Er stammt von Isaac Newton:

Was wir wissen, ist ein Tropfen,
was wir nicht wissen, ist ein Ozean!

Astro-Tip 9

Bist du ein Computerfreak? Steht einer dieser Rechner vielleicht sogar in deinem Zimmer? Na, dann hast du ja die besten Voraussetzungen, um das Universum auf den Bildschirm zu zaubern. *Weltraumspiele* meine ich dabei allerdings nicht. Es mag zwar ganz lustig sein, als »Captain Kirk« über eine eigene Flotte zu befehlen, Raumschiffe zu jagen, gegen Tarnkappenbomber zu kämpfen oder Planeten von bösen Mächten zu befreien. Aber mir werden solche Spiele ziemlich schnell langweilig. Außerdem haben sie mit der Wirklichkeit überhaupt nichts zu tun. Und das Hantieren mit »Laserkanonen« macht mir einfach keinen Spaß.
Leider wissen die wenigsten, daß es außer dem »Krieg der Sterne« noch viele andere Möglichkeiten gibt, sich mit dem Weltall zu beschäftigen. Einige davon möchte ich vorstellen.
Wer schon immer mal wissen wollte, wie das Firmament am Tag seiner Geburt ausgesehen hat, der muß dazu nicht extra in ein Planetarium gehen. Ein Sternentheater läßt sich wunderbar zu Hause aufführen. Auf dem Markt gibt es für jeden Rechner (IBM-PC oder kompatibel, Atari, Commodore, Apple usw.) sogenannte *Planetariumsprogramme*. Sie stellen den Himmel über jeder beliebigen Stelle auf der Erde dar. Du brauchst außer deinem Geburtsort nur dein Geburtsdatum und die -zeit einzugeben, dann erscheinen in Sekundenschnelle die damals sichtbaren Fixsterne und Sternbilder. Aber vielleicht

interessiert dich auch der Anblick vom 12. Mai 3856 v. Chr. oder vom 24. Dezember 9426. Auch das ist für die meisten Programme kein Problem.
Die Konstellationen allein sind nicht die einzigen Akteure auf der Himmelsbühne. Erst Sonne, Mond und die Planeten verleihen dem Spiel der Gestirne die richtige Würze. Selbstverständlich dürfen sie im Computer kräftig mitmischen. Auf Knopfdruck beginnen diese Wandelsterne sogar unter den Fixsternen herumzuziehen. Mit dieser »Animation« kannst du die Schleifen des Mars oder die rasante Fahrt des Merkur verfolgen. Darüber hinaus verfügen manche Programme über eine Funktion, mit der sich Objekte wie Galaxien oder Gasnebel suchen und finden lassen. Dabei zeigt der Computer nicht nur den Ort am Himmel und eine knappe Beschreibung; er liefert auch noch Fotos von Milchstraßen, Sternwolken oder Kometen. Spannend ist es, einen Ausschnitt des Himmels zu vergrößern.
Erinnerst du dich noch, welches spektakuläre Ereignis wir in Deutschland am 11. August 1999 beobachten können? Richtig, eine totale Sonnenfinsternis. Aber so lange brauchst du nicht zu warten! Der Computer macht's möglich. Auf Befehl bewegt sich der Mond auf die Sonne zu und schiebt sich schließlich vor ihr vorbei. Aus dieser Simulation kannst du zum Beispiel schon heute ablesen, ob dein Wohnort im Kernschatten liegt, ob die Finsternis also total oder nur partiell sein wird.

Ein Planetariumsprogramm zaubert im Nu die Pracht einer Sternennacht auf den Bildschirm des Heimcomputers.

Manche Software-Hersteller bieten Programme an, die speziellen Objekten oder Themenbereichen gewidmet sind: Sonnen- und Mondfinsternissen, Planeten, Planetoiden oder gar dem Zusammenstoß von Galaxien.

Du kannst mit den Gestirnen sogar selbst experimentieren. Dafür gibt es *Berechnungsprogramme*. Natürlich wirst du nicht den Lebenslauf einer Sonne durchkalkulieren. Das gelingt nur den Profis auf ihren großen »Superhirnen«. Aber die Stellung des Jupiter, die Phasen des Mondes und der Lauf von Satelliten lassen sich schon berechnen. Viele Amateure schreiben solche Programme selbst und bieten sie oftmals für billiges Geld in Zeitschriften wie *Sterne und Weltraum* an (s. Anhang).

Nicht wenige Beobachter nutzen diese

Programme, um Himmelsaufnahmen auszuwerten. Auf manchen Bildern zeigen
sich nämlich schwache Fleckchen, die in
keinem Katalog verzeichnet sind. Der
Sternfreund will natürlich wissen, ob er
einen Kometen entdeckt hat. Mit Hilfe
des Computers bestimmt er den genauen
Ort am Himmel. Diese Koordinaten meldet er dann einer Sternwarte. Meist wird
der Amateurastronom zwar erfahren, daß
dieser Komet schon längst bekannt ist;
aber trotzdem macht es Spaß, den Besucher aus den Tiefen des Sonnensystems
im Auge zu behalten und mit einem entsprechenden Programm aus mehreren Positionen die wahre Bahn zu berechnen.
Früher mußten sich die Astrofotografen
ganz schön abplagen. Stundenlang ver-
harrten sie oft in klirrender Kälte und
paßten höllisch auf, daß das Fernrohr exakt dem Motiv folgte. Erst in der Dunkel-
kammer zeigte sich der Erfolg oder der
Mißerfolg, wenn auf Grund eines Nach-
führfehlers plötzlich alle Sterne kleine
»Schwänze« hatten. Heute hält die Elektronik auch bei den Amateuren Einzug.

Mit sogenannten CCD-Kameras gehen sie
auf Sternenjagd. Belichtungszeiten von
einigen Sekunden bis zu wenigen Minuten genügen, und am Monitor des mit der
CCD-Einrichtung verbundenen Computers bauen sich die Bilder ferner Welten
auf.
Ist ein Foto nichts geworden, wandert es
sofort in den »elektronischen Papierkorb« —
und ein neuer Versuch wird gestartet. Die
meisten Aufnahmen sehen zunächst relativ flau aus: Ein *Bildverarbeitungsprogramm*
erhöht den Kontrast, enthüllt die tollsten
Details oder stellt das Objekt in Farbe
dar.
Das Spielen mit Astrofotos bleibt allerdings dem fortgeschrittenen Sternfreund
vorbehalten. Trotzdem wollte ich dieses
Einsatzgebiet des Rechners kurz erwäh-
nen. Wenn du mehr über das Weltall im
Computer erfahren willst, mußt du dich
an Volkssternwarten oder astronomische
Arbeitsgemeinschaften wenden. Erfahrene helfen sicher gern, damit du dich im
Dschungel himmlischer Software zurecht-
findest.

Anhang

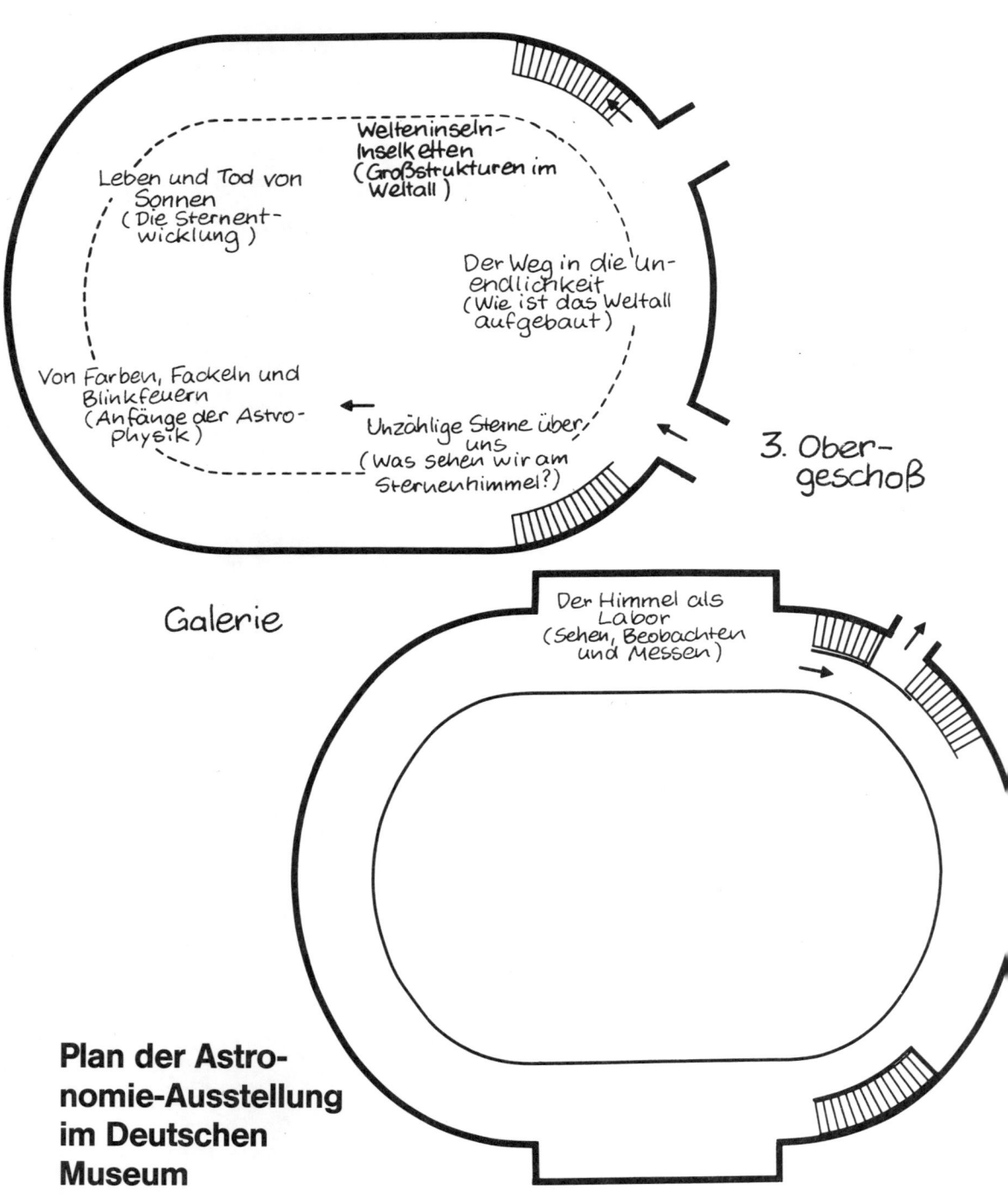

Weltinseln-
Inselketten
(Großstrukturen im
Weltall)

Leben und Tod von
Sonnen
(Die Sternent-
wicklung)

Der Weg in die Un-
endlichkeit
(Wie ist das Weltall
aufgebaut)

Von Farben, Fackeln und
Blinkfeuern
(Anfänge der Astro-
physik)

Unzählige Sterne über
uns
(Was sehen wir am
Sternenhimmel?)

3. Ober-
geschoß

Galerie

Der Himmel als
Labor
(Sehen, Beobachten
und Messen)

**Plan der Astro-
nomie-Ausstellung
im Deutschen
Museum**

5. Obergeschoß

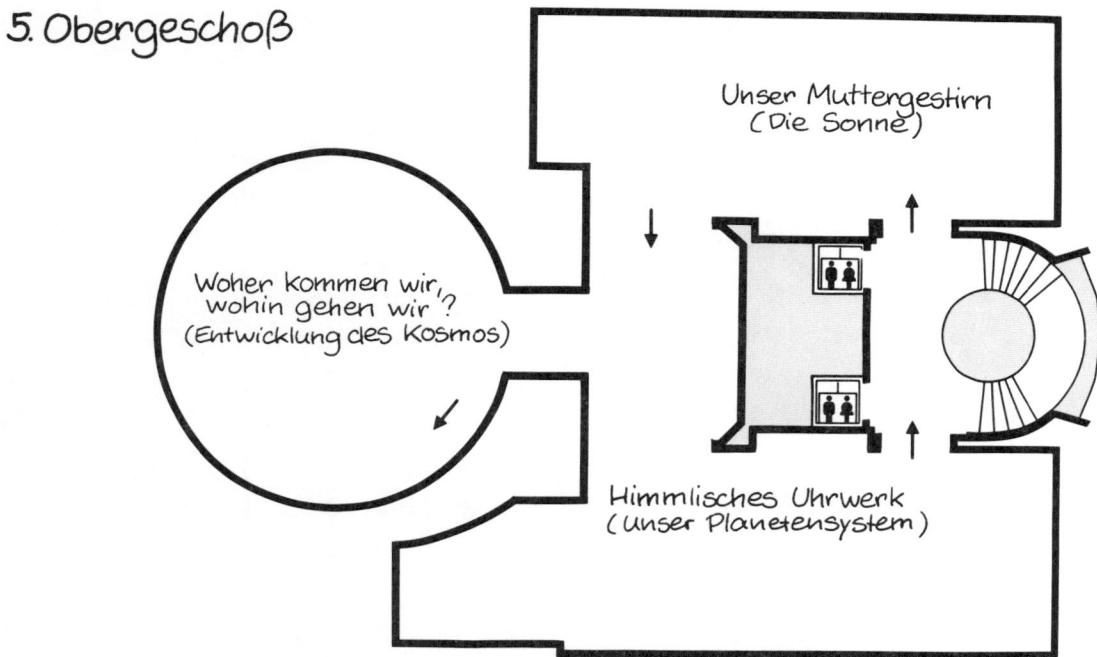

Unser Muttergestirn
(Die Sonne)

Woher kommen wir,
wohin gehen wir?
(Entwicklung des Kosmos)

Himmlisches Uhrwerk
(Unser Planetensystem)

Astro-Quiz

Willst du wissen, ob du schon zu den Profis unter den Amateurastronomen gehörst? Dann mache einfach mit beim großen Astro-Quiz: 20 Fragen aus der Himmelskunde. Jeweils drei Antworten gebe ich dir zur Auswahl. Aber nur eine ist richtig! Hinter jeder Antwort steht in Klammern eine Zahl. Die bringt dich auf die Spur der Lösung, denn sie bedeutet einen bestimmten Buchstaben im Alphabet: Zum Beispiel entspricht eine »2« dem zweiten Buchstaben (B), eine »15« dem fünfzehnten (O) oder eine »26« dem sechsundzwanzigsten (Z). Alle Buchsta-

ben aneinandergereiht und in die Kästchen eingetragen, ergeben einen Satz. Viel Spaß beim Rätseln!

PS: Schreibe auf ein Extrablatt die Buchstaben des Alphabets und numeriere sie von 1 bis 26. Dann hast du es leichter. Solltest du übrigens nicht sofort auf den richtigen Trichter kommen, darfst du im Buch nachblättern. Darin findest du alle Antworten. Du mußt nur ein wenig suchen.

1. Der *nächstgelegene Fixstern* heißt
   a) Sirius (23)
   b) Proxima Centauri (1)
   c) Wega (14)

2. Wie schnell rast das *Licht* durch die Welt?
   a) Mit 300 Metern in der Sekunde (5)
   b) Mit 40 000 Kilometern in der Stunde (17)
   c) Mit 300 000 Kilometern in der Sekunde (19)

3. *Zirkumpolar* nennt man ein Sternbild, wenn es
   a) an einem Beobachtungsort nie untergeht (20)
   b) gerade aufgeht (14)
   c) gerade untergeht (8)

4. Der *Orion* ist ein typisches
   a) Sommersternbild (2)
   b) Wintersternbild (18)
   c) Frühlingssternbild (5)

5. Die *Jahreszeiten* entstehen wegen
   a) der wechselnden Temperaturen der Sonne (13)
   b) dem unterschiedlichen Abstand Erde – Sonne (18)
   c) der Neigung der Erdachse (15)

6. Mit *Größenklasse* bezeichnen die Astronomen
   a) die Helligkeit eines Himmelskörpers (14)
   b) den Durchmesser eines Planetoiden (25)
   c) die Schweiflänge eines Kometen (3)

7. *Delta-Chepei-Sterne* gehören zu den
   a) Pulsationsveränderlichen (15)
   b) optischen Doppelsternen (9)
   c) physischen Doppelsternen (8)

8. Was bedeutet *Fusion?*
   a) Die Verschmelzung von Wasserstoff zu Helium (13)
   b) Die Explosion eines Sternes (25)
   c) Die Geburt der Sonne (21)

9. Als *planetarische Nebel* beobachten die Forscher
   a) Staubwolken um die Planeten (1)
   b) Hüllen ausgebrannter Sterne (9)
   c) ferne Sonnensysteme (17)

10. *Pulsare* sind
    a) pulsierende Sterne (8)
    b) schnell rotierende Neutronensterne (5)
    c) ein Meteorstrom (19)

11. Die *Supernova 1987 A* zündete
    a) in unserer Galaxis (23)
    b) im Andromedanebel (15)
    c) in der Großen Magellanschen Wolke (13)

12. Was ist ein *Galaxienhaufen?*
    a) Die Ansammlung von Sternsystemen (1)
    b) Eine andere Bezeichnung für die Milchstraße (2)
    c) Zwei Galaxien, die zusammenstoßen (16)

13. Im Jahr 1929 entdeckte
    Edwin Hubble
    a) den Planeten Pluto (20)
    b) die Flucht der Galaxien (3)
    c) einen neuen Kometen (18)

14. Die *Erdatmosphäre* schützt uns vor
    a) Radiostrahlen (10)
    b) Röntgenstrahlen (8)
    c) Lichtstrahlen (18)

15. Bei den *Sonnenflecken* handelt es sich um
    a) kühle Stellen auf der Sonne (20)
    b) heiße Stellen auf der Sonne (5)
    c) Fehler in der Optik von Sonnenteleskopen (13)

16. Die Temperatur der *sichtbaren Sonnenoberfläche* beträgt
    a) 15 Millionen Grad (26)
    b) 5700 Grad (19)
    c) 28 000 Grad (4)

17. *Nikolaus Kopernikus* behauptete, daß sich
    a) die Sonne um die Erde dreht (3)
    b) die Sonne um den Mond dreht (13)
    c) die Planeten um die Sonne drehen (16)

18. Der *Große Rote Fleck* ziert den Planeten
    a) Mars (14)
    b) Saturn (20)
    c) Jupiter (1)

19. Die *kosmische Hintergrundstrahlung* stammt
    a) vom Urknall (19)
    b) von den Quasaren (21)
    c) von Kugelsternhaufen (13)

20. Die Astronomen schätzen das *Alter des Universums* auf
    a) rund fünf Milliarden Jahre (7)
    b) rund 40 Milliarden Jahre (2)
    c) rund 17 Milliarden Jahre (19)

Mein Lösungssatz:

								×					×				

Literaturhinweise

Schlechtwetter-Bücher

Ekrutt, Joachim W., *Die Sonne*, Geo
Elsässer, Hans, *Weltall im Wandel*, DVA
Ferris, Timothy, *Galaxien*, Birkhäuser
Greenstein, George, *Der gefrorene Stern*, dtv
Herrmann, Joachim, *dtv-Atlas zur Astronomie*, dtv
Kasten, Volker, *Faszinierende Astronomie*, Franckh-Kosmos
Kippenhahn, Rudolf, *100 Milliarden Sonnen*, Piper
Kippenhahn, Rudolf, *Licht vom Rande der Welt*, DVA
Kippenhahn, Rudolf, *Unheimliche Welten*, DVA
Laustsen, Svend / Madsen, Claus / West, Richard M., *Entdeckungen am Südhimmel*, Springer
Lüst, Rhea, *Die Wunderwelt der Sterne*, Piper
Ridpath, Ian, *Das Kosmos-Buch vom Universum*, Franckh-Kosmos
Ridpath, Ian, *Handbuch der Astronomie*, Sauerländer
Samzelius, Maj, *Helden und Ungeheuer am Himmelszelt*, Herder
Samzelius, Maj, *Abenteuer am Sternenhimmel*, Herder

Beobachtungs-Fahrpläne

Block, Detlev, *Astronomie als Hobby*, Falken
Drehbare Kosmos-Sternkarte. Mit Planetenzeiger, Franckh-Kosmos
Dunlop, Storm, *Astronomie für Einsteiger*, Franckh-Kosmos

Ekrutt, Joachim W., *GU Naturführer Sterne und Planeten*, Gräfe & Unzer
Hügli, Ernst / Roth, Hans / Städeli, Karl, *Der Sternenhimmel*. Erscheint jährlich neu, Sauerländer
Jenkins, Gerald, *Himmels-Globus*. Zum Ausschneiden und Zusammenkleben, Carlsen
Karkoschka, Erich, *Atlas für Himmelsbeobachter*, Franckh-Kosmos
Keller, Hans-Ulrich, *Das Himmelsjahr*. Erscheint jährlich neu, Franckh-Kosmos
Luthardt, Reiner, *Ahnerts Kalender für Sternfreunde*. Erscheint jährlich neu, Barth
Naumczyk, Irene, *Himmelsspaziergang*. Mit Toncassette, Franckh-Kosmos
Oberndorfer, Hans, *Schau mal in die Sterne*, Franckh-Kosmos
Roth, Günther D., *Sterne und Planeten*, BLV
Roth, Günther D., *Sterne und Sternbilder*, BLV
Rükl, Antonin, *Mondatlas*, Dausien
Uebelacker, Erich, *Unser Sternhimmel rund ums Jahr*, Falken

Zeitschriften für Wissensdurstige

Sterne und Weltraum. Erscheint monatlich im Verlag Sterne und Weltraum
SONNE. Erscheint viermal jährlich, Herausgeber: Fachgruppe Sonne der Vereinigung der Sternfreunde e. V. (Kontakt: Peter Völker, Wilhelm-Foerster-Sternwarte, Munsterdamm 90, 12169 Berlin)
Mitteilungen für Planetenbeobachter. Erscheint viermal jährlich, Herausgeber: Fachgruppe Planeten innerhalb der Vereinigung der Sternfreunde e. V. (Kontakt: Holger Haug, Sparkassenplanetarium der Stadt Augsburg, Im Thäle 3, 86152 Augsburg)

Register

Verzeichnis der Abbildungen